# 传统民居建筑环境生态营造的量化实证

Quantitative Research on Ecological Wisdom of Traditional Settlements' Architectural Environment

农丽媚　周浩明　著

中国建筑工业出版社

# 自 序

在漫长的人居环境营造史中，我们的祖先积累了丰富的环境营造经验，如防灾避险，有效利用本土材料、资源和能源，适应地方气候营造室内外环境等。中国幅员辽阔，各地区因地制宜的营造技艺更是千差万别，在以“天人合一”为基调的中国传统自然观下，人们趋于利用“最简单”的技艺、“最直接”的手段、“最优化”的资源利用，“最有效”地营造出安全、舒适、健康、艺术审美特色鲜明并且情感丰富的人工生存环境。在此过程中，人们同样没有忘记维系和保育赖以生存的自然环境，他们通过长期的实践摸索，在不断的试错过程中逐渐积累了大量的环境营造经验，这些经验既体现在人们的思想意识上，同时也体现在环境营造的具体思路和方法上，表现出了鲜明的生态智慧。我们的祖先运用其在实践中不断总结出的科学原理，摸索出了一系列行之有效的环境营造技术，久而久之，这些技术的外在表现形态逐渐定型，为人们所熟悉和喜爱，形成了一系列成熟的技艺，并代代相传，延续至今。传统环境营造技艺蕴含着古人特有的精神价值、思维方式、想象力，体现着本民族的生命力和创造力。但在工业文明的强势影响下，持续增长的全球人口和不断发展的科技导致了地球生态平衡不可逆转的变化，这些变化已经在一定程度上超出了地球的自我修复能力。

随着人们环境意识的觉醒，人们正在尽自己的努力，寻找解决问题的出路。在目前全球积极倡导环境保护和可持续发展的时代背景下，环境艺术设计也应该树立基于生态美和环境美的技术追求，转变工业文明以来将技术作为征服、改造自然的手段的观念，走体现生态价值的艺术创造之路，而已传承了千百年的传统环境营造技艺中就蕴含着无穷的生态智慧，值得我们挖掘、弘扬。不断挖掘并研究历史的原因在于，随着时代的发展我们会逐渐发觉历史的新义，坚持“致用史观”，诚如梁启超所说：“历史的目的在将过去的真实予以新意义或新价值，以供现代人活动之资鉴”。

中国历史上各地区长期以来在试错中积累下来的环境营造技艺为此“可循之章”提供了丰富的思路方法和经验宝库。传统民居建筑环境生态营造智慧的相关研究经历了较长时期的发展，在各个时期国内外都有新的进展和思路，已经出现了由模糊的整体概念向具体的地域性研究转向，由理论性分析向应用技术成果转化的倾向。以生态学的视角、理论与方法展开对传统环境营造技艺的探讨方兴未艾，其目的就在于使传统营造技艺为生态文明转型中的当代人居环境建设提供思路与方法。从目标结果而言，无论古今中外，广义的环境生态性营造技艺是指在特定时空中，巧妙化解“生态”与“宜居”这一对矛盾问题，建设、实现与保持不同尺度人居环境“生态宜居”目标时，具有突出价值的营造经验。从研究方法而言，对传统环境营造技艺的“生态性”研究主要是凭借生态学的视角、理论与方法对传统环境营造技艺进行检视与解读。针对具体地区，研究地方性传统环境生态性营造技艺的主要目标可概括为，进一步认识与揭示传统技艺在特定历史时期、特定区域范围内，改造和利用地区资源，应对当地气候等自然条件，建设生态宜居家园中的具体技艺，以及其背后所蕴含的统合性观念思想。这里既有在中华地域自然和文明母体中的共性特征，也有更为具体而丰富的针对地方性问题的个性特征。

本书是北京市社科基金重点项目关于中国传统环境营造技艺的研究子课题之一，从量化实证角度对传统民居建筑环境进行生态营造智慧的实证分析，对研究传统民居建筑环境的生态营造经验如何在当代环境设计中得到有效传承和发展进行探索。“生态”的内涵主要体现在技术上，环境艺术设计能否达到生态要求，主要是通过技术手段而不是艺术表达来衡量的。因此，如何将偏重技术的生态手段与偏重艺术的视觉质量有机地统一起来，是必须要解决的一个难题，同时也是一个创新性的研究特点。

传统民居建筑环境生态系统在现当代的高级优化，就是走向生态可持续建筑设计的发展方向。传统民居建筑环境生态营造智慧的传承延续与现代可持续设计思想是一脉相承的，其是现代设计的基础和来源，为现代生态可持续设计提供原型参考和智慧支持。从传统建筑文化中寻求适合新时代的形式，在符合特定气候条件、地理环境、自然资源的前提下，满足人们对居住环境舒适性的要求，并达到技术与艺术形式的高度统一，不失为一种符合可持续发展要求的现代创新之路！在我国当前提倡乡村振兴和小城镇建设的社会背景下，充分发掘研究传统环境营造技艺的生态性具有重大的实践意义，从人类发展和文化价值角度而言，也具有更丰富的社会和历史意义。研究传统民居建筑环境的生态智慧，仍然具有非常大的挑战性与可持续性，具有继续研究下去的价值。

本书的前期研究得到了北京市社科基金重点项目（批准号：14ZHA005）、北京市社科基金青年项目（批准号：22YTC032）、北方工业大学科研启动基金及建筑与艺术学院相关基金项目的支持，在学术上也承蒙清华大学美术学院杨冬江、宋立民、张月、刘铁军、刘东雷等诸位教授及中央美院邱晓葵教授、北京建筑大学李沙教授、北方工业大学张勃教授等专家学者的指点和支持，在此一并致谢。限于作者水平，书中难免有所疏漏，恳请各位专家、读者批评指正。

# 前　言

乡村民居的生态可持续发展是城乡人居环境健康发展不可或缺的组成部分。在我国日渐明晰的乡村振兴战略和“双碳”战略行动背景下，“十四五”规划和2035年远景目标进一步释放出“实施乡村建设行动”“保护传统村落和乡村风貌”“改善农村人居环境”的顶层信号，明确反映出乡村生态绿色建筑和宜居环境构建理论方法已成为亟待推进的热点议题。

乡村传统民居建筑环境中蕴含了很多朴素的营造技艺和生态智慧，是人类在被动适应自然的营建过程中，巧妙利用阳光、风雨等自然资源，因势利导，将建筑布局、材料、工艺等与地理气候相契合，以达到居住环境舒适可调节并与自然环境和谐共生的目的。这些技艺智慧既是现代生态可持续建造技术的重要基础，也是乡村文化多样性的关键载体。

然而，现当代乡村人居环境的更新发展中却凸显了不少难以忽视的瓶颈问题：（1）缺少低碳设计，如过多依赖机械设备及高新科技、忽略自然条件的利用等；（2）缺乏环境品质，如民居围护结构热工性能差、舒适度难以保障等；（3）缺失人文底蕴，传统营造技艺被视为“低效技术”而饱受偏见甚至面临失传，乡村营建文化基因快速消逝等。究其原因，主要在于这些问题背后的核心科学逻辑尚未被厘清，主要包括：（1）观念认知不足：对乡村传统营造技艺的综合价值，尤其是生态和文化基因价值的认知较为欠缺；（2）缺乏系统化判断：历来对传统营造技艺价值的认识多以个案经验的定性判断为主，缺乏系统客观的测度理论方法和量化评估技术，由此也致使传统营造技艺在当代发展困难重重。

为了更好地解析这一问题的本质内涵和应用边界，本书基于系统学、生态学和人居环境科学的理论，从生态系统的视角来重新审视传统民居建筑环境，将传统民居建筑环境的生态系统视为一个开放性的耗散结构自组织系统，以乡村传统民居营造技艺的生态智慧为研究对象，结合国内外传统民居聚落具体案例实地考察，通过现场实测、数字模拟以及多目标优化模型等建筑物理量化实证手段，对建筑环境系统的结构要素、生态功能策略及其演化性质进行剖析，来开展乡村传统民居营造技艺的生态能效测度与减碳设计路径研究，旨在探寻传统民居建筑环境生态系统的一般机理与演化规律。

全书主要探讨两个部分的议题。第一部分是证明“是什么（what）”的问题，即传统生态经验都包括了哪些具体的做法，这些做法对于满足人们生存生活需求、提升人居环境舒适度都有哪些表征。从控制论角度将传统民居建筑环境营造系统的生态控制原则归结为竞争胜汰、适应共生、循环再生三方面主要原则，以及适应自然、巧借自然、节制简省、节能降耗、循环再用、符合伦理和文脉等若干项具体的生态适应策略，促进传统民居建筑环境生态系统的发展从“外部最优控制”转向“内部适应性调节”，引导其在现代可持续传承与发展中从优化走向进化的适宜策略。传统人居环境聚落不仅善于学习、富于创造，在其营建变迁过程中也逐渐积累了顽强的生态适应能力。在与自然对抗中学会与自然对话，产生能量、物质、信息的持续正交换，呈现出熵减形态的耗散结构，正是这种传统低熵组织的不断演化、变迁、优化才凸显了生命的无限张力和文化的丰富多样性。

第二部分是探讨“怎样（how）”的问题。首先以意大利南部两个世界文化遗产传统聚落——阿尔贝罗贝洛特鲁利和马泰拉石窟为例，研究传统民居建筑环境生态系统在时空序列中的演进变迁规律。其次，以北京西部爨底下传统山地合院聚落为例阐述地理、气候、用材、技艺等方面的生态营造要素—结构—功能体系，并对爨底下典型合院民居包括热、光、风等方面的物理环境进行量化实测和模拟，来阐述与其生态要素结构相对应的具体功能表征。这些聚落生态系统的要素结构虽然存在多方面的差异，但其要素表征属性及演化变迁过程中存在个体差异的总体相似性。本书着重通过量化实测方法实证检验了传统民居建筑环境生态系统的环境舒适度效率优势及其走向生态可持续设计的高级优化趋势等问题。

本书目标不仅在于认识和剖析传统人居聚落建筑环境系统各具体结构要素的特点和规律，通过量化手段分析这些生态营建要素影响下传统建筑物理环境的舒适度表征，更主要的是分析和调整这些系统结构、协调各要素关系并提取相应的生态功能策略。最终目的是希望发掘传统民居建筑环境中的生态营造经验，量化实证其当代生态效用，并探寻其在当代可持续发展过程中传承复兴再利用的可能路径。

相对于已有研究，本书的理论价值和应用前景如下：

（1）以解决现实问题为出发点，采用多学科交叉的视角和技术手段，以直观量化的数据分析技术和遗传算法来构建研究的模型框架，针对性强，操作可验证，不仅有助于构建更具逻辑科学性的理论框架和技术方法，还可为传统民居营造技艺及其当代生命力的综合价值认知找到更具解释力的理论依据，为赓续乡村营建的文化多样性提供有力支撑。

（2）回应国家现实重大关切，力求实现基础理论研究与产业应用的有效衔接。结合当代乡村人居环境更新发展的实际需求，挖掘传统营造技艺当代再利用的技术创新和实践应用潜力，来解决乡村传统营造技艺当代发展技术瓶颈背后的核心科学问题，并通过系统性的多目标优化研究来进一步拓展乡村生态绿色建筑和宜居环境构建的理论方法。

# 目　录

# 第 1 章

# 绪 论

## 1.1 概念范畴界定

### 1.1.1 研究前提背景

本书着重从实证角度对传统民居建筑环境的生态营建智慧进行能效量化研究，旨在为探索传统民居建筑环境的生态营造经验在当代环境设计中的有效传承和发展提供参考借鉴。研究的前提基础，是充分认可了传统民居建筑环境及其营建过程中积累了很多丰富的生态经验和智慧哲学，具有很多方面的生态价值和社会人文意义，是可供当代设计师借鉴的宝贵参考和重要的历史学习资源。但必须客观指出的是，传统民居建筑环境及其营建技艺不全是生态的。原始低技艺的泥石土墙、木竹草屋顶、低矮农舍，以及现代的高层钢筋混凝土玻璃建筑，从历史宏观的角度和微观个体的角度来讲，两者对生态环境的干扰都需要辩证地去认识。古代的人们用原始低技的方式将周围能找到的材料在土地上盖出一两层的屋舍，代代依赖土地生存，靠天吃饭，刀耕火种。可以说人类历经几千年历史，这样的方式累积带来的生态干扰和破坏也是巨大的，全球的地理地貌因为人类不断扩大的建造活动而受到了很大影响。例如，我国西北陕甘一带曾为历代都城所驻，说明历史上这一地区是自然条件良好、资源丰富、雨水林木丰沛之地。然而，据杜牧的《阿房宫赋》记载，“蜀山兀，阿房出。覆压三百余里，隔离天日……”，由于我国古代传统的建筑以木架结构为主，在秦代单建造一座阿房宫，整座蜀山都被砍伐秃了，整座宫殿绵延覆盖了三百多里地，几乎遮挡了太阳。而秦汉以降，多少君王将相建造宫殿王府、亭台楼阁，多少黎民百姓建造宅院家园、厅房院落，消耗的山石土木资源不计其数。所以，从历史宏观的角度来看，不断增长的人口数量及其持续扩大的建造活动对于自然生态环境产生了极大的破坏性。相比而言，现代技术的革命，为建筑的发展带来了强大的动力，现代依托于高新科技的建造手段不用当地一土一木，用高精尖的材料在较小面积的土地上建造出高容积率的建筑。然而，技术材料和生产方式的全球化，带来了人类与传统地域空间的隔离，地域文化的精神特色逐渐式微，标准化的建筑以商品化的模式生产、复制，致使城市化中各地的建筑环境趋同，千城一面、千村一貌，建筑文化的多样性逐渐消失。现代建筑往往机械地为建筑配套各种高超的技术措施，或照搬规范标准的数据，对建筑室内环境的艺术表现和精神文化特征缺乏关注，催生了很多僵化、呆板、千篇一律的城市、建筑和室内环境。而且，现代条件下人们解决环境舒适性问题的方法主要是利用现代科学技术手段及产品，不仅制作过程要耗费更多资源，使用过程也会消耗大量的外部能源，而绝大部分消耗的能源都是不可再生的。有关数据统计，与建筑行业相关的环境污染占全球总体环境污染的 34%，而建造及使用过程中的建筑行业能耗占了全球总能耗的一半。由此看来，在全球气候变暖的背景下，现代人一代又一代惯性地以高技术替代低技术、以高新产品替代落后产品来解决问题的方式也不是长期可持续的解决办法。

因此，笔者认为，应该回归到问题本身，回归到祖先们如何维护人居环境与自然生态之间和谐关系的调适策略上。即便是因为客观条件，传统民居建筑环境的营造不得不被动地结合地理条件、适应气候，然而，从微观个体的发展来讲，传统民居建筑环境及其建造过程中积累了很多结合自然的丰富经验，在历史演变过程中也逐渐形成自适应的能力，对自然环境采取尊重、节制、简省的态度并形成积极主动的生态适应性。虽然受当时当地技术、经济、资源等各方面因素的制约，传统民居建筑环境在居住保温隔热、通风采光等方面只能满足当时当地的生活标准，有的指标还远达不到现代居住标准的要求。但是前人可以在没有这些现代技术产品条件下既能满足基本的环境舒适性需求，又不消耗过多的外部能源。即便地理气候不同，解决的具体办法也有所差异，但是世界各地传统聚落的人们在居住建筑营建的过程中通过适当的设计节能策略来调节室内外环境的气候，对太阳、风光雨水等自然资源巧妙利用的智慧却是无穷无尽的。按此道理，应该发掘传统民居生态营建经验的潜力，以降低当代人们的建造活动对环境的破坏程度，同时也尽可能减小建造过程中的经济代价。从传统建筑文化中寻求适合新技术的形式，在符合特定气候条件、地理环境、自然资源前提下，满足人们对居住环境舒适性的要求，并达到技术与艺术形式的高度统一，不失为一种符合可持续发展要求的现代创新之路。在我国当前提倡乡村振兴和小城镇建设的社会背景下，充分发掘研究传统民居建筑环境生态性的实践意义重大，从人类发展和文化价值角度而言，也具有丰富的社会和历史意义。

### 1.1.2 “民居研究”的概念范畴

传统民居（folk dwelling）：通常的理解，“传统”是以工业化以前的农耕经济、手工艺社会为前提条件，“民”指民间，“居”指供人们居住的建筑空间环境。早期的“传统民居”通常被理解为农耕条件下民间普通百姓的日常住宅。国际古迹遗址理事协会（ICOMOS）于1999年宪章中提出：“传统民居”是人类居住最原始而自然的方式，这一持续过程，包括必要的改革变通和不断地调整适应以应对社会和环境的制约，是一个聚落的文化、聚落与地域本身联系最基本的表现，同时，也体现了世界文化的多样性。传统营造环境是为创造某种特定生活空间而采用的传统营造方法，或当代以传统农业语境下低技术的方式和手工技艺进行营造实践的建筑环境。因此，“传统”的内容也应包括作为“过程”和作为“产品”两个方面。

“民居研究”是以往对某些特定地域典型居住类型个体的研究中一直沿用的术语。然而近年来，“民居研究”的内涵和外延已被大大拓展，其研究内容早已不限于乡土民间个体的居住建筑环境及营造做法，而是广泛包括了聚落范围内的村落环境、建筑装饰、文化宗教等各个方面的内容。

聚落（settlement）：“聚落”是在一个特定的地域空间环境内的社会活动和关系、生活方式及生活其中的人们所组成的相对独立的地缘社区。聚落体现了传统人类生活的聚合状态，是人类聚居的现象、过程和形态，“聚落”指聚居地、城镇或村落。早在汉代，聚落一词就已出现。《汉书·沟洫志》载：“或久无害，稍筑宅室，遂成聚落。”《史记·五帝本纪》载：“一年而所居成聚，二年成邑，三年成都。”其中，“聚”“邑”“都”都是人居聚集区的范畴，但是彼此涵盖的范围大小是不一样的，“聚”即指村落——人类聚居最小的空间规模单元。当代，聚落既包括村落、城镇，也包括城市中的历史传统街区。整个聚落环境不是简单的民居与民居的排列叠加，而更多的是人们多种多样的生活方式、工作场所和由此而产生的文化精神。聚落系统涵盖了多层次的内容，从简单的洞穴庇护所到巨大的都市，从村镇的人工建成区到人们获取木材的天然森林，从聚落本身到其所属的陆地和水域的自然生态系统。本书中的聚落主要指各地区居民在时空序列的发展中经过长期选择、积淀而形成一定历史和传统风格的聚居环境系统。从生态学角度看，聚落是一个融合了自然、人工、社会等诸多层次结构的复合生态系统，其生成、发展、壮大甚至衰退都遵循特有的生态学规律和机制。

乡土建筑（vernacular architecture）：从广义来讲，“乡土建筑”是指在“一个相对稳定的地域文化或方言区内，出自当地民间工匠之手建造的民间建筑或建筑群”，这样的建筑体现出来的是最传统朴素的乡土民俗文化。从语言学上来讲，“vernacular”的词源可以追溯到拉丁文“vernaculus”，原意是指一种本地或区域化的语言或建筑的“方言”。牛津布鲁克斯大学的保罗·奥利弗教授（Paul Oliver）在其书《世界乡土建筑百科》（*Encyclopedia of Vernacular Architecture of the World*）中，将“乡土建筑”（vernacular architecture）定义为一种广泛涵盖了本土的（indigenous）、自发的（spontaneous）、无名的（anonymous）、民间的（folk）、非官方的（non-official）、粗俗的、农民的、传统的建筑。他认为在对乡土建筑的研究中至少可以纳入建筑学、艺术美学、社会学、考古学、行为学、保护学、生态学、民族学、地理学等 20 种不同的学科视角。在香港大学建筑环境系《亚洲乡土建筑研究》课程中，龙炳颐教授（David P. Y. Lung）认为“乡土建筑环境”通俗地说就是属于寻常百姓的居所营造系统，是人们对延续传统文脉、展示家族地位以及表达日常功能需要的实体象征。传统乡土建筑环境展示了鲜活的人类文明，不仅揭示了独特的地域建筑语汇、身份识别、文化传统以及这些传统传承的方式，也对自然环境和人类社会的变化都具有灵活的适应性。当代对传统民居建筑环境的研究最重要的一点，就是在现代社会中如何延续这些具有朴素哲理的生态营建智慧。

此外，对于“建筑环境”的概念，在本书中也不仅指建筑本身或物化环境，而更类似于“人居环境”的概念，以系统观的方式将建筑环境视为一个有机整体系统。早在 20 世纪 20 年代开始，希腊建筑师、城市规划学者道蒂亚斯（C. A. Doxiadis）根据系统科学的原理提出人居聚居学说（Ekistics，1975），将人居环境分为自然、人类、社会、居住、支撑五大系统。20 世纪 80 年代以来，吴良镛院士等人在系统科学的集成和希腊学者道蒂亚斯的人居聚居学说等理论的基础上，提出了“人居环境科学”的大系统概念。美国建筑学者 A·拉普卜特（Amos Rapoport）在 1969 年曾提出将现代城市设计、景观、建筑、室内设计甚至产品设计都纳入“环境”设计的范畴。对于“环境”的定义，他认为需要包含以下四方面的内容：（1）含有空间、时间、意义与沟通的组织（the organization of space，time，meaning and communication）；（2）场景构成系统（a system of settings）；（3）“文化景观”（the cultural landscape)，主要指人文地理学与景观建筑学尺度下的环境；(4)由固定、半固定与非固定元素所组合，指环境中的不动的、可动可不动之元素加上来来去去的人。所谓“场景构成”(setting)来自于环境心理学早期学者巴克(Barker)所创新的概念“行为场景”(behavior setting)。它是指人们经常某时间会在某地点空间进行某些行为，而形成统一的模式状态，既偏重空间、实质环境的层面，也暗示了行为、时间等层面的存在。抽象而言，环境作为一种含有空间、时间、意义与沟通的组织，通过从大区域到都市、城镇、村落、建筑直至建筑室内空间及其内部器物的一系列各种层面场景构成的文化景观具体表现出来。通俗而言，人们生活其中的种种空间场景即被视为“环境”。因此，“环境”一词不只是单纯的城市空间、建筑空间、室内空间或者景观空间的综合，还广泛包含了人为建造的第二自然即人工环境物质与非物质双层含义。马来西亚建筑师杨经文(Kenneth K. M. Yeang)认为“建筑环境”(built enviroment)不仅仅是指各种建筑和楼房环境，还包括其他的人工建造物如道路、桥梁、大坝、汽车等环境。环境问题就是由于人类行为或行动造成对环境的压力所引发的生态系统各环节的变化。生态建筑环境研究就包括有机物、生物界(包括人类)及其生命与非生命环境，尤其是特定区域生物种群的组成和变化。结合生态策略的建筑环境要对生态大环境(外部环境)、建筑微环境(内部环境)以及建筑微环境的物质能量输入和能量输出进行细致分析，并顺应气候、结合场地、能量、通风、被动式设计等策略加以综合考虑。

值得指出的是，本书所提的“传统民居建筑环境研究”，跟已被广泛认知的“民居研究”“乡土建筑”还有很多差异，本书的研究对象不只是民居或乡土建筑本身，而是更侧重对整体聚落人居环境系统的关注，而“乡土建筑”的概念由于过多地涉及社会、文化、宗教等相关因素而使研究的覆盖面过于庞大，而“民居”“聚落”的概念更能反映出研究客体的本质属性、生态内涵、构造做法等重要建筑环境学信息，因此本书仍沿用“民居”这一术语，并且尝试对这一命题从人居环境学、生态学和系统学等角度进行研究。

此外应当明确的是，本书所探讨的传统人居环境不仅仅是传统建筑、民居内外空间的概念，还应延伸到聚落(settlement)的范围。正如陈志华先生所言，“拿一个完整的村落作为研究对象，这是因为，绝大多数的乡土建筑的存在方式是形成聚落，或者存在于以一个场镇为经济、文化、行政中心的生活圈之内。这个聚落或生活圈，不是许多民居建筑杂乱无序的堆积，而是有内部结构的各种建筑物的有机系统。这是一个在历史中形成的有特定社会、文化意义的系统。每一座民居建筑都在这个系统内有自己的位置并从聚落整体中获得完全的意义，离开了聚落，孤立的单个民居建筑便会失去许多价值"①。因此本书将研究范围进一步限定为微观的传统人居聚落环境的生态性分析。

应该说，聚落研究和民居研究不是矛盾的，而是对同一对象进行观察时从宏观到微观不同的视角。早期的乡土建筑、传统民居、村落环境的研究，主要落在村落中的典型民居本身，大体主要围绕民居的构造做法、材料使用及空间形态等微观层面的因素进行探讨。聚落层面的建筑是与文化、历史、社会相对应的，按照陈志华先生的观点，扩大到生活方式或文化社会学的是宏观视角的研究，单体民居建筑及其构筑方式是微观视角的研究，而从聚落层面切入的研究则是对乡土建筑"中观"视角的研究。而将传统建筑环境扩大到聚落层面的中观视角进行研究，强调对民居研究对象的整体性观察。聚落作为传统民居建筑的系统性整体单元，并不是简单地等于其中各个单体民居建筑的复制相加。聚落既包括单体民居建筑，又包括其间各个生态要素的相互作用，当各要素之间依据某种规则聚集时，将产生协同效应，使聚落产生单体民居所不具备的环境整体系统属性，其价值应大于单体建筑价值的总和。聚落研究本身更关注环境空间中整体的聚合状态，强调民居之间以及民居要素与环境之间的组织关系，目的是揭示村落这个研究对象的整体构成关系。因此，笔者认为，研究民居，必须将其放在聚落层面的背景环境并找到不同聚落间的相互关系，才能对其本质的内涵有更多的认识。本书对传统民居建筑环境的研究，既包括民居建筑单体的微观层面，也包括聚落整体空间的宏观层面，甚至还涉及聚落当代变迁和新乡村聚落等问题。

当然，本书所选择的传统民居、乡土聚落的研究范本通常也是本土的（indigenous）或者原生态（vernacular）的，因为这是一种特定区域的人们认知的传统，甚至演化成为统一的文化特征和鲜活的人类历史写照。传统聚落民居环境是地球上可供人类生活直接使用的实体环境，形式丰富多样，包括聚落本身及其周围的自然环境，以及栖息其内的人类及其活动所构成的社会。因此，反过来说，传统民居建筑环境，不仅是指建筑的特质，也是地域共通知识和文化代代相传的过程体系。基于这样的定义，传统民居建筑环境的研究不光是民居建筑本身，还应该对民居建筑所处的整体环境、聚落系统以及在同一文化区域或族群里大家共同认知、相互分享、代代相传的物质与非物质体系进行统一研究。也就是说"传统民居建筑环境的生态营造研

① 引自陈志华教授2009年为李秋香教授《乡土民居》一书作的序。

究”包含了对实体的建筑物、产品、环境本身的有形之体和营造所需要的技艺、过程本身的无形之体两种具体表征方面的生态适应经验研究。传统民居建筑环境系统在其营建及历史演变的过程中积累的生态营建经验在本质特征、物质面貌、文化精神、技艺材料等方面都有丰富的内涵，对于激发现当代设计发展创新和转型的社会、技术和文化等方面的动因，都有不可忽视的重大研究价值。

### 1.1.3 “生态营造”的概念范畴

本书所提的“生态营造”，不局限于狭义的生态学定义，而是在生态建筑、绿色建筑、节能技术、生态住区、可持续设计等综合思想基础上审视传统民居建筑环境营造技艺的生态效率，研究传统民居建筑环境的生态营造智慧。“生态”（ecology）一词来源于100年前希腊文“oikois”，意思是家或住地。生态学将其定义为“研究生物与环境之间关系的科学”，最早由生物学衍生而来（E. Haeckel，1869）。生态学是研究生命有机体和其环境之间相互关系的学科，以生物个体、种群、群落、生态系统等不同层次的单元为研究对象，从各个侧面研究生态系统的结构与功能，深化了对人类自身及其周围环境之间关系的认识。1921年美国芝加哥大学城市社会学家帕克（R. E. Park）进一步提出人类生态学（human ecology）的概念，定义为“研究人类与环境的科学”，主要从社会学角度研究城市社会与环境问题。英国学者坦斯利（A. G. Tansley）于1935年提出了“生态系统”的概念，认为生态系统是研究生物与环境构成的整体。1953年，美国生态学家奥德姆（E. P. Odum）在《生态学基础》一书中指出，“生态系统”的概念，是自然科学与社会科学的桥梁，既适用于生物界的研究，也适用于人类社会的研究。

19世纪末20世纪初，盖迪斯（Patrick Geddes）首次提倡从城市生态学的研究角度，从人与自然、城市与环境之生态共同体的角度去寻求共同的发展。20世纪初现代主义运动初期，美国建筑大师弗兰克·赖特（Frank Wright）、布鲁诺·泽维（Bruno Zevi）等人相继发展的“有机建筑理论”就蕴含了很多生态设计的思想。1969年保罗·索勒里（Paolo Soleri）把生态学（ecology）和建筑学（architecture）两个词并为一体，提出了“生态建筑学”（arcology）的新概念，主张保持生态和建筑的共生关系、保护生态平衡。20世纪80年代可持续发展的议题广受关注的背景下，“可持续设计”也应运而生。1992年巴西里约热内卢联合国环境发展大会上明确提出绿色建筑与生态城市的理念。对于“绿色建筑”，我国《绿色建筑评价标准》

GB/T 50378—2014 曾定义为:“在建筑全周期内，最大限度地节约资源（节能、节地、节水、节材），保护环境和减少污染，为人们提供健康、适用和高效的使用空间，与自然和谐共处的建筑。”[①] 对于“生态住区”的概念，《中国生态住区技术评估手册（第四版）》中提到，“生态住区”是以高新技术为先导、以可持续发展为战略、体现节约资源、减少污染、创造健康舒适的居住环境以及与周围生态环境相融共生的人居模式。虽然“以高新技术为先导”明确了是针对现当代的住区建造设定规范标准，但是其目标和本书所研究的传统建筑人居环境的生态技艺存在不少一致之处，并且现代标准一定程度上也可以作为本书评估传统的参考。“被动节能技术”是指“不用额外增加能耗而只通过建筑自身的布局、材料、做法等契合气候达到舒适与节能的技术”。结合自然气候条件最大限度地适应周围环境，并充分利用自然条件和资源，巧妙利用自然的阳光、风能、水资源等资源，因势利导，形成自我调节的民居建筑环境并与自然环境和谐共生。“适宜技术”则是以具体的技术系统与当时当地的自然、经济和社会环境进行良性互动，以取得最佳综合效益为目标，同时具有鲜明的地方性，既避免建筑非理性的自我表现，也能最大限度地融入自然生态。

传统建筑人居环境中，蕴含着很多朴素的生态做法，如对阳光、风能、水资源等自然资源及地方材料的利用，人们不仅重视人、自然、建筑环境之间的互动关系，还通过对自然资源的智慧应用来达到最高效率地利用资源、最低限度地影响环境的目标。“生态智慧”或“生态经验”是人们在传统人居环境营造的实践中结合自然资源、地理气候、技术材料、社会经济、文化伦理等因素，营建健康舒适的居住空间和生产生活环境的设计方法和思想，以及作为约定俗成的观念而逐渐自发或自觉实践得来的知识或技能。

总体而言，本书是对传统人居环境科学领域研究的丰富和完善，希望在建筑物理技术手段量化研究的基础上，结合“传统民居建筑环境”和“生态可持续设计”两方面的研究，加上国内外传统聚落及其典型民居案例的分析对比，系统揭示传统民居建筑环境的生态营造经验，为当代可持续设计提供启示，并为这些传统民居建筑环境及其技艺在现代的传承和发展路径提供新思路参考。研究范围包括理论研究和案例实践应用研究两方面：理论研究在对回归传统的理论溯源基础上，梳理分析传统民居建筑环境的生态系统内涵、要素结构、主要的功能表征和具体策略；案例

① 引自我国《绿色建筑评价标准》GB/T 50378—2014。

分析则是对国内外的传统民居建筑环境生态营造智慧进行剖析，通过量化手段分析这些生态智慧影响下的传统建筑物理环境，包括热、光、风等方面的舒适度表征，并进一步发掘这些生态建筑营造传统经验的共性策略及其对现当代可持续设计的影响。

## 1.2 研究进展综述

传统民居建筑环境生态营造智慧的相关研究经历了较长时期的发展，各个时期国内外都有新的进展和思路，已经出现了由模糊的整体概念向具体的地域性研究转变，由理论性分析向应用技术成果转化的倾向。具体的研究动态如下。

### 1.2.1 传统民居建筑环境研究

国际上对传统民居、乡土聚落的研究历程比较长。20 世纪初，意大利学者朱塞佩·帕加诺（Giuseppe Pagano）最先对散落于广袤大地的乡土民居建筑进行考察探访和整理，并在 1936 年的米兰三年展中以图片展览的方式展示了意大利各地丰富多样的乡土民居建筑类型，一时引起轰动。20 世纪 60 年代，美国学者鲁道夫斯基发表了著名的《没有建筑师的建筑》一书并相继举办展览，在世界范围内系统整理了乡土建筑的代表，以点面铺开的文献汇编方式梳理并展示了世界各地丰富多样的“没有建筑师的建筑”。20 世纪 60 年代末，日本学者藤井明（Akira Fujii）在著作《聚落探访》中，展示了实地调研得来的各式各样的传统聚落形态及其空间秩序、场所精神、管理制度、宗教文化等内容。另外一名日本学者布野修司通过多年的实地勘察调研积累著成了《世界民居》一书，介绍了世界各地传统民居建筑环境中的要素与功能、形态结构、群落组合、采光与纳阳、通风与保温等具体独特的做法和技艺。改革开放后也有不少国外的学者开展对我国传统民居的研究。20 世纪 80 年代瑞士建筑师布拉泽来到北京并详细考察了四合院并完成了相应著作，美国卡纳基·梅隆大学的师生团队也到云南调研过当地的传统民居。20 世纪 90 年代，日本东京艺术大学的茂木计一郎教授曾率领研究小组多次深入考察福建民居，日本九州产业大学、九州大学、熊本大学师生曾 3 次考察云南民居。近年来国际上对传统民居的研究在具体的研究对象、研究方法和的技术手段等方面有很大的创新和发展，呈现多视角的格局和多样化的态势，为本书的研究提供了重要参考。

我国也有很多学者早期就开展了对传统民居、乡土聚落的研究。依据学界的普遍界定，中国传统建筑的研究始于 20 世纪 30 年代以刘敦桢、梁思成等营造学社学者为代表开展的古建筑调查，他们借鉴西方古典建筑的研究方法，对我国西南、西北地区的典型地方民居进行了单体测绘，其中《穴居杂考》（龙庆忠，1939 年）《西南古建筑调查概况》（刘敦桢，1941 年）等开中国民居研究之先河，成为奠定中国传统民居建筑研究的基础。此后的数十年，有几代学者加入民居建筑研究的队伍，出现了大量的研究成果。然而早期研究由于多方面的局限，多以地方典型民居单体建筑的平立面、构造技艺和装饰材料等的描述性介绍、测绘为主，还有一些从历史年代、文化特征、宗族制度等方面的考证，主要以广泛的测绘调查和形态描摹来表述乡土建筑区域特点，大多数成果总体上仍以定性分析为主要研究路线。到 20 世纪八九十年代，受多元化思潮的影响，国内建筑理论研究领域的深度和广度较以前都有所拓展。以陈志华、楼庆西、李秋香、孙大章、陆元鼎等学者为代表的专家学者对传统民居与聚落做了大量的实地测绘和调查研究，并整理出版了一批文字凝练平实、有大量平立面测绘尺寸及丰富插图照片的传统民居和村落研究著作，包括 1984 年中国建筑技术发展中心建筑历史所的《浙江民居》、1986 年王翠兰与陈谋德等人完成的《云南民居》、1987 年高轸明等人完成的《福建民居》、1989 年侯继尧在西北开展的窑洞研究《窑洞民居》、1990 年陆元鼎等人在岭南地区完成的《广东民居》、李长杰在广西北部的研究《桂北民间建筑》等。这些成果既是对地方建筑研究的丰富和完善，也是对整个传统民居研究的进一步探索，但是由于各家研究方法互不相同、研究对象内容形态各异，使得这些研究成果显得既丰富，也繁杂。

值得指出的是，1998 年在《建筑师》杂志发表的《乡土建筑研究提纲——以聚落研究为例》一文中，陈志华教授鲜明地提出了“乡土建筑研究”的理论框架，界定了聚落研究的内容与方法。他认为对传统聚落与民居的研究不应该仅局限于传统村落和民居建筑的狭义物质形态层面，而要对一个完整的建筑文化圈进行研究，只有拓展到聚落深层次的社会、历史、文化等渊源背景，才能使研究更加全面、整体、综合和系统。他提出乡土建筑研究应广泛包括民居研究和其他各种建筑类型研究、聚落研究、建筑文化圈研究、装饰研究、工匠研究、有关建造的礼仪研究等，并提出用“乡土建筑研究”替代“民居研究”，这一建议也获得了许多学者的认可。

此后传统民居、乡土聚落的研究逐渐发展为更加系统的体系。而2000年以来，对传统民居的研究不仅扩大到社会历史、民族文化、民俗语言、生态学等方面的综合考察，传统民居聚落作为“人居环境”一个重要组成部分，也有传统聚落环境空间结构形态、空间结构方式等方面的研究；空间拓扑、空间句法、GIS等数学理论和物理技术量化手段也开始运用到传统聚落的研究中；还有从生态学、建筑物理学、节能技术等角度开展的传统民居的生态适应性及节能策略研究。总体而言，传统民居的研究视野更加开阔，研究内容更为丰富，从单体研究向群体研究拓展，从民居研究向聚落研究拓展，从建筑学、艺术学、美学视角向其他历史学、社会学、传播学、生态学等多学科交叉视角拓展，从考辨“历史遗存”向“现实环境”分析拓展，从“物质形态”剖析向思考“非物质精神”拓展等。

## 1.2.2 生态学视角下的传统民居研究

生态学与人居环境的综合研究形成生态建筑学、城市生态学、景观生态学等多个方向的分支学科。1969年美籍意大利建筑师保罗·索勒里（Paolo Soleri）在《生态建筑学：人类理想中的城市》（*Arcology: the City in the Image of Man*）中最早提出生态建筑学理论，首次将生态学（ecology）与建筑学（architecture）合成一体，创造了“生态建筑学（arcology）”的新概念，希望通过生态学的原理和方法来寻求最适合人类生存和发展的建筑环境的科学。同期，罗伯特和布兰达夫妇（Robert & Brenda Will）在英国开始研究设计自维持试验住宅（autonomous house），即不需要外界提供能源就能自运行的住宅，并进一步设计建造了英国首个零碳社区，其专著《绿色建筑学：为可持续发展的未来而设计》（*Green Architecture: Design for an Sustainable Future*）被誉为国际绿色建筑史上的里程碑。而在景观规划方面，如理查德·福尔曼（Richard Forman）和米切尔·戈登（Michel Godron）二人所著的《景观生态学》（*Landscape Ecology*）以及伊恩·麦克哈格（Ian McHarg）1971年的专著《设计结合自然》（*Design with Nature*）同样都是在业界影响深远的巨著。20世纪80年代以来，欧美国家在生态建筑及相关技术的研究方面成果层出不穷。英国索菲亚和贝林（Sophia & Stefan Behling）《建筑与太阳能：可持续建筑的发展演变》（*Solar Power—The Evolution of Solar Architecture*）中以太阳能利用为例，介绍不同时期的建筑师如何最大限度地利用阳光，不同地域、信仰文化的人们在营造最初的居所时，虽然具体的手段有所不同，都采用因地、因时、因需而制宜的技术路线，这些方法和理念对今天的设计仍然具有重要的启发。迈克尔·J·柯若杰（Michael J Crosbie）的《绿色建筑：可持续设计导引》（*Green Architecture: A Guide to Sustainable Designs*）、西姆·凡·迪·瑞恩（Sim Van Der Ryn）和斯图亚特·科恩（Stuart Cown）的《生态设计方法论》（*Ecological Design*）等书中，都从不同角度探讨了生态、绿色、可持续的方法原则，分析了生态低技术的传统营建经验和技艺在现代中的延续和应用，并提出了这些技艺的现代应用更多地应该是对传统的形式、材料、建构技术及其所蕴含的人文关怀的重新解释。此外，克劳斯·丹尼尔（Klaus Daniels）在《生态建筑技术》（*Technology of Ecological Building*）中提出符合生态性的营建技术是通过主动和被动地有效管理、使用太阳能等自然资源，营造环境友好、节约能耗的民居建筑环境，并在建造、使用和废弃处理等建筑生命周期中尽可能减少对自然环境的危害。1993 年美国出版的《可持续发展设计指导原则》（*Guiding Principles of Sustainable Design*）一书列出了“可持续建筑设计细则”。此外，对传统人居环境的生态研究不仅是技术的问题，相关的经济、社会、人文等方面也有很大影响。哈佛大学肯尼迪政府学院艾伦·阿特舒勒教授（Alan Altesuler）在其《巨型项目：城市公共投资变迁政治学》（*Mega-projects: The Changing Politics of Urban Public Investment*）中强调在建筑市场中利益相关方的多元化趋势，传统民居建筑环境技术的回归需要公共政策、金融财政等多方面的扶持。托尼·弗莱（Tony Fry）在《设计即政治》（*Design as Politic*）一书中则指出任何一个传统区域的改造都需要多方面的博弈，设计师既可以平衡关系，也可以引导市场。总体而言，国际上对于生态学视角下的传统民居建筑环境研究，多从建筑节能、低碳等技术角度及文化多样性角度切入，以多学科交叉的方式来科学化地探索这一命题。

而我国近年来的相关研究中，则将其提升到了人与自然关系的哲学高度。继 1982 年李道增先生在《世界建筑》上发表《重视生态原则在规划中的作用》之后，我国的生态建筑理论与实践逐渐得到重视并进行了深入的研究。1994 年刘先觉先生在“建筑与文化”会议上发表《现代城市发展中面临的生态建筑学新课题》，引起很大反响。20 世纪 90 年代初，我国从生态角度对传统民居、乡土建筑的相关研究已陆续形成规模，具体包括 1992 年单德启的《生态及其与形态、情态的有机统一》、1992 年夏云等人的《节能、节地的建筑》、1995 年荆其敏的《生土建筑》、1995 年蔡济世的《资源型生态圆土楼》、1996 年李晓峰的《以生态学观点探讨传统聚居特性及承传与发展》、1996 年王竹等人的《为拥有可持续发展的家园而设计》等成果。2000 年中国科学院自然科学史研究所主编的《中国古代建筑技术史》从技术角度梳理了我国传统建筑技艺的发展与变迁，对具体技术如采光、通风、防潮、防腐、供暖等的应用和各地不同的变化进行分类整理。东南大学刘先觉教授的《生态建筑学》、西安建筑科技大学夏云等人的《生态与可持续建筑》都对国内外前沿的生态设计技术进行了分类阐释，特别是介绍了埃及哈桑·法赛、印度柯里亚等人在发展中国家和地区传统建筑和民居的通风、采光、供暖、遮阳等被动式节能技术中的优秀经验和案例。在建筑室内环境方面，1999 年清华大学袁镔、邹瑚莹教授发表的《生态室内设计》，2010 年周浩明教授的《可持续室内环境设计理论》等文章都先后从建筑室内环境的角度出发，探索了生态、可持续设计的应用和手法，为可持续设计在室内设计中的研究和应用探索开了先河。2014 年郑曙旸等人在《设计学之中国路》中也多次体现了可持续设计和发展不仅是技术性问题，更多的是观念性问题。可以说，我国对于生态学视角下传统民居建筑环境研究的命题，大多是从“天人合一”的生态哲学高度去审视人居环境与生态环境之间、人与自然之间的关系，并以此为出发点通观考虑整体传统民居建筑环境的可持续发展。

近年来，我国高校结合传统民居建筑进行生态方面经验研究的学位论文也时有出现，如 1998 年清华大学于海为的硕士论文《中国传统地方建筑对可持续发展建筑设计的启迪》，从中国传统地方建筑的环境、经济、文化可持续性 3 方面进行论述，通过典型实例探讨中国传统地方建筑在尊重自然、结合地形、结合气候、生活模式、宗教、节能节地、利用地方材料、循环利用、抗震等方面的优势，寻找其对当代可持续建筑发展的启迪。2004 年西安建筑科技大学赵群的博士论文《传统民居生态建筑经验及其模式语言研究》从符合地方气候调节的建筑空间和构筑方面的视角出发，提炼出 6 种生态建筑模式语言。周虹的《现代建筑可持续发展的若干生态问题研究》在现代生态应用的基础上对传统民居建筑环境、样式技艺等开展了溯源研究。2008 年天津大学李建斌的博士论文《传统民居生态建筑及应用研究》在分析了中国传统民居的选址与群体营建、空间与形态营建、材料与细部营建等的基础上，融合了西方近代各个阶段民居的设计理念、生态策略、具体方法等内容进行了对比研究。

本书的内容可以说与他们的方向有很多共通之处，都是对传统民居建筑的生态经验加以总结归纳，但是不同之处在于，于海为是对我国传统地方建筑的可持续经验进行研究，没有国内外对比方面的内容；赵群提出宏观的 6 种生态建筑模式语言，没有从量化角度界定每个具体模式的性能表现；李建斌文中也做了国内外传统民居生态经验的对比，但缺乏同等条件下类似案例之间的实际数据分析与比较。

近年来，很多国内外跨学科研究团队采用现场实测和计算机模拟相结合的量化技术手段，对地域典型传统民居建筑环境开展节能技术和生态适宜性研究，推动了从定性到定量、从理论到实践的研究转变，如清华大学团队的张家港生态住宅试验、传统四合院生态改造、广西干栏式苗寨土楼改建等、西安建筑科技大学团队的西北民居热环境实测模拟研究、窑洞建筑再利用改造和延安枣园绿色住区等实践。这类实践对民居生态营建经验的应用在理论研究的支撑下，在设计的深度上有所突破，对于民居生态营建经验的现代应用研究也具有积极的参考意义。另一类实践研究则是在对传统建筑营造技艺加以改进提升后，用以建造节能而富有地方特色的建筑，这些对乡土聚落和传统生态营造技艺再利用的市场性试验，主要手法包括地方材料的使用、传统形式符号的延续、地方工匠参与建造等。例如王澍在中国美术学院象山校区、宁波博物馆等的设计中通过瓦片墙的再利用寻求传统地方文化和历史记忆的回归；李晓东在偏远地区综合利用传统营建材料与技艺的新传统主义建筑设计；刘家琨针对建设条件相对匮乏的地区所采取的“低技术”营造方法以及研发的再生砖材料在震后建筑更新中的应用；任卫中在乡村中发掘夯土墙新住宅的各种模式；中国台湾建筑师谢英俊针对农村地区住宅采用的灵活适用的轻型结构体系等。又如在地震灾后的恢复性建设中，刘家琨、谢英俊、日本建筑师坂茂等都结合地方传统风格和当地材料的使用开展了丰富多样的实践。虽然国内目前在新传统、地区主义设计中的观念和作品风格存在很多差异，但是仍形成了一些有价值的共识，例如采取地区适宜技术，节约资源，维持良性的持续发展；认为在广大新农村建设中现代技术的使用不能以牺牲当地传统文化为代价；认为地区特色就是最优化地利用本地区资源的结果等。

近几年，国家、省部级基金立项课题也反映了学界对这一议题的重视，如国家自然科学基金项目“多目标优化导向的内蒙古西部草原民居被动式超低能耗建筑营造策略研究（51768053）”“桂北山区干栏聚落及民居的当代演变及其适应性更新策略研究（51668003）”；国家社科基金艺术学项目“山西传统民居营造技艺调查与研究”（薛林平，2014）、“基于江南传统民居营造技艺的创新设计研究”（荣侠，2019）、“基于海南黎族船型屋民居传统营造技艺的创新设计研究”（张引，2020）、“中国传统砖砌民居营造技艺”（王新征，2021）；教育部人文社科基金“中国乡土建筑营造技艺与匠作谱系及其当代变迁研究”（王新征，2018）；北京市社科基金重点项目“北京地区传统环境营造技艺的生态性分析及其保护与发展研究”（周浩明，2014）等。

总体而言，各时期国内外研究出现了由具体地域性个案向整体概念研究转变、由建筑本体向系统环境转变、由定性向定量转变、由理论基础研究向应用成果实践转变的倾向，研究成果具有一定的广度、丰度和深度。然而，当前研究还尚未形成对生态等综合价值统一的、客观的认知，对传统民居营造技艺和民居建筑环境生态品质之间互动关系的研究还比较少，同等条件下类似案例之间的实际数据分析与比较极为不足，对传统民居营造技艺的生态贡献度缺乏量化的实证研究。由此可见，乡村传统民居营造技艺生态价值的量化评估已成为延续其现当代生命力的关键技术途径。

## 1.3 研究内容方法

### 1.3.1 主要内容思路

本书旨在通过对传统民居建筑环境营造过程中生态经验的剖析，以实地案例调查与量化实证相结合的研究方法，借助建筑物理学中现场实测和计算机模拟量化的手段，对传统民居中不同营建技艺的具体生态效益进行分析，并以此为基础进行传统民居生态建筑经验的深入研究。一方面证明是什么（what）的问题，即传统生态经验包括了哪些具体的做法，这些做法对于满足人们生存生活需求、提升人居环境舒适度等有哪些表现；另一方面是证明怎么样（how）的问题，即这些千变万化的传统民居建筑环境生态系统都有哪些共通的控制原则和适应策略，这些传统营建生态经验带来哪些环境舒适度效率，及其如何走向生态可持续设计的高级优化趋势等问题。本书的研究内容分为四大版块：

第一版块为导论部分，包括第 1 章、第 2 章的内容。第 1 章绪论部分是对研究的前提基础、意义、目标的概括，相关概念范围的界定和国内外文献研究综述的归纳，在研究方法中也强调了各章节中案例选取的逻辑。第 2 章主要是理论构建的准备和推导过程。在基本理论的梳理准备基础上，从“源”与“流”两个角度探讨传统民居建筑环境生态系统的理论构建。当代系统学、生态学和人居环境科学等理论的发展，也逐渐推动了传统民居建筑环境的相关研究方法从定性走向定量。

本部分的理论构建中，主要采用了文献归纳的研究方法。对传统民居建筑环境生态营造经验的研究离不开对文献史料与以往研究成果的具体分析。对文献细致阅读下的重点案例分析是进一步认识的基础，而不作与具体案例无直接关联的大段背景叙述。尽可能引入有助于技艺个案理解的具体方法，比如示意性复原图，以及列表、绘画作品参照等。同时注意对于文献的认识，不仅是理解技艺的信息来源，也表达了文献作者的观念，这种观念也同样是研究的对象。建筑环境学中的现场实测和计算机模拟相结合的量化技术手段也成为研究切入的创新性方法。

第二版块为第 3 章的内容，在前面分析了具体属性的基础上，提炼出传统民居建筑环境生态系统的控制原则和适应策略，并分析其现代传承的可能性。主要从控制论角度将传统民居建筑环境系统的生态控制原则归结为竞争胜汰、适应共生、循环再生 3 个主要方面，将其生态适应策略归纳为适应自然、巧借自然、节制简省、节能降耗、循环再用、符合伦理和文脉等，促进传统民居建筑环境生态系统的发展从“外部最优控制”转向“内部适应性调节”，引导其在现代可持续传承与发展中从优化走向进化。并提出传统民居建筑环境生态系统在现当代的高级优化，就是走向生态可持续建筑的发展方向。

本部分主要采用了演绎归纳的研究方法。在案例剖析的基础上，试图提取出传统民居建筑环境生态系统的通用共性策略及在现代可持续设计发展中可能的传承模式。通过国内与国外、传统与现代、时间与空间不同角度案例的剖析和归纳，不仅有助于广泛了解传统民居建筑环境生态系统的本质属性，还可以加深了解传统民居建筑环境生态系统的生成规律，更清楚地看到它们在当代发展的趋势。将各地、各种类别建筑环境的生态营造经验，现状与技艺遗存进行分类别演绎，归纳出这些千变万化的传统聚落生态营造经验间的共通之处，从而总结出传统民居建筑环境生态营造经验可能的应用策略和传承模式。并进一步以优势互补为原则进行优化，以保证研究的普及性、真实性和实用性，从而更好地探求我国传统民居建筑环境生态营建经验的独特性和可持续性。

第三版块为对传统民居建筑环境生态营造智慧的具体案例实证，包括第 4 章和第 5 章两部分内容。这两个章节均以案例实证的方法来解构传统民居建筑环境生态系统在空间结构和时间演进两方面的具体存在方式。

第 4 章从时间演进的角度，以意大利南部传统人居聚落阿尔贝罗贝洛（Alberobello）和马泰拉（Matera）两个传统世遗聚落为例，研究传统民居建筑环境生态系统如何在时空序列的演化变迁过程中实现现代传承和复兴发展。由此印证虽然各个传统民居聚落生态系统的要素结构存在多方面的差异，但是这些系统间的要素表征属性及演化变迁过程中存在个体差异的总体相似性也是普遍共有的，本书侧重研究传统聚落对生态环境理解和运用的相似之处及其在时空序列演进中的共性规律。

第5章从空间存在的角度将传统民居建筑环境生态系统的本体属性具体解构为系统内部各要素结构之间相对稳定的连接方式、组织秩序及时空关系的内在表现形式，及其与外部环境相互联系作用表现出来的性质、能力和功效等的外在功能表征。以生态结构完整的北京西部爨底下传统山地合院聚落为例，阐述地理、气候、用材、技艺等方面的生态要素—结构—功能体系，并对爨底下典型合院民居包括热、光、风等方面的物理环境进行量化实测和模拟，阐述与其生态要素结构相对应的具体功能表征。最后的板块是在上述章节的基础上，形成本书的结论（图1.1）。

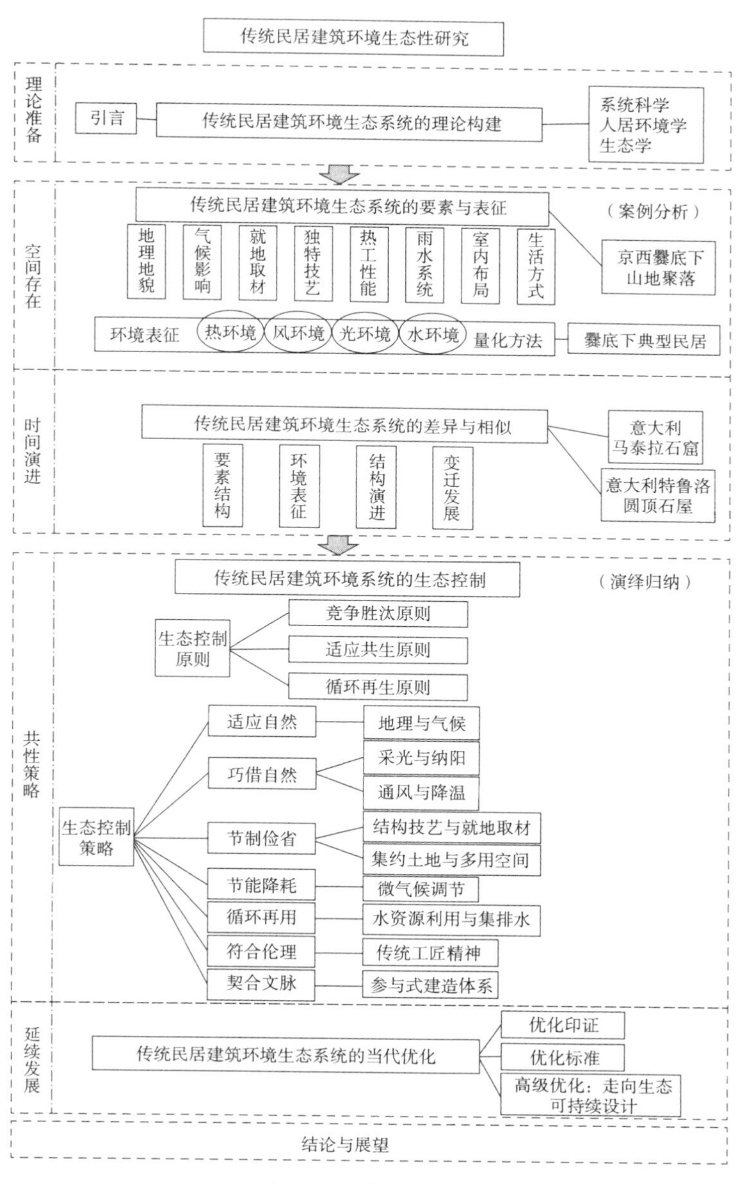


图1.1 研究思路框架

### 1.3.2 实证方法逻辑

体现传统民居建筑环境生态营造经验的传统和当代建筑遗存众多，并且对于传统生态营造经验的传承和应用实践具有很强的代表性，实践过程中出现的各种现象都是解读这些经验做法的传承与发展的重要佐证。需要注重对基于传统生态经验的设计实践活动动态过程的观察与分析，特别是技术选择与管理的相关措施对于传统生态技艺传承以及对当今环境设计的影响。因此，本书以“解剖麻雀、抓点带面”的方式，从时间与空间、国内与国外对传统民居建筑环境生态营造的典型案例实证来分析其本质属性、演进变迁及优化传承等问题。

首先需明确案例选择逻辑。由于世界各地的传统民居聚落类型丰富多样，传统民居建筑环境的外延内涵较为宽泛，因此本书从系统学、人居环境学角度将传统民居建筑环境视为一个自组织系统，进一步将研究范围缩小到传统人居聚落建筑环境生态营造经验的研究上。将系统自组织理论引入传统民居建筑环境生态系统的研究中，是将传统民居聚落、建筑环境、生态系统作为一个系统，将聚落外部自然环境的限制转化为建筑环境生态系统的内部秩序，从而使传统民居建筑环境生态系统具有了自组织系统的各个属性和特征，并将其解构为系统的要素结构体系和与之相应的功能表征，以及在时空序列中的演进变迁发展机制，由此发掘全球各地面貌千变万化的传统民居聚落之间形成一定共性规律的生成逻辑和演化机制。这些大大小小的民居聚落，在建成年代、空间结构、地理气候、构造技艺等方面可能存在各种差异，但是它们对于生态环境的理解和运用存在很多相似之处，并且很多从远古流传至今的民居聚落及其营造技艺在随着历史的发展进行相应的演变进化过程中，也存在很多值得追寻的共性规律。

其次，确定落实案例实践点并进行现场考察、实测及实证研究。先以北京西部爨底下山地合院民居聚落为例进行空间序列的生态适应分析，探索空间区位对地理、气候、布局、材料结构的演进适应。从空间结构的角度对国内外不同的传统民居聚落建筑环境的生态系统要素结构和功能表征进行对比分析，并对其独特的发展路径进行深入探讨。再以时间演进为线索，以意大利南部传统石窟聚落马泰拉和阿尔贝罗贝洛圆顶石屋聚落为例进行时间序列的生态适应分析，剖析历史长河中传统民居聚落对社会、经济、文化、产业发展的变迁适应，涉及对传统民居建筑环境的历史演进评价，探求传统民居聚落在时间轴上的变迁路径规律。

选择中国和意大利这些典型聚落及其民居建筑环境作为研究的对象，是基于对国内外大量传统民居建筑环境的调研学习而最终确定的。这些聚落的价值已获得多方面的广泛认可，作为传统生态营造智慧研究的代表，意义重大。两个意大利聚落案例均继承了地中海地区传统独特的建筑营造技艺，其中，采用原始干石技法建造圆顶石屋的阿尔贝罗贝洛聚落可以上溯到14世纪，1996年入选联合国教科文组织世界文化遗产名录；而马泰拉石窟城是座历经千年的石窟崖居聚落，1993年入选世界文化遗产名录，2019年还被评为欧洲文化之城。这两个传统聚落不仅生态系统存在结构完整丰富，在时空序列中都具有悠久曲折的发展历史和生态演进机制，在世界上都是少见的，因此也成为本书从系统演进的角度分析传统民居建筑环境生态系统演进变迁规律的最佳案例。相比而言，我国北京西部门头沟区爨底下山地合院聚落虽未入选世遗名录，其价值于20世纪90年代初才得到确认并进行后续的保护和开发，2012年才被列入中国第一批传统村落名录，但其作为我国北京乃至整个北方地区少有的、生态系统遗存较为完整的明清聚落，既符合本书从系统存在的要素结构角度分析传统民居建筑环境生态系统的本质属性的案例需求，也有利于对村落各个生态系统要素进行反复多次的现场考察及对其典型民居空间环境舒适度表征的实测观察。虽然这几个传统民居聚落案例在建成年代、所处区域、空间结构、地理气候、建造技艺、社会背景、经济条件等方面都相去甚远，差异很大，但并不影响其作为本书研究的具体对象，相反，这些案例各自的独特存在恰是对本书解构研究传统民居建筑环境生态系统各个环节问题的助益。差异性是绝对存在的，然而相似性也是普遍共有的，本书的侧重点不在于从诸多差异中寻求各自的类型特征，而在于研究这些聚落对生态环境的理解和运用的相似之处以及在时空序列发展演进中的共性规律。

**表1.1　典型案例聚落之间的逻辑梳理**

| 系统 | 典型案例 | 空间存在要素结构 | 时间演进变迁历程 | 典型差异 | | | | 共通策略 |
|---|---|---|---|---|---|---|---|---|
| | | | | 地理地貌 | 建成年代 | 结构建材 | 典型技艺 | |
| 空间存在 | 北京爨底下山地合院聚落 | 结构要素完善、功能表征丰富 | 始于明清，现代价值初获认可，2012年被列入中国第一批传统村落名录 | 深山冲沟崖坡 | 明清时期 | 砖石木结构 | 山地合院 | 适应自然<br>巧借自然<br>节制简省<br>节能降耗<br>循环再用<br>符合伦理<br>契合文脉 |
| 时间演进 | 意大利阿尔贝罗贝洛特鲁利 | 结构要素完善、功能表征丰富 | 原始聚落，经历了现代复兴，1996年入选世界文化遗产名录 | 橄榄农地缓坡 | 14世纪 | 完全石块垒筑 | 原始干摆圆顶石屋 | |
| | 意大利马泰拉石窟城 | 结构要素完善、功能表征丰富 | 千年古城，经历了曲折的现代衰落与复兴，1993年入选世界文化遗产名录，2019年入选欧洲文化之城 | 峡谷崖坡 | 千年古城 | 石洞结构 | 石窟洞穴 | |

此外，充分采用定性定量相结合的分析方法开展实证探索。本书属于基础理论研究，又有一定的应用研究性质，所以定性分析和定量分析结合为主要的研究方式。定量分析是定性分析的根据和补充，具有较强的说服力，本书将依托于大量的案例样本进行定量分析，使得研究更理性化和直观化。围绕生态能效测度的研究目标集成建筑环境现场实测方法，采用温湿度仪、照度仪、热线风速仪、红外热像仪等实验仪器，对传统民居建筑环境的环境能效指标进行连续性地观察与测录。基于实测和模拟方法可以直观量化地了解传统建筑室内外环境的优劣性，因此本书通过自身考察并借鉴国内外同行的实践对典型的传统民居建筑环境的热舒适度、光环境、风环境等物理指标进行实地测量和计算机软件模拟，以印证本书对传统民居建筑环境存在一定生态智慧的观点持有的支持态度，包括国内典型传统民居建筑环境的生态营建经验及环境实测模拟分析、国外典型传统民居建筑环境的生态营建经验及实测模拟分析、传统民居建筑环境改造及新设计建筑环境实测模拟分析及对比等。

# 第 2 章

# 渊源与流变：
# 传统民居建筑环境生态智慧的理论构建

随着科技革命对现代建筑的颠覆影响，现代主义建筑形式结构、高新技术材料给整个行业带来了强烈的冲击，因此反其道而行的传统民居建筑环境生态营造智慧研究和实践可谓一股清流。传统民居建筑环境的生态经验研究的理论，包括“传统”和“生态”两方面的理论溯源，鲁道夫斯基的“没有建筑师的建筑”、场所精神、在地性、批判地域主义等理论的探索，近当代绿色、生态、有机理论以及现代可持续发展理论的蓬勃发展，对于传统及现当代建筑环境设计及研究的影响都极为深远。此外，随着现代计算机技术在建筑环境学中的应用逐渐拓展，在现代建筑设计，尤其是生态、绿色、节能的建筑环境设计中越来越多地采用现场实测和计算机模拟相结合的量化技术手段，对传统民居、地区典型建筑环境开展相应的节能技术和生态适宜性研究。当代系统学、生态学和人居环境科学等理论的发展，也逐渐推动了传统民居建筑环境的相关研究方法从定性走向定量。

本章将传统人居聚落作为一个完整的自组织系统。基于系统科学理论，传统民居建筑环境生态系统组织结构可拆解为内部核心层、中间层和外围影响层 3 个部分。系统内部各圈层间在时间、空间、结构、数量、秩序方面要素的耦合关系，组成了传统民居建筑环境生态系统。内圈层从热工舒适度的生态功能表征角度体现的是传统民居建筑环境生态系统通过与外界环境交换物质、能量和信息来降低自身熵值，具体的表征是风、光、热、雨、声等自然资源在建筑环境空间中的功能效率。中圈层体现传统民居建筑环境生态系统最主要的结构关系，包括地理地貌、气候条件、材料技术、独特技艺、围护结构、室内布局、集排雨系统，生活方式等要素。外圈层从时空序列的演进变迁角度体现的是传统民居建筑环境生态系统在遗传变异、优胜劣汰和适应调整的机制作用下，呈现出整体性、层次性、适应性、差异性、相似性等发展特征。

# 2.1 传统民居建筑环境生态营造智慧理论渊源

## 2.1.1 现代建筑的桎梏

现代建筑随着工业革命的发展、科学技术的不断进步，特别是如钢筋混凝土、耐热玻璃、空调等现代主义建筑结构、材料、技术的成熟，使人们可以忽视地理气候的差异而使用标准化设计获得舒适的建筑内部环境，建筑的形式、体量和空间组合都更为灵活自由，于是人们逐渐忽略结合自然气候的传统营建方式。当前的自然、人类社会以及维系二者的"第三级生态环境"在遭受着严重的破坏。若仔细反思一直以来对建筑施工、城市设计及区域规划的方式，以往习惯于以设计楼房的方式来设计城市的做法需要转变，同时还要改变"发展即增长""改善就是替代"的陈旧观念。现在经历的大拆大建将会迎来一个时代的终结，即将走向崭新的一页，需要寻求各种新的方法来重新构筑社会和环境。

提倡工艺美术运动的莫里斯和拉斯金等人就是把工业机器的使用看作一切传统文化的敌人，仇视大工业生产方式；他们向往中世纪式的手工艺作坊，主张只用手工艺的生产方式，表现自然材料，以改革传统的形式，包括建筑、装饰、家具等，极力避免反映工业时代的特点出现。而新艺术运动只局限于艺术形式与装饰手法，终不过是在形式上反对传统形式、以新的装饰反对旧装饰而已，并未全面解决设计形式与内容的关系，以及与新技术结合的问题，这也是其在现代设计运动中稍纵即逝的原因。

信奉"形式追随功能"的现代主义建筑表现建筑结构的机器美学，反装饰和消灭"无必要的细节"，大部分采用钢结构、玻璃、混凝土作为主要建筑材料，外形几何简约，因此现代城市建筑都形成了较为相似的面貌。到后现代主义建筑确实开出了一些解决"千篇一律"问题的良方。比如，把建筑学同语言学及其符号并论，关注建筑的文脉，重新推崇传统，恢复装饰的地位，在建筑中注入象征和隐喻，让俚俗进入大雅之堂等，对改变建筑面貌产生了立竿见影的效果。但其消极影响也不可低估，例如，引发了拼贴符号、形式堆砌等行为，把建筑行为简化为二维的表面更换和装饰，模糊了人们对建筑本体论的认识。

此外，现代工业化以来的"圈地功能"建筑类型体系，过度依赖视觉，依赖物质，是一个向心的、结构性的、分阶层（等级制度）、与外部隔绝、内外界限分明的封闭体系。现代主义通过土地资产化和容积率制度将建筑改造成为商品，从20世纪20年代初无主体的办公大厦建设潮流开始，中立的内部空间，天井高度完全一致，内部空间通透，可以适应各种办公要求灵活调整，建筑师只能作为包装设计师为建筑项目的策划商提供新颖而独特的设计式样，艺术被视为嗤之以鼻的附庸风雅，只有以科学化和工业化的方式、开放的技术，廉价而大量地建设建筑物才是正统的建筑发展路径。用钢筋、混凝土、玻璃等异质材料建起来的建筑，是一种孤立的存在，无法回归泥土，一旦建起来，就是资源的浪费。建筑的本意是让人们容身，让人们更舒服地居住，建筑物本身就是无限延续的时空连续体的一部分，与周围环境息息相关，一味地把建筑物从周围环境中割裂开来，将建筑当成“物”，当成“商品”，在其身上画满了各种符号，最终只会将人类淹没。为此，隈研吾曾声嘶力竭地呐喊，“有没有可能建造一种既不刻意追求象征意义又不刻意追求视觉需求的建筑？”他曾在《负建筑》中提倡的所谓“负建筑”，不是输的建筑，而是最适宜的建筑。最适宜的建筑，是在高高耸立、洋洋自得的建筑模式之外俯伏于地面之上、像土地一样向四周延伸、在承受各种外力的同时又不失明快的建筑模式。因此，本书认为当代最适宜的建筑环境，需要走一条像传统一样谦逊明快而又生态可持续的道路，这也是未来设计发展的主流方向。

然而，传统民居建筑环境的生态经验在现代环境设计中日渐式微的现实状态下与学术界长久以来的呼吁和日益热烈的试验性设计形成了强烈的反差。由于传统营造过程一直依赖于祖辈经验及口口相传的沿袭体系而缺乏科学理论的建构，在当代高新科学技术的迅猛发展背景下显得格格不入。一方面，社会经济的迅速发展促使传统民居面临着环境品质提升、改善人们生活水平的迫切需求。另一方面，现代建筑材料、技术及形式都逐渐发生了巨大的变化，传统民居营建中的生态建筑经验所依赖的构筑技艺、建筑空间实体以及其围合的空间形式均在“旧城改造”“乡村更新”等林林总总的名目中逐渐消失了。此外，现代建筑材料与建筑技术的日新月异，许多传统民居建筑环境营造中的“经验”来不及总结、提炼或发扬，就被现代科技手段和高新材料冲击、替代并“失传”了。最令人担忧的是，部分年轻一代的观念被异化，认为传统的东西都是落后老旧的、原始的、脱离社会的，钢筋混凝土的高楼大厦才是时尚，他们慢慢丢掉了老祖宗的文化根基，也无视民族地域身份的认同。一提到传统营造技艺，给部分人的印象就是“低技术”“技艺粗糙”“土”，随着社会的发展，特别是工业时代高科技的进步，这些技艺逐渐被拥趸高技术、面向未来的人们所抛弃。但是，这些传统技艺因有其本土性、经济性、生态性等相对优点，还为人们所用，并根据人们和社会文化的需求不断地适应和变化调整，很多学者都对这些技艺的适应性变革进行了研究和分析。

因此，传统民居建筑环境生态营造智慧研究的关键之一，在于细致挖掘这些生态经验的技术模式与形态语汇，并揭示这些形式对于建筑环境品质影响的具体体现。面对当今社会的可持续发展需求与人类对传统自然生态环境的回归愿望，传统民居建筑环境及其营造过程中所体现生态营建经验和策略亟待得到有效的挖掘、研究、整理与转化，同时通过继承和发扬这些宝贵的传统民居建筑环境营造生态经验，并将其运用于现代人居环境建设，探索出另一条适于绿色人居环境的可持续发展道路。近年来，得益于计算机技术的迅速发展，通过建筑模拟软件对传统民居建筑室内外的物理环境进行模拟实验的研究逐渐增多，直观的量化结果有利于设计人员全面理解并将其深入运用到设计实践当中，因此也成为本书的技术基础。

### 2.1.2 绿色、生态、有机理论

所谓“绿色”“生态”“有机”，不是简单意义上的绿化建筑，或采用某一被动技术的建筑，而是一种在设计、建造和运营全生命周期过程中充分融入生态平衡、协调人工构筑物与自然环境的理念。绿色建筑技术体系，不是某项单一技术，而是由同一目标导向的技术群，为建筑实现“绿色”“生态”“有机”目标提供整装成套技术体系可行性方案。

19世纪末20世纪初，盖迪斯（Patrick Geddes）首次提倡城市生态学的研究角度，从人与自然、城市与环境之生态共同体的角度寻求共同的发展，将生物学、生态学、社会学、地理学和历史学结合运用于城市规划，用一种地理生态、人文历史的视角研究城市人工环境及其对自然环境的影响。在他看来，一个建筑环境不是封闭或孤立的，而是和外部环境（包括与其他建筑环境）相互联系、相互依存的。人居环境聚落的发展应以生物学方法为社会研究第一步，既要重视物质环境，更要重视文化传统和社会问题，与社会、文化、环境变迁相联系，力求实现乡村和城市、自然和城市以及旧传统和新发展3个方面的有机融合。

到20世纪初现代主义运动初期，弗兰克·劳埃德·赖特（Frank Lloyd Wright）

提出的“有机建筑理论”就蕴含了很多生态设计的思想。他主张在设计中根据使用者、地形特征、气候条件、文化背景、技术条件和材料特性的不同情况而采取相应的对策，最终取得尊重自然的结果。以往的建筑关注的是柱式、平面、立面、装饰，从赖特开始，对建筑有了新的关注——空间，而赖特对于中国传统哲学老子“虚无”学说的运用也成为其有机设计理念中的一个重要因素。北欧现代设计的灵魂人物阿尔瓦·阿尔托（Alvar Aalto）也是一样，他并没有把建筑当成空间中孤立的机器，而是把它当成环境的一部分，强调环境的重要性，所有的有机体都是依赖于环境而生存，其本身也构成了影响周围有机体的环境。在其一生的建筑创作中，包括在住宅、办公大楼甚至是医院建筑中反复出现的黄铜门把手、楼梯弯曲扶手等金属制件的标准化已经成为个人品牌的标识（标准化建筑组件），家具、灯具等各种家居器皿通过 Artek 的批量化生产更加强调了现代设计的市场化属性（工业设计的影响）。美籍意大利建筑师布鲁诺·赛维（Bruno Zevi）进一步发展了赖特的有机理论，他深受赖特有机建筑思想的影响，从美国学成归来后即创办了意大利有机建筑联盟（APAO）。首次提出“生态建筑学”理论的保罗·索勒里（Paolo Soleri）是20世纪60年代移民到美国的意大利建筑师，他结合意大利地中海传统山地建筑形式和美国西南部传统的穴居文化，在亚利桑那州建造了一个自助居民社区，使用穴居的造型、粗糙的毛石墙、台地错层结构，像不远处赖特的塔里艾森一样，根植于人与周围乡村居住环境的有机互动关系之中。高技派代表富勒（B. Fuller）提倡“少费多用”（more with less）。20世纪80年代中期出现了保护环境的盖娅运动，对生态建筑思潮促进很大。美国环境规划专家伊恩·麦克哈格（Ian McHarg）于1969年出版的《设计结合自然》一书，是剖析人与环境、环境与环境之间错综复杂关系的具有里程碑意义的专著，标志着生态建筑学的正式诞生，并从理论上奠定了生态建筑、规划的研究框架。作者提出以生态原理进行规划操作和分析的方法，并用此方法对城市、乡村、海洋、陆地、气候等问题开展研究，使不少建筑师开始思考建筑与环境、自然之间的关系。作为麦克哈格的学生和追随者，马来西亚建筑师杨经文（Kenneth King Mun YEANG）是最早注意到传统建筑中生态智慧的东南亚建筑师之一。他在建筑环境规划与设计中结合生态策略的理论框架中定义了建筑、环境问题、生态学与生态设计等相关概念。具体则是在水平与垂直两个方向上将设计系统的有机质与生物质整合，并设计退化生态系统的修复方案。通过使用生态陆桥、树篱和提升水平整合度，增加设计系统的生物多样性，保护生态系统的现有组分，同时建造新的生态廊道和生态连接。通过设计减少设计系统中不同的交通模式、道路和车辆停车场的影响，整合设计系统的广域规划背景和城市基础设施，在不使用不可再生能源的前提下，改善作为围护结构的设计系统提高室内舒适度，通过优化设计系统的所有被动模式（或生物气候设计），使用环境友好型的材料、家具、装置、设备，以及可持续再利用、循环或重新整合的产品进行设计等。学成回到马来西亚后，他还继续推进对东南亚热带地区传统地方建筑的研究，包括1987年由马来西亚朗文出版社出版的《热带骑楼城市——吉隆坡的一些都市设计理念》（*The Tropical Verandah City: Some Urban Design Ideas for Kuala Lumpur*，以 Malasia: Longman 为案例地）和1989年在新加坡出版的《热带都市地区主义》（*Tropical Urban Regionalism*，以 Singapore: Mimar 为案例地）。杨经文在对地方传统民居建筑环境研究的基础上结合生态设计的理念，提出了符合东南亚城市需求的当代高层垂直生态建筑体系。在后来出版的《设计结合自然：建筑设计的生态基础》中，他写道："大多数设计师缺乏生态学、环境生物学等方面的知识，真正的生态设计要求对设计的生命全周期进行整体考虑，包括建筑环境生态系统中能量和物质的内外交换、原材料到废弃物的周期转换以及各系统间的相互关系等问题。"

## 2.1.3 场所精神、在地性理论

1979年挪威建筑史学家诺伯格·舒尔茨（Norberg Schulz）提出了"场所精神"的概念（genius loci，也有译为"地方灵性"）①，而这一理念实质上出自古罗马人传统的空间营造智慧，即所有独立的个体，不管是人还是场所，都有其"灵性"陪伴其一生，这种灵性也决定了场所和居于其间的人们的特性和本质。这种场所精神，可以通俗地理解为"对一个地方的认同感和归属感"，也是人们记忆的一种物体化和空间化。每一片土地都有它的灵性，每个地方、每个场所，都有它特定的"气氛"。具象而言，地面的材料，一堵墙的质感、颜色，一排房子的高低，一座山的形，水的声音，一阵风的味道，甚至一道阳光的强弱，都是构成"场所精神"整体性特质的要素。舒尔茨把哲学概念上与意识相对应的"存在"引入建筑空间的分析，认为"存在空间"是比较稳定的知觉图示体系，是环境的形象。而建筑空间是人的心理存在空间的具象外化，是人在世界上存在空间的具体化。他把存在空间和相应的建筑空间归结为中心与场所、方向与路线、区域与领域等要素（继承了凯

---

① 舒尔茨认为特定的地理条件和自然环境因素同特定的人造环境构成了场所的独特性，这种独特性赋予场所一种总体的气氛和性格，体现了人们的生活方式和存在状况。

文·林奇的城市意向理论），并划分为地理、景观、城市、住房、具体用具等阶段，并以具体实例证明各要素、各阶段之间相互作用所呈现结果的多样性。

人与选定的环境建立起有意义的关系，居于何种环境也决定了人存在于世的方式。如我国丰富多样的地域气候环境决定了各地区人们都有自己独特的生活方式，天井、木雕花窗、斗拱式建筑、围合式院落等具体的物化环境要素都可以形成记忆丰富的节点，反映出人们存在于世的传统方式，并产生了相应的地域文化特征。而"场所精神"和"环境营造"又存在哪些方面的联系？对此，诺伯格提出以下观点："当人们将所处的环境具体化而形成建筑物时，人们开始在此定居。将环境具体化则是营造行为本身的一种体现，与科学的抽象化正好相反。"从这个意义上来看，建筑存在的意义，并非仅仅为了达成功能、工程、商业等功利性目的，而是追求一个更接近于生活艺术与人类文明的目标，更重视精神层面的诉求。"场所"及"场所精神"或"地方灵性"也因此成为建筑表达自身意义的一个前提条件，使建筑环境空间可以被感知或带来形式美感以外的各种心理体验和精神观念的影响。

扬·盖尔（Jan Gehl）进一步通过人性化的尺度，探索建筑对于场地的意义和场所精神。具体的方法是从人的视觉层面（eye level）出发，寻求人的最佳体验，再扩展到整体的尺度（large scale），展现建筑整体的精神和意义。人性化的尺度，是要纠正以大为美、以奢为美的环境审美扭曲。现代的城市规划如果过于强调俯视角度的布局，就像从飞机上俯瞰城市，就会造成城市的尺度过大，只能借助机动车才能交通，没有传统居住环境给人的亲近之感。传统的建筑是人的尺度，从建筑审美到环境审美，要考虑人与环境、物理环境与人为环境的可持续互动之美。丹麦哥本哈根、澳大利亚墨尔本的宜居城市实践，就是倡导人性化的城市尺度，包括步行道、自行车体系、公共艺术，交通、城市社区规划、人的行为、生活方式规划，市民甚至市长每天骑自行车上班，成为新的人性化生活方式。

罗伯特·文丘里在其著作《建筑的复杂性与矛盾性》中主张建筑应该直接与它所在地的渊源相关，这种主张在"后现代主义"中以"文脉"概念出现，其著名的文化格言是"场所的创造"。20世纪50年代"十人小组"在批评现代建筑对理性主义的狂热追求中，曾倡导"归属感"和"场所"等理论，如阿尔多·凡·艾克（Aldo van Eyck）就曾提出在设计城市时，应该给居民创造一种像在自己家里一样的归属感和安全感。

因此，回归传统的意义还在于传统民居建筑环境与人们的地域民族身份识别、文化归属和场所精神的特殊关联。对于很多人而言，传统民居建筑环境对识别"我们是谁”“我们从哪儿来”等问题具有特殊的感情关联，因此研究这些传统环境如何传达这一意义非常关键。过去几十年随着经济快速发展和社会飞速进步，人们的物质生活和居住质量有了很大的提升。但同时，这些巨变也给如何重新定义个人的、地方区域的甚至是国家民族的身份特征带来了很大的挑战。这样的身份特征一部分来自于人们居住的环境，因为很多人都见证或者亲身经历了周围居住环境从乡村到城市的转变，需要精心呵护，协调乡村与城市间不一样的文化和传统，才能在这一转变的过程中保护这些传统气息不被损坏或丢失。

提倡传统民居建筑环境及其营造技艺的保护，是为了强调保护城市精神特征（identity），保护地方特色，每一个地方都可能有“沉睡”的独特个性，设计师的任务就是把它唤醒。每一个聚落的地理、历史、活动和精神方面在各个历史阶段的发展、变化都是各不相同的。在一个聚落环境里，名人和普通人的建筑都具有重要意义。传统建筑是家族几代人的传承有机联系，也是人类遗产的载体；是当地集体记忆的记载工具，为更广大的群体记忆和文化服务。

传统民居建筑环境不是只留存于精英阶层或士绅贵族中，而是广泛散落在平民老百姓的日常，展现的是大众的居住方式、建造行为、风俗习惯，并通过建筑环境这样的人造物体系来体现文化的物质层面，谁建造、谁使用、怎么用、什么材料、多少价格、体现什么品位……同时，这里面展现的不只是肉眼可见的一砖一瓦，更是其中蕴含的深层文化倾向，是特定地域文化的展示窗口。例如，我国传统民居建筑环境中典型的北方火炕，不仅是出于节约的主动式室内取暖方式，更是承载了当地人们生活方式和文化精神的载体。日本民居在屋檐角下悬挂风铃，不是简单地附庸风雅的装饰，更多的是通过风铃的摇摆来判断室外来风的征兆，清脆的铃音也能给人带来心理上的清凉和慰藉。街角的咖啡店、卖水果的杂货铺、村口的大榕树……每个人都有不一样的感受体验。传统的乡土聚落中会保留很多让人们觉得似曾相识的特征，例如某一区域内保留的地标建筑就能让人联想到以往的历史记忆，联想到自己曾与这片土地的故事，找到自己的根，产生归属感，引发共鸣。正如，在寸土寸金的香港，高楼大厦的夹缝中仍然保留了很多市井买卖的小街巷，这样的场地往往是公众自发促成而不是图纸规划出来的，人们在这里可以做买卖、闲逛瞎聊、休憩喝茶，甚至什么都不做。这些都是人们记忆中活色生香的生活，只有来到这里才能感受到土生土长的原始气息，人地之间生发的共情也正是这片地方的场所精神。1976 年罗伯特·马奎尔（Robert Maguire）在《传统的价值》（*The Value of Tradition*）一书中指出，建筑师通过精细手艺服务生活，恢复传统不是为了形式化的艺术表现，而是一种生活方式的延续，“粗制滥造、复刻再现的乡土化就好像为了得到标本而杀死蝴蝶一样，使其失去了原本的价值”。新加坡建筑师林威廉（William Lim）也提出，传统建筑是人类与其所处的社会和所居住的环境最错综复杂关联的实体体现，也是他们最基本需求的直观表达。因此传统聚落的居住模式是传统文化价值观的载体，代表了对当地生活方式的依存性，也是独特精神和文化内涵的体现。传统民居建筑环境首先在自然环境中呈现物质形态，在物质功能上为人提供遮蔽物以满足人的自然属性，同时在社会环境中呈现文化形态，为人的社会生活提供精神归宿以展现人的社会属性。传统民居建筑环境中所对应的传统文脉，代表的是当地的场所精神。由于人们对这个地方有直观的感性经验，因此赋予了这些地方超出其使用功能的精神特征和个体感受。

### 2.1.4 批判地域主义

批判地域主义（critical regionalism）和乡土建筑（vernacular architecture）理论中的地域主义一样，都强调地方性。批判地域主义理论具有双向调适的概念，不仅强调了地方性，而且主张批判地看待地方性的发展。荷兰代尔夫特理工大学亚历山大·佐尼斯（Alexander Tzonis）教授从20世纪80年代开始提倡城市和建筑发展的批判性地域主义，强调回归传统材料和技术，根植于地域文化的独特性，并以现代建筑的语言加以丰富和展示，认为批判地域主义的基本策略是间接利用某一特定地方的建筑环境特征要素来缓和全球性文明的冲击。哥伦比亚大学建筑学院肯尼斯·弗兰普顿（Kenneth Frampton）教授进一步发扬了这一观点，试图从现代主义建筑所忽略的民族地域特性中发现从生产系统到材料、技术等方面的巨大可能性。在1982年出版的著作《面向一种批判地域主义：一个抵抗性建筑的六点》（*Towards a Critical Regionalism: Six Points for an Architecture of Resistance*）中他进一步提出了“批判地方主义”的6个要点，包括：（1）在批判现代主义的同时，继承现代建筑的优点，将其运用在实际建筑实践中；（2）植根于建筑的场所，充分尊重风土性，注意建筑在当地气候、光线和地形下的适应；（3）结构上要合理，不能只简单地注重外观形式；（4）不光在视觉上，要使五官都能感觉到建筑，“触觉应大于视觉”；（5）不是将地域性建筑特征形态无批判地直接采用，而是结合现代设计进行重新解码；（6）建筑实践中需要形成对现代建筑的积极批评。由这6点确立了批判地域主义的理论框架。批判地域主义对传统文化的传承是选择性的和“批判性”的，从其用词“间接”

和“批判性”可看出，它并不主张简单、纯粹地回归，而是创造性地再现和发展地方特色，保持国家和民族的文化特色，让建筑物成为所在地区的自然的一部分，但是同时也使用了现代建筑的设计方法，将地域性和世界性完美地结合到了一起。世界上有很多作品中带有强烈地域批判主义色彩的设计师，包括：约翰·伍重、阿尔瓦·阿尔托、马里奥·博塔、查尔斯·柯里亚、拉斐尔·莫尼欧、阿尔瓦罗·西扎、安藤忠雄等，以及我国当代的建筑师王澍和刘家琨等。这些设计师的作品既使用了现代建筑的设计手法、先进技术及工艺，又极为尊重当地的风俗文化，是一种自我意识形态下对全球文化和民族文化的综合。1999 年，北京 UIA 第 20 届会议签署的《北京宪章》倡导建立“全球—地方建筑学”，提出“现代建筑地区化，地方建筑现代化”的口号，这也是对批判地方主义建筑理论的继承和发展。

批判地域主义反对不顾地理气候和场地具体条件而设计的孤零零的建筑，仅采用最低级的手法选择地区建筑典型的构造片段或形式符号来重新组装、拼贴，做成一种商业上的虚假俗套的形式，这些并不是批判地域主义的发展方向。真正有生命力的批判地域主义建筑实践，是对地方和乡土要素进行解释并将其作为一种选择和分离性的手法或片断注入建筑整体，最接近满足生活真实条件的形式，并能够成功地使人们在环境中感受到家的感觉。此外，生态和可持续发展也成为批判地域主义首先侧重的地方。

## 2.1.5 没有建筑师的建筑

在以往的正统建筑史中，往往强调的是个体的官方代表性建筑，而忽视平民大众的建筑，而在这里强调的更多是这些由平民大众自发自觉建造的符合自己生存和发展需求的建筑。这些建筑的建造者，并没有像现代人一样竭力征服自然，任何沟坎都用推土机铲平了事，他们更乐于接受自然气候和天然地形的挑战，钟情于崎岖不平的地段，毫不犹豫地在景观中创造最复杂的布局。正是他们无功利的审美经验和对实际条件的客观判断，使这些建筑呈现的是符合人类最基本需求而又具有生态审美意趣的人居环境，体现了永恒而又与世无争的淡泊气质。耐久性和多功能性是乡土建筑的特点。

20 世纪 30 年代意大利朱塞佩·帕加诺（G. Pagano）首次以图片展览加简单文字介绍的方式展示了意大利的乡土建筑类型，并将其汇编成图册。20 世纪 60 年代美国鲁道夫斯基出版了著名的《没有建筑师的建筑》一书并相继举办展览，从世界范围内系统整理了乡土建筑的代表，以点面铺开的文献汇编方式来梳理世界各地丰

## 20世纪60年代美国鲁道夫斯基整理的“没有建筑师的建筑”

（1）沿街拱廊或骑楼（arcades）：骑楼或沿街廊道，估计是由古罗马中庭的内向廊道发展到沿街的外向廊道，成为私人宅楼和外面街道、广场间的空间过渡场。这样的形式在传统建筑和街道中极为常见，但是现代街道继承下来的已经很少，逐渐成为商业和光秃秃的水泥道路。但这些结构的作用远远超出了遮风避雨、防护行人，更多营造了公共区域人们短暂逗留、沟通和增加商业机会的人性化场所。意大利中世纪城市博洛尼亚的街道就伴随着将近20mi（32.19km）长的拱廊（portici），西侧利古里亚海岸线的热那亚近30m宽的主大街两侧也是连绵的传统廊道，主道上的交通和两侧的商铺互不干扰，行人悠然自得。巴黎最著名的商业街Rue Rivoli路也是如此。19世纪时每一座西班牙城镇和乡村还以拥有沿街绵延的廊道而自豪，可如今这些重要的空间形式都逐渐消失了。简单重复的形式塑造了连续的秩序感和空间感，既是避开车流、遮风避雨的狭窄通道，也是半开放的社交空间，人们可以短暂驻足交谈、观看橱窗里的商品，也可以在足够宽敞的地方喝上杯咖啡，悠闲地欣赏街道广场上的人流和风景。有的空间还有藤蔓缠绕甚至衣裳飘荡，在通透的阳光下上演一出出虚幻的“影子戏”，光线的交织变换，更像一种体验空间的仪式感。完全可以激发人们在穿过复杂空间变换行走路线时的感官体验：几束穿透黑暗的光线、冷热交替的波动、自己脚步的回声、太阳烘烤石头的气味，有时候人们没有意识到，或者自己难以承认，但所有这些或虚或实的感应相加起来就是一种朴素超脱的审美历险。

（2）凉廊（loggie）：是乡土建筑最广泛也最古老的形式之一，是民居前半部挑檐虚出的廊道空间，可以供人穿行、休息，顶部有屋檐或其他加盖的遮阳措施，周围还可能有防护的围栏，通过凉廊才能进入室内。

（3）谷仓（horreos、granaries）：为了显示对粮食心怀感恩，对自然的崇敬，也为了追求永恒，粮仓修建得像礼拜堂，外观饰以严整秩序的线条，有石制的柱桩架空在干燥的岩石上，既防火又防潮，圆顶的柱头还可以防鼠。墙面刻意留出的缝隙还有利于通风晾干粮食。谷仓会集体放在空旷开敞的空地前，便于通风，空地做打谷场，也便于搬运和晾晒粮食，若遇入侵则集体把粮食搬到城堡里。非洲部落的小型谷仓还有木质结构和茅草加盖的屋顶，底部有支撑腿，以至于当地人认为这些“大腹便便”的粮仓夜里会自由行走，还有拟人化的装饰。

（4）鸽子塔（fertilizer plants）：顾名思义是为鸽子建造的庇护所，内部有成千上万的鸽舍，可以很方便地集中收集鸽粪作为肥料，因此也被称为积肥仓。这种建筑有着悠久的历史，多见于伊朗，在其他中东国家并不多见。

（5）穴居生活（troglodytism）：埃及希瓦绿洲（Oasis of Siwa）大片的墓地里，不规则洞穴是通向墓地的入口，后来也成为居住区，人们与祖先的坟墓共处。

（6）中国黄土高原地带的地下窑洞：地下窑洞，由于黄沙土的风化和沉积，土壤具有很高的松软度和多孔性，便于挖掘和蓄热。屋顶是良田，地下是温室。

（7）非洲猴面包树屋：猴面包树树干直径可达30ft（约9m），木质柔软，人们把活的猴面包树掏空，把中空的空间作为栖息之所。

（8）悬崖石窟城：意大利马泰拉、法国les Bauxen-Provence就是在地上的天然岩石坡上开凿出整个城镇聚落，壁垒、城堡、教堂和住宅矗立在大片开凿的石灰岩山上。

（9）中国梯田聚落：中国的梯田和欧洲山城上的层层葡萄田在营造思想上是一致的，都是把石头垒砌起来，保持水土、防护农田，改造自然地貌为人类生存所用。

（10）南欧山城：意大利山城：罗马附近 Sbine Mountains 山脉的 Anticoli Corrado 山城，以及西班牙 Almeria 省的 Mojacar 山城，面朝地中海，是最壮观的西班牙山城之一，但是很多房子逐渐被拆掉，以腾出空间建造停车场、酒店、度假公寓及仿乡土风格的别墅。

（11）苏丹多贡部落（Dogon）的崖居：位于苏丹高原上（Plateau of Bandiagera），25 万人，平屋顶和草坡顶住宅混合，俯瞰像一片瓦砾。

（12）巴基斯坦风斗：巴基斯坦西部下信德地区（Lower Sind District）每年 4—6 月温度高达 49℃，午后风吹过之后可以降低到令人舒适的 35℃，为了把风送到每栋建筑，每个房间的屋顶上都安装有风斗（badgir），因为风总是从同一个方向吹来，因此风斗的位置是固定的，在多层住宅里，风斗通道还像室内电话线一样遍及各室。风斗起源不得而知，但至少有 500 年历史。

（13）象征性的乡土建筑：表达宗教感情和信仰寄托等，如螺旋尖塔、清真寺光塔、佛寺宝塔等。典型的有伊拉克的 Tower of Sammarra，1100 年前建造，140ft（约 43m）高，没有护栏，螺旋向上。

（14）原始拱顶屋（the primeval vault）：在穴居住所经常可以看到拱形圆顶屋，然而它们之间却从来没有适当地建立确切的关系。最早期的形式有 theraen house，即一个圆筒状拱顶、长方形小室的标准化住宅单元，上面往往还叠加一个相同单元的两层空间。从修建于峭壁上的穴居到半地下室的转换，最终成为独立式建筑。有些还增加一片平屋顶用于晾晒粮食，爱琴海、地中海都有，中东地区也以圆形屋顶为主。

富多样的“没有建筑师的建筑”。

可见这些典型的“没有建筑师的建筑”，都体现了乡土民居中最朴素的营造智慧。鲁道夫斯基在称赞这些乡土建筑的精湛技艺时，曾说“魔幻的效果往往用最朴实的方法获得”，例如午后藤满架的阳光点点，土耳其室内屋顶的繁星漩涡等。有很多号称工业时代的技术发明，其实在传统乡土建筑中已经是司空见惯的技术工艺，包括被动技术、自然通风采光、增加墙体蓄热性，甚至还有预制和标准化建筑部件和电梯（传统中世纪使用绞车和吊篮进入绝壁上的城堡）。

而重要的是，正如鲁道夫斯基在书中所言，这些传统乡土建筑营造技艺的特性，具有一种倾向，即双向的克制（containment），一方面是人类自身的自我约束，避免对自然环境的无节制扩张和大面积地破坏原有生态；另一方面，也是在约束外界、保证安全，建筑周边的沟壑、湖礁就是天然的抵御屏障，可以阻挡任何不文明的入侵者。詹姆斯·弗格森（James Fergusson）也曾提出，在技艺的、美学的、语音的 3 种艺术中，建筑则是融合了结构技艺和装饰美学的艺术综合体。所有的好建筑，不管被说成什么风格或主义，基本上都是用天然、土生、自发、无装饰的建造方法。但是很多地方性建筑正在被工业革命的冲击消灭。无名的建造者不仅很好地理解控制聚落增长的幅度，还能理解建筑本身性能的极限，没有任何一种艺术风格能保持经久不衰的革命状态，需要回归一种能让人传播沟通、拉近人们关系的“土话”模式。

## 2.1.6 当代可持续发展理论

20 世纪 70—80 年代，“可持续发展”理论逐渐形成，对建筑与环境设计日益产生影响。可持续发展理论也是源起于生态学领域对全球环境气候日益恶化和资源日益枯竭问题的思考，接着被经济学家引入作为突破经济发展瓶颈的良方，随后又吸收了“人本主义”的人文关怀思想而被广泛地应用于城市社会发展的各个领域，受生态学、经济学、社会学、伦理学的广泛影响，逐渐演变成为一个包罗万象的综合概念。自此之后，国际上逐渐衍生了各种“生态建筑”“绿色建筑”“节能技术”“可持续设计”等相关的研究和实践。由于传统的乡土建筑纯粹依靠自然、结合地方材料、场地气候和地形构造，又是普通劳动人民自发自觉建造的，跟有机建筑的思想有很多相近的地方，因此乡土建筑也成为有机建筑师们争相涉足的领域。

到目前为止，对“可持续发展”概念的表述多达上百种，尽管不同领域的专家学者对其定义的基本理解有很多共通之处，但各自侧重点和具体表述却有所不同。由此也带来了概念混乱，无所不包，又重点模糊，缺乏可操作性等问题。因此需要对可持续发展概念的本源和核心进行探索与回归。从不同学科视角来梳理，主要从自然属性、社会学属性、经济学属性、科技属性及综合协调角度对可持续发展进行定义及概念阐释（表 2.1）。综合而言，1987 年挪威首相布伦特兰夫人（Gro Harlem Brundtland）在《我们共同的未来》报告中提出“可持续发展”就是“既满足当代人需求，又不损害子孙后代满足其需求的能力，满足一个地区或国家的人去需求又不损害别的地区或国家人去满足其需求能力的发展”①。1995 年，全国资源环境与经济发展研讨会也提出“经济社会的发展与资源环境相协调，核心就是生态与经济相协调。”可见，任何单一方面的发展都不算可持续发展，只有经济发展、环境保护和生活质量的有机平衡和协调发展才是真正的可持续发展。然而，不管是“生

① 1987年挪威首相布伦特兰夫人在她任主席的联合国世界环境与发展委员会的报告——《我们共同的未来》中对可持续发展定义。该定义既从纵向角度强调了时间上代际公平，又从横向角度突出了空间上区域和区域之间具有公平的发展机会，因此被认为是涵义最综合的定义，被广泛采用。

**表 2.1　　“可持续发展”概念的演绎**

| 视角 | 时间（年） | 作者或组织 | 对可持续的定义 | 侧重点 |
|---|---|---|---|---|
| 自然生态学发展观 | 1991 | 国际生存生态学联合会（INTECOL）和国际生物科学联合会（IUBS） | “保护和加强环境系统的生产能力和更新能力” | 是从生态平衡角度，强调对生命维持系统的强化，使人类生存环境得以维持 |
| 经济学发展观 | 1990 | 希克斯、林达尔 | 在不损害后代人利益的同时，获得最大化的资产价值 | 经济发展作为可持续发展的核心，使经济增长的净利益最大化才能实现可持续发展 |
| | 1992 | 世界银行《世界发展报告》 | 建立在成本效益比较和审慎的经济分析基础上的发展和环境政策，加强环境保护，从而促使福利的增加 | |
| | 1994 | 穆拉辛格等人 | 在保持能够从自然资源中不断得到服务的情况下，使经济增长的净利益最大化 | |
| 社会学发展观 | 1991 | 世界自然保护同盟（INCN）、联合国环境规划署（UNEP）和世界野生动物协会（WWF）《保护地球——可持续生存战略》报告 | 在生存与不超出维持生态系统涵容能力的情况下，改善人类的生活品质 | 强调以人为中心、人类的生产方式和消费方式与地球承载能力的平衡，把改善人类的生活质量作为可持续发展的目标 |
| 科技发展观 | 1990 | 部分学者 | 可持续发展就是建立极少产生废料和污染的工艺或技术系统 | 强调科技进步对实施可持续发展的重要作用，认为只有不断提高科学技术水平，才能保证可持续发展战略的实施 |
| | 2000 | 部分学者 | 可持续发展就是转向更清洁、更有效的技术，尽可能接近“零排放”或“密闭式”工艺方法，尽可能减少能源和其他自然资源的消耗 | |
| 综合发展观 | 1987 | 布伦特兰夫人（Gro Harlem Brundtland）《我们共同的未来》报告 | 既满足当代人的需要，又不对后代人满足其需要的能力构成危害的发展 | 这一定义更具有概括性，既体现了可持续发展的根本思想，又消除了不同学科间的分歧 |
| | 1996 | 叶文虎、栾胜基 | 满足当代人需求又不损害子孙后代满足其需求能力，满足一个地区或国家的人群需求又不损害别的地区或国家人群满足其需求能力的发展 | 既从纵向角度，强调时间上代际公平，又从横向角度突出了空间上区域和区域之间具公平的发展机会 |
| | 1995 | 全国资源环境与经济发展研讨会 | 可持续发展的根本就是经济社会的发展与资源环境相协调，其核心就是生态与经济相协调 | 谋求经济发展、环境保护和生活质量提高的全面协调，实现有机平衡的发展 |

资料来源：整理自北京大学方琬丽《城市可持续社区发展模式与评价指标研究》。

态”“绿色”“可持续”还是“节能”，这些诸多概念相互之间也许内涵和外延都不一样，国内国际对同一概念也有很多众说纷纭的定义，但最终的目的都是为了创造健康舒适的建筑人居环境，减少能源的消耗和资源的浪费，降低人居环境给人和自然带来的负面影响。

传统民居建筑环境生态营建经验对于可持续设计的真正启迪在于其对待人居环境与自然环境、人与建筑的关系上，也在于其因地制宜、具体而微、因人而异的灵活丰富性。传统也因为现代的进一步再利用而重获新生。现存城市的既有环境应当值得尊重，不是大面积推倒，而是要通过合理的修建和改善措施，将对既有建筑和环境的破坏减到最小，使新老建筑相互平衡，不干涉整个区域的城市肌理和格局。保护老建筑，必须根植于对其历史价值的准确判定，并重新利用其功能，使其恢复生机活力，也作为保障传递城市文化和遗产的载体。

在现代主义运动初期，弗兰克·劳埃德·赖特（Frank Lloyd Wright）、阿尔瓦·阿尔托（Alvar Aalto）等大师的成功在很大程度上得益于他们早期对传统地方建筑的深入考察和研究，如赖特曾到日本进行详细的东方建筑研究，柯布西耶也曾长期考察巴尔干民居。

当代西方“新理性主义”建筑师们如诺曼·福斯特（Norman Foster）等其建筑思想的要点恰恰也是：理性主义、人本主义和可持续发展的生态观。荆其敏（2000）也曾言，要实现“生态建筑”“可持续城市”的理想，就必须要树立正确的生态发展观[①]。“可持续设计”正是建立在可持续发展观念基础上探寻建筑、环境、空间与产品的可持续化设计方向。可持续设计的目标应充分发挥设计的作用，作为设计者和决策者，尤其避免短视行为，要综合考虑经济社会环境的可持续性，追求最大的集聚经济效益、最小的资源环境成本和最合理的社会公平。

生态可持续设计最关键的是评价标准的衡量，近年来随着相关理论和实践的开展，很多国家和地区纷纷出台相应的评价机制和体系。在国际上，1990年英国建筑研究会首次发布全球第一部绿色建筑评估标准——英国建筑研究院环境评估方法（Building Research Establishment Environmental Assessment Method，BREEAM），并带动了1996年美国绿色建筑评估体系（Leadership in Energy and Environmental Design，LEED）、1998年加拿大绿色建筑评估工具（Green Building Assessment Tool，GBTool）等体系的诞生。2000年前后，全球的绿色建筑评估系统发展达到了巅峰。1999年中国台湾以生态、节能、减废、健康为四大主轴启动绿色建筑评估系统（Ecology，

① 荆其敏在《生态建筑学》一文中提出，建筑环境的生态观包括：历史的观点，每个城市都有各自的历史传统特色和文脉，应尊重保护、充分体现；整体的观点，城市是一个复杂的人工生态系统；共生的观点：人与自然、建筑与环境共生兼容，只有符合生态规律的城市设计才称作生态的城市设计；环境的观点：重视环境因素，突出城市特色；场所精神：城市空间、广场、绿地都不应是无意义的空间；人性化尺度：城市的主体是人，城市设计要体现人的需求；发展的观点：有超前意识，为今后发展留有余地；结构的观点：构成城市系统的结构要素应充分发挥其功能；多样性的观点：生态学的多样性，在城市设计中有更广泛的含义，包括物种多样性、宏观功能多样性、人类活动场所多样性。

Energy Saving，Waste Reduction and Health，EEWH），2002 年日本发展了建筑物综合环境性能评估系统（Comprehensive Assessment System for Building Environmental Efficiency，CASBEE），2006 年我国公布了第一版《绿色建筑评价标准》，主要侧重节地、节能、节水、节材的目标。此后，德国的生态导则（Leitfaden Nachhaltiges Bauen，LNB）和可持续建筑认证标准（Deutsche Gütesiegel für Nachhaltiges Bauen，DGNB）、澳洲的国家环境评估体系（National Australian Built EnvironmentRating System & Green Star，NABERS）、挪威的建成环境特性说明书（ECO Profile）、法国的环境高品质评价体系（High Environmental Quality，HQE）、韩国的 KGBCC（Green Building Certification Criteria in Korea）等各个国家或区域的生态建筑标准相继发布，像美国 LEED、日本 CASBEE、英国 BREEAM 等体系还陆续衍生出旧有建筑物、居住建筑、商业建筑等不同建筑类型的评估版本，可见了生态建筑得到了全球化的重视。我国从 20 世纪 70—80 年代起，就开始了对绿色节能生态建筑室内外环境的理论、实践及评价体系的研究。在我国，现代生态建筑人居环境的发展大体上经历了 3 个阶段：第一阶段，对国外先进的生态建筑理论、绿色建筑产品及技术进行介绍、展示，并引入国外的评估体系进行初步评价；第二阶段，方案设计中结合国内外的评估体系和成熟软件，对与建筑环境生态相关的室内外风、热、声、光等环境物理性能进行模拟并评价方案的可行性；第三阶段，以“生态节能”“可持续发展”为主要目标，从设计生命全周期入手，对建筑室内外环境的整体表现进行综合设计与评价。

传统民居建筑环境中有很多值得现代借鉴的生态营造经验，但是具体如何分类梳理评估并没有形成统一的标准，而现当代国内外颁布的各种绿色生态建筑指标体系可以给我们提供参考。《中国生态住区技术评估手册（第四版）》中，营造生态人居环境系统的具体技术路线包括了选址与住区环境、能源与环境、室内环境质量、住区水环境、材料与资源等 5 个方面的内容。英国的 BREEAM 体系划分了管理、舒适与健康、能耗与二氧化碳排放、运输中的二氧化碳排放、水、原材料、土地使用、场地生态、除二氧化碳外的空气与水污染等 9 个分项评价指标。我国现行《绿色建筑评价标准》GB/T 50378 将绿色建筑的评估分为节地与室外环境、节能与能源利用、节水与水资源利用、节材与材料资源利用、室外环境质量和营运管理 6 类指标。就国际国内对比而言，绿色建筑评价体系中，在室内环境品质的评价指标方面，LEED 的指标内容大部分都是关于室内空气品质的，没有设置声环境方面的指标，而 BREEAM 中室内空气品质和光环境的指标数量最多，中国绿建体系的指标分布较为均匀。可见，在全球可持续发展战略背景下，提高居住空间室内环境质量已成为全球共识，并成为各国绿色建筑评价的重要方面。纵然各个评价体系的侧重点不同，但都是我们用以综合评价和鉴定生态设计的良好工具。

传统建筑人居环境中的确蕴含着很多朴素的“生态智慧”或者说“生态经验”，不仅包括人、自然、建筑环境之间的互动关系，结合自然、地理、气候和社会、经济、技术等各方面因素，营建符合健康舒适的居住空间和生产生活环境的设计方法和思想，作为约定俗成的观念而逐渐在实践中自发或自觉实践得来的知识或技能，还涵盖了对这些自然资源的智慧应用，来达到最高效率地利用资源、最低限度地影响环境的目标。因此，传统民居建筑环境生态系统在现当代的高级优化，就是走向生态可持续建筑的发展方向，在综合生态建筑、绿色建筑、节能技术、生态住区、可持续设计等思想基础上审视传统民居建筑环境的效率，研究传统民居建筑环境的生态智慧。

## 2.2 基于系统自组织理论的人居环境生态系统

早在20世纪20年代，希腊建筑师、城市规划学者道蒂亚斯（C. A. Doxiadis）根据系统科学的原理提出人居聚居学说（Ekistics，1975），将人居环境分为自然、人类、社会、居住、支撑五大系统。20世纪80年代以来，吴良镛院士等人在系统科学的集成和希腊学者道蒂亚斯的人居聚居学说等理论的基础上，提出了“人居环境科学”的大系统概念。应当明确的是，这些人居环境系统的科学是基于20世纪初科技进步所带来的信息论、控制论和系统论的系统科学体系[①]。系统科学是以系统

① 系统论、控制论和信息论是20世纪40年代先后创立并获得迅猛发展的3门系统理论的分支学科。虽然它们的发展仅有半个世纪，但在系统科学领域中已是资深望重的“元老”，合称“老三论”，人们摘取了这三论的英文名字的第一个字母，把它们称之为SCI论。耗散结构论、协同论、突变论是20世纪70年代以来陆续确立并获得极快进展的三门系统理论的分支学科，它们虽然确立时间不长，却已是系统科学领域中“年少有为”的成员，故合称“新三论”，也称为DSC论。这些学科是分别在不同领域中诞生和发展起来的，如系统论是在20世纪30年代由贝塔朗菲在理论生物学中提出的；信息论则是申农为解决现代通讯问题而创立的；控制论是维纳在解决自动控制技术问题中建立的，运筹学是一些科学家应用数学和自然科学方法参与第二次世界大战中的军事问题的决策而形成的，系统工程则是为解决现代化大科学工程项目的组织管理问题而诞生的：耗散结构论、协同论等则是理论物理学家为解决自然系统的有序发展的控制问题而创立的。它们本来都是独立形成的科学理论，但它们相互间紧密联系，互相渗透，在发展中趋向综合、统一，有形成统一学科的趋势。贝塔朗菲旗帜鲜明地提出了系统观点、动态观点和等级观点，指出复杂事物功能远大于某组成因果链中各环节的简单总和，认为一切生命都处于积极运动状态，有机体作为一个系统能够保持动态稳定是系统向环境充分开放，获得物质、信息、能量交换的结果，系统论强调整体与局部、局部与局部、系统本身与外部环境之间互为依存、相互影响和制约的关系，具有目的性、动态性、有序性三大基本特征。因此国内外许多学者认为，把以系统为中心的这一大类新兴科学联系起来，可以形成一门有着严密理论体系的系统科学。

思想为中心的新型综合性科学群，包括系统论、信息论、控制论、耗散结构论、协同论等原理论及运筹学、信息传播技术、控制管理技术等诸多衍生学科理论。钱学森曾阐明了系统思想从古到今的由来和发展，回顾了他是怎样从系统工程、运筹学的研究，找到了贝塔朗菲的一般系统论、普里戈金的耗散结构理论、哈肯的协同学、艾根的超循环理论和费根鲍姆常数与混沌学，进而提出建立系统科学理论体系的构想，并论证了信息论、控制论和系统论的共同基础就是系统论，再一次明确提出了系统论是系统科学与马克思主义哲学的桥梁。“建立系统科学这个概念以后，我们就有了一个学科的体系，可以从整个学科体系的结构来考虑问题……这样，从系统科学这一类研究系统的基础科学出发，结合其他基础科学，我们组成了一系列研究系统共性问题的技术科学；也许这些学问可以统称为系统学……与系统科学有关的还有各门系统工程特别联系着的技术科学和社会科学学科，直接改造客观世界的学问就是各门系统工程了”。

## 2.2.1 自组织系统

理解人居环境的开放系统，不仅要考察系统的内部机制，还要考察人居环境子系统与外部自然环境大系统的交换。根据系统自组织的原理，即使最简单的自组织系统，也具有物质、能量和信息加工的能力，能够通过要素变量来支配整体的行为，表现出时空序列的不同状态。生命是一种具有高度自主性的非平衡非线性开放系统，它一旦出现，就不只是适应环境，而且也在改造和创造环境，表现出合目的性的自组织，促使生命由低级向高级进化。根据系统论的观点，人居环境系统的运行也遵循结构功能相关律、信息反馈律、竞争协同律、涨落有序律、优化演进律5个规律，以及8个基本特征，即：

（1）整体性：亚里士多德曾经说过，整体是大于其各个部分的总和。整体性不等于整体论（holism），系统方法是分析方法和整体方法的整合。

（2）层次性：反映有质的差异的不同系统等级或系统中的等级差异性。

（3）开放性：系统向环境开放，使内部和外部有发生联系的可能性并因此而相互转化，从而维持本身的活力。并非完全开放，而是适度开放。

（4）目的性：坚持表现出某种趋向于预先确定的状态的特性，这种状态是一种合乎目的、合乎规律的稳定态。

（5）突变性：突变是产生质变的基本形式，是事物多样性的前提，由渐变到突变，是量变到质变的体现，从矛盾对立、到冲突、到突破临界点而产生质变的过程。

（6）稳定性：是事物本身具有的一定的自我稳定能力，自我调节、保持、恢复原有状态、结构和功能。

（7）自组织性：内外部的交流联系形成自发、不受特定外力干预的耗散结构体系。

（8）相似性：有差异的共性，同构、同态、结构、功能、存在方式、演化过程均具有共同特征，由此产生信息论的相似及功能模拟等体系。

系统理论运用于人居环境生态系统的研究，将人居环境生态系统的认识提高到了一个崭新的阶段。人居环境生态系统也像有机个体一样，借助反馈机制使自身保持动态稳定存在和发展。在正反馈作用下，人居环境生态系统通过微小的涨落得以壮大，形成新的有序状态。正反消长两种趋势相互作用，使得生态系统稳步演进发展。按照系统的耗散结构理论，在不违背热力学第二定律的情况下，不可逆系统可以通过开放从环境引入负熵而向有序发展，因此，人类社会要长期存在，就必须尽量减少熵增过程，回归到“低熵社会”。人居聚落环境生态系统就是这类高度开放的耗散结构，其运行过程需要从外界环境输入大量的物质、能量、信息、人力和资金，同时又要输出大量的产品和废物，而且人流、物质流、能量流、信息流、价值流都处于高速高效的流动之中。

当前科学前沿研究的对象多半是具有无穷多自由度的复杂系统，需要“整体思维”和“普遍联系”，通过系统全面地考虑问题，才可以开展综合客观的研究。将传统人居环境视为复杂的自适应系统是非常重要的，因为传统人居环境的营造过程就有很好的自适应能力。20世纪90年代杨经文在剑桥大学的博士论文中，也写道，“建筑环境生态学研究就包括有机物、人类和生物界（包括人类）、生命与非生命环境，尤其是特定区域生物种群的组成和变化，这种变化通常是对环境生态系统及其资源的增加（addition）、减少（depletion）或调整（alteration）。”人居聚落环境的自适应发展，在很大程度上符合千百年来人们基于切身的生活、生产需要，因此，出现了“没有建筑师的建筑”“乡土建筑”“历史城市”等，它们源于生活，建设中受地理条件、自然资源、人力物力财力等的制约，因而更能切合实际。因此一些传统聚落、古村古镇、特色民居和独特营造技艺尽管未经过规划，但千姿百态、魅力无穷。如我国传统木结构建筑的梁柱结构体系使建筑具有“墙倒屋不塌”的特性，外墙可以随着各地气候条件的不同或建筑使用要求的变化而取舍，如江南园林的四面厅，炎热的夏季可以把周围的外墙隔扇取下或完全打开，使建筑犹如凉亭般舒适凉爽。室内的隔断也可以拆卸或变换位置，这些都是根据实际使用需求而灵活变化的。

### 2.2.2 开放性的耗散结构

从生态学来看，自然界的任何环境区域都是有机的统一体系，即生态系统（ecosystem）[①]。从人类居住的角度理解，生态环境是包括人类本身以及人类的生命支持系统在内的整个人工与自然环境。自然界是人类赖以生存的外部生态大环境，而建筑环境则形成一个个供人们活动的小生态系统。人居环境系统在同生态环境交换物质、能量、信息的过程中，呈现输入和输出、自身物质成分的组建和破坏的开放性特征。开放系统在外部存在输入和输出，同环境不断进行物质、能量、信息的正交换；在内部不断破坏自身旧的物质成分，不断组建新的物质成分。因此，在宇宙中，无论是有生命的还是无生命的有机体、生物群落、社会组织等，无一不是与周围环境有相互依存和相互作用的开放性耗散系统。

从物质层面上讲，整个人居环境系统是动态循环的有机体系，良好的民居建筑环境意味着安全、舒适、高效、与自然和谐共处。从意识层面上讲，良好的民居建筑环境反映了人类居住文化、情感需求及美学价值的多样性。对大多数的人而言，一生中有七成以上的时间是在各种各样的建筑环境中度过的，一天中大部分时间也是在室内环境中度过的，因此建筑环境对人的重要性不言而喻，建筑环境的质量高低直接关系着人们的身心健康。传统民居建筑环境生态系统质量的衡量指标可以分为物理和人文两个类别，环境物理性能指标包括能源系统、风、声、水、热、光环境等几大类，而人文因素则包括在建筑装饰材料、室内绿化景观、室内功能布局、空间形式等方面的多样化设计布置。这样的开放性人居环境作为小生态系统在与外部环境进行物质与能量交换的同时，其系统内部也存在着物质与能量的交换，并以空气质量、热舒适度、风环境、光环境、声环境等具体的指标表现出来，并直接作用于人居环境系统中的人和生物等使用主体。因此，亟待

① 根据生态学的定义，生态系统是一定空间内生物和非生物成分通过物质的循环、能量的流动和信息的交换而相互作用、相互依存所构成的生态学功能单元。构成环境的各要素称为环境因子。环境因子中一切对生物生长、发育、生殖、行为和分布有直接或间接影响的因子称为生态因子。所有生态因子综合作用构成生物的生态环境。

从生态学的角度出发，探索建筑环境生态系统的物质、能量、信息流动过程，以满足使用者生存、生活需要为着力点，营造节能环保、生态可持续而又富含人文关怀气息的人居生态环境。

### 2.2.3 传统民居建筑环境生态系统

因此，基于系统学、生态学和人居环境科学的理论，本书将传统人居聚落作为一个完整的自组织系统来对待（图 2.1），以认识和剖析传统人居聚落建筑环境系统各具体结构要素的特点和规律，同时分析和调整这些系统结构、协调各要素关系、并提取相应的生态功能策略，以探索这些传统民居建筑环境生态营造智慧在现代可持续发展过程中的活化再利用可能性。

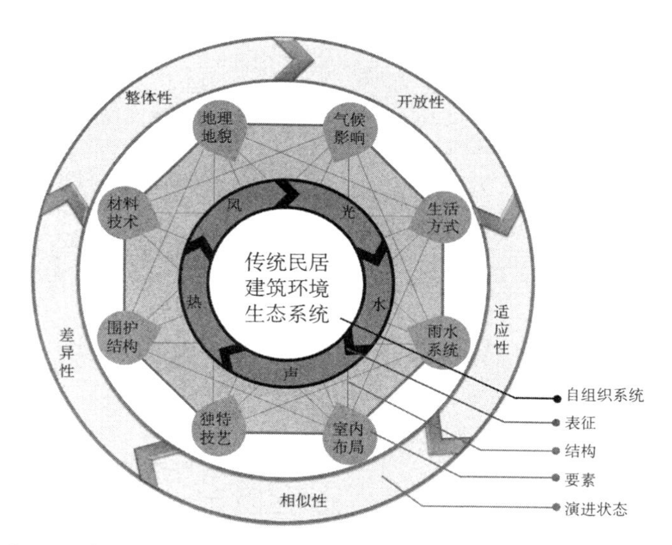


图 2.1 基于系统科学理论的传统民居建筑环境生态系统组织结构

在这个组织结构图中，中间圈层从系统论结构要素功能关系角度体现了传统民居建筑环境生态系统按照相互默契的结构规则，各尽其职而又协同形成了有序的要素结构体系，按照从简单到复杂、从无序到有序的方向发展。在这里，体现传统民居建筑环境生态系统最主要的结构关系可包括地理地貌、气候条件、材料技术、独特技艺、围护结构、室内布局、集排雨系统、生活方式等要素。系统内部各要素之间在时间、空间、结构、数量、秩序方面的耦合关系，组成了传统民居建筑环境生态系统。在开放的传统民居建筑环境生态系统中，当系统内部与外部进行物质、能量或信息的输入输出时，各要素结构本身及彼此之间将产生集体的协同效应，在此过程中所产生的系统整体变化又进一步支配各要素结构本身及彼此之间进一步地相互协调与合作，从而使传统民居建筑环境生态系统逐渐走向循环、有序。

最内圈层是环境热工舒适度的生态功能表征，具体是以风、光、热、雨、声等自然资源在建筑环境空间中的功能效率来展现，而这些功能表征又与生态系统的要素结构相对应，即具体的做法和实现的效果是相对应的，因此也体现了系统有序度的特征（图 2.2）。传统民居建筑环境生态系统正是通过与外界环境物质、能量和信息的持续交换来降低自身熵值，达到积极有序的稳态演化结果。基于耗散结构理论的热工舒适度表征研究有助于实现对地域资源的最优利用，以最小的能量消耗提升整体环境的居住舒适度，并减少外部设备技术的能量负担、围护结构体系的耗材、成本与环境负荷。

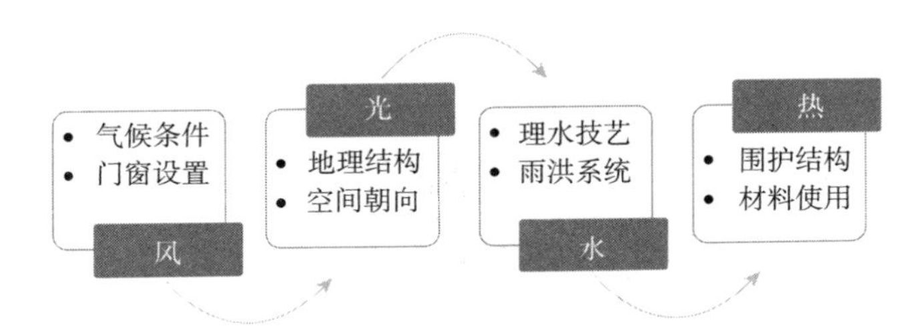


图 2.2　要素结构与功能表征的大致对应关系

最外圈层从时空序列中的演进变迁角度，体现了传统民居建筑环境生态系统在遗传变异、优胜劣汰和适应调整的机制作用下，呈现出整体性、层次性、适应性、差异性、相似性等发展特征，并通过要素结构体系、功能表征链及演进机制的自我调节和完善，来逐渐适应环境生态和经济社会的过程。

传统人居环境聚落是一种熵减形态的耗散结构，善于学习、富于创造与自然对抗的同时学会了与自然对话并逐渐融合，并产生能量、物质、信息等方面的持续正交换，是一种熵减形态的耗散结构，正是这种传统低熵组织的演化和变迁才凸显了无限的生命张力和文化多样性。

传统民居建筑环境是鲜活的人类历史写照，包含了散落于各个乡间田野，不管是单间还是组合成院落的最原始的建筑环境，以及发展形成一定规模，配有当地学堂、祭祀场地的聚落、社区、村庄等。在原始农耕条件下，这些村落社群依靠农业种植、畜牧、打鱼为生，他们的传统建筑结构也是建立在与此相应的社会经济文化系统上，与人们的精神和宇宙观念产生互动关系。而日常生活的空间功能结构和人们的观念结构往往是相互配套、复杂交织、相辅相成的，因此对传统民居建筑环境的研究需要以整体系统观为基础，来看待这些“生命—生存—生活—生产”系统的环境体系。

在传统聚落的建筑环境中，农舍、渔船或游牧帐篷等居住建筑和聚落周边的水田、草地等生产景观体系一起，共同构成了整个聚落的物质文化景观结构体系。如日本白川乡周边是桑蚕种植业，中国香港新界大部分是水稻田，有很多地方是甘蔗田，也有的是茶场。这些都是村民赖以生存和可持续发展的根本。传统聚落不仅仅是指村民居舍本身，供群体居住，为了安全防护或农业生产，还是一个小社会，有长老、理事委员等等级结构，受过教育并有一定社会地位的乡村子弟也很有威望。因此传统聚落里每一家的建筑形式结构也和屋主的财富、血缘等级乃至社会地位息息相关。周边的山形地势、水脉河流、梯田林地、打谷场、晒场、鱼池鸭塘、园林果木、阡陌小径、土地祠庙、村口大榕树、祖庙祠堂、文化戏台等，这一系列的物质形式及其背后代代相传的文化元素都是传统民居建筑环境要素结构体系的组成部分。

此外，这些传统民居建筑环境物质实体的背后也与人们的信仰观念、伦理精神和宇宙秩序息息相关。传统民居建筑环境的价值也往往受这些建筑形式背后的政治、经济、文化、社会等因素影响。人类的生存与上天和自然现象紧密关联，四季更替、风调雨顺、五谷丰登都由上天保佑。因此建筑环境中处处体现了对这种精神的渴求和祈盼。村落里有土地公、关帝庙、妈祖庙等保护出入平安，族群里有祠堂供奉祖先牌位祈愿子孙万代，家里的墙面上还设置了壁龛可以时时朝拜，表达对天地神灵、祖先的尊重和对生存、生产顺应天时地利的美好寄托。

所以传统民居建筑环境不仅是人们利用自身掌握的知识技能和当时的技术建造住所，还涵盖了人们在建造过程中的行为、习惯、风俗和仪式，人们基于自己的信仰甚至是任何一种神秘的土地精神或宇宙观来支撑房子的建造。不同的文化、不同的民族信仰不同，因此也有不同的建造方式，对于房子的理解也不尽相同。当任何一种区分人与人身份的标志或线索被注意、被认可，身份识别的意义就产生了。如广东的开平碉楼是广东南部开平客家族人的聚集地，保存完好的碉楼群被收录于世界文化遗产名录。为了防御、保护族人财产安全，用 19 世纪末到美国旧金山、墨尔本等地淘矿的亲人寄回来的钱建造了 4~6 层碉楼，但由于使用了新式的钢筋混凝土材料及西式的装饰图案纹样，这样花哨的设计却引来了更多劫匪的侧目和滋扰。可见，任何引人注意的物质元素都可以成为一种独特身份的线索，人们可以区分某种特定的生物、人种，以及他们多种多样的特性和行为。曾担任麻省理工学院建筑学院院长的彼得罗·贝鲁奇（Pietro Belluschi）曾经说过，这种平民化的营造技艺，并非某一精英或专家设计或发明，而是由具有共同文化传统的聚居群体根据集体经验、自发而持续进行的创造性行为。虽然这些来自平民的创造和技术在历来的文明中并没有占多大分量，但是从这些传统建筑创造中所得来的优秀经验完全可以被当代吸收利用，没有必要“为了泼掉脏水把婴孩也丢掉了”。

## 2.2.4 传统民居建筑环境生态系统的协同发展

从生态系统科学的角度分析，自组织系统中的协同发展规律使传统民居聚落系统与外界生态环境处于动态适应的过程，系统的内在秩序决定了系统的要素与要素之间在结构上具有相似性；要素之间存在着非线性的相互作用，这使系统呈现出效能的增益；要素以涌现的方式生成，这是系统由低级向高级转换的内在动力，而由此产生的多样性为优化适应外界环境的变化提供了更多可能性。系统处于不断的演进变迁之中，优化在演进中得以实现，从而展现了系统的自我发展优化的规律。生态系统的优化过程就是一定条件下对于系统的组织、结构和功能的改进，达到耗散最小而效率最高、效益最大化的过程，这也是一个在不断演进适应中实现最优关系的过程。物竞天择、适者生存，这个适者就是优者，优胜劣汰，自然选择，是自然界生态系统一般优化规律的生动表现。从控制论角度而言，实现自组织和最优控制也是现代控制理论的突出特点之一。系统与外界环境是紧密联系的，而外界环境的变化往往潜移默化地影响了系统的特性，人在其中也无法完全确定控制环境和对象，因此对系统的最优控制就是促使其形成自适应、自学习系统，通过其自身的调节运转，逐步积累经验以逐步达到最优的系统，这也正是自组织系统的核心能力。系统优化的途径可以通过组织、结构、功能的局部优化的方式达到整体优化，最重要的是整体都得到优化和提升。

传统民居建筑环境系统也在差异竞争中实现协同发展，彼此之间存在有差异的共性特征，形态、结构、功能、存在方式、演化过程均具有不谋而合之地。而这些传统聚落样本大致拥有以下的共性，例如，首先具有较漫长的历史发展和演进历程；其次，遗存较为完整的聚落空间形态和民居建筑风貌；此外，这些聚落也保有较高的地域文化和生态美学价值。这些民间的建筑显然符合保罗·奥立弗教授（Paul Oliver）有关乡土建筑诸多特征的描述，即：本土的（indigenous）、无名的

(anonymous)、自发的(spontaneous)、民间的(folk)、非官方的(non-official)等，也是鲁道夫斯基笔下的“没有建筑师的建筑”。现代设计由于工期、预算等诸多因素的控制往往过于功利化，建筑师需要“毕其功于一役”，而这些传统乡土的建筑环境则“没有建筑师”，可以“功成不必在我”，而缓慢调整演进，因此可以根据自然环境、气候条件、技术发展、经济状况和宗族需要而相应变化。传统村落作为原始农耕经济时代最适宜人们生存、生活和劳作的社会聚居形态，其形成规模并能一直保存至今的主要原因和基础在于，以最适宜、经济、生态的方式为人服务，是当地语言文化、服装配饰、手工技艺、建筑风格、生活方式、民俗惯例等传统非物质文化赖以存在和传播的重要载体。一般这样的传统村落都位于相对闭塞的环境和经济落后的地区，大规模的现代化和城镇化运动加剧了这类村落的空心化，没有现代产业助力，这些传统村落的消失成为一个必然的过程。然而从人类社会演进和经济发展的进程来看，这些传统聚落及其建筑环境营造技艺不仅在文化、美学及历史方面具有独特的价值，在其选址建造和历代变迁的过程中，也积累了很多丰富的生态经验和智慧哲学，是可供当代设计师借鉴的宝贵参考和重要的历史学习资源。

## 2.3 传统民居建筑环境生态品质的当代评价

### 2.3.1 传统民居建筑环境的品质评价

#### 2.3.1.1 评价模糊不确定性

传统民居建筑最初是由人们使用当地易得的天然材料，如棕榈树叶、稻秆、石头、泥土、草木、动物粪便等来自于周围自然环境或农业生产的副产品，并依据自己有限的知识、技能和经济条件来建造的。一些更为先进的传统建筑则采用更多的人工加工材料，如水泥、玻璃、砖土、烧制黏土制成的陶瓦、石灰浆抹膏、金属及石棉瓦等，包括了从游牧民居的移动帐篷到更为永久固定的如屋舍、谷仓、粮食储藏及加工屋等农舍建筑，甚至包括向地下或崖边挖掘的窑洞穴居。这些房屋的建造、使用、修缮和废弃大多基于农业活动，如种植、收获等，多是自发形成的、没有任何约束的，有的仅依据地理条件、宗法伦理、民族习惯等进行营建。因此给传统民居建筑环境的生态评价带来了很多不确定性。

有学者认为这样的建造行为是自发无意识的过程，传统的习惯就是如此，年轻一代学到的就是自然而然地沿袭父辈、祖辈的习惯和方式去建造家园、发展生产、繁衍生息，没必要问为什么，也不需要去变革什么。然而事实并不是如此，即使是粗陋、原始的传统农舍，其建造过程也不是“没头脑”“无意识”的堆砌，而是需要一定的思考计划才能完成的过程，往往在准备建造、配置材料的时候就开始了有意识的思考和耗时耗力的筹备。整个聚落的空间体系也往往是由一代代村民和族长一起商议、成长发展起来的，哪里建祠堂，哪里建学校，哪里开道路，哪里引沟渠等行为都需要有组织有计划地实施，并不是完全的无意识。例如，最原始的屋舍往往是圆形的，因为无论是使用泥土还是砖，圆柱形的屋体比方形的更为稳定坚固，同时也更容易建造。仅用一根绳子在中间圆心点固定，沿其周围绕圈一层一层地向上搭砌，再盖上圆锥形的屋顶，就能完成房子的搭建。后来出现的方形屋体，需要更多技术和结构的支撑，屋顶要有木梁，四周要有支柱。方形屋体建造体系跟原始的圆形屋体系不一样，文明程度更进一步，正如中国的木构建筑桁架支撑体系“墙倒屋不塌”与西方墙体支撑的石头建筑的区别，这种从圆屋到方形屋的演化也是一种有意识的演化过程。即便在那个时代并没有职业的建筑师有意识地组织完成这样的建造行为，但普通的匠师和使用者联合起来共同营造和维护的建筑环境本身就是一种有意识的匠心营造，也正因此而体现了建筑环境的永恒不朽本质。1979 年 C. 亚历山大在后来的论著《建筑的永恒之道》（*Timeless Way of Building*）中，就提到这种建筑的永恒或不朽的气质，正是来自于建造者的精心营造和使用者的细心维护。因此传统民居建筑环境的营造并不是人们无意识的行为，而是有意的营造行为，只是这个营造行为的主体更加宽泛、更加模糊、更加多样而已。

此外，人们对传统民居建筑环境的营造往往存在意识上的偏差，没有对其形成正确的科学理性认识。以往对传统民居建筑环境的研究注重于建筑实物、实用功能、文献记载，或从环境空间的建造过程、建造技艺以及工程运作系统进行整体性的研究，以描述、测绘等方法对聚落建筑进行定性研究，鲜有对聚落民居有数据支持的量化研究，因而缺乏对传统聚落民居的理性认识。而传统的建筑工艺是在原料采集、构件加工、建筑安装以及后期装修等一套完整技术过程中实现的，这段过程蕴含着人们在人文风俗、技艺方法等方面的无限智慧。因此，需要站在全方位的角度对传统民居建筑环境的自然气候、人文社会、地理位置、建造技艺及其对于满足生存空间需求和提升居住环境舒适度的效用进行综合分析，并结合现代量化技术手段，对现存的传统民居建筑环境遗存和现代应用案例进行全方位深入研究，使感性评估上升到理性科学的评价。

建筑环境学的目标是研究物理环境对人的健康、舒适度的影响，以及在内部人的因素和外部生态大环境因素的双重作用下调节人工环境的基本方法和原理。建筑环境科学和物理技术学科的介入，使传统民居建筑环境的气候适应性研究逐渐从定性认识走向定量研究，为这些定性研究提供了可视化的数据参考。以往与传统民居建筑环境相关的生态研究，受到现代生态建筑理论和各类节能规范标准、绿色建筑评价体系的影响较大。导致很多研究往往只筛选具体地域个别传统民居建筑环境中符合、特别擅长甚至是高于现代绿色标准的手段来集中研究，对与现代建筑理论相似的特征过分深入探讨，而不符合标准的方面则避而不谈，缺乏系统整体的批判性思考。我国南方的冷巷、被动式降温，黄土高原窑洞土材料的保温蓄热优势、材料的热工性能、构造技法、资源节约利用等方面都是研究的热点，而像传统木结构建筑夏季的遮阳通风效果很好，但是如何调节改善冬季保温不佳问题的研究相对泛泛。若以当前的绿色建筑评估体系作为衡量标准，传统民居建筑环境很难有完全符合标准的，而像被动式降温、自然通风等传统民居建筑环境中常被提及的优良措施，在诸如 LEED 等国内外任何现代绿色建筑评价体系里鲜有推崇。很多符合这些评估标准的现代建筑都是通过高科技手段和现代自动化设备的辅助才得以实现。

然而，传统民居建筑环境的生态性评价不仅在于物理环境指标的测定和模拟方面，还包括在心理学、文化学、社会学等方面对传统民居建筑环境进行生态气候适应性的研究。人类在漫长的探索中，采集和利用自然元素的技巧日趋成熟，然而采光和遮阳、通风和保温、防雨和集水、降温和采暖都是建筑环境中互为矛盾的现实需要，传统的做法应是根据地区气候条件差异有所侧重，而且，人体在建筑环境中冷热感知的自我调节和适应能力非常强，外在的调节手段不限于温湿度等物理指标，也通过人们自身的生理、心理调节达到适宜平衡状态。因此，人们在传统民居建筑环境中的舒适感知需要考虑各方面因素的综合影响。

#### 2.3.1.2 亟待综合全面评价

传统民居建筑环境的生态系统包含物质与意识形态两个层面：从物质层面上讲，良好的室内环境意味着安全、舒适、高效、与自然环境和谐共处，整个人居环境系统是动态循环的有机体系；从意识形态层面上讲，良好的室内环境反映着人类住区文化及美学价值特征的多样性，并能满足公众的情感需求。如人居环境生态质量的衡量指标就包括了能源系统、热环境、光环境、风环境、声环境、水环境等室内环境物理性能指标，以及建筑装饰材料、室内绿化景观、室内功能布局、空间形式等人文设计指标。

因此，传统民居建筑环境品质的生态评价是一个综合性的评价，不仅包括与居住相关的物理环境，如温湿度、通风换气量、噪声振动、采光照度等客观物理度量指标，还包括空间艺术、平面布置、色彩调配等主观性心理因素及室内空间知觉、围合实体、环境艺术、使用后效等诸多方面。首先，室内空间的大小和形状是创建室内环境的主要内容，也是影响民居空间环境质量的关键因素。不同的空间环境，其形状和尺度都是不同的，但其共同特点都是要满足人的生活行为或生产行为的需求。其次，室内知觉环境的质量主要是满足人的视觉、听觉、触觉和嗅觉等对环境的感知，而这些主观心理变量有很大的不确定性和差异性，因此其评价需要以主观定性为主，而根据室内环境的使用性质不同，要求的标准也各不相同。再次，围护结构或围合实体的也非常重要，取决于围合空间环境和分隔空间环境的结构安全性、防护优越性及经济性等。同时，使用后效也是评价的标准之一，指室内环境建成后的使用效果和对相邻环境的影响。此外，人文艺术因素对于室内环境的氛围和室内空间的象征意义也不可或缺。通过建筑装饰、室内绿化、功能布局等多样化的设计措施，营造出室内环境的嘈杂、温馨、肃穆等，都属于环境的氛围特征。室内像宫殿、像田舍、像科幻世界，都属于空间环境的象征意义。环境艺术的衡量通过美丑、适用与否等主观定性评价来体现。

总体而言，传统民居建筑环境品质的生态评价涉及人们对环境体验的主观心理量和客观物理量。主观心理量根据室内环境的性质、使用要求等，因人而异。客观物理量根据人体要求和环境性质确定，有一定的客观性和相似性。建筑环境评价方法可以分为主观评价和客观评价两类。主观评价是利用人自身的感觉器官进行描述和评判工作，表达对环境因素的感受及环境对健康的影响。室内环境质量的评价标准，除较客观的物理指标是定量的，还有许多指标是定性的，因此，需要根据当时的环境和评价对象的具体情况作出全面的评价。

### 2.3.2 可持续的建筑环境生态指标量化方法

系统科学的研究方法是对研究对象先进行定性的描述、分析、对比和研究，然后再通过数据模型等方式对其进一步定量计算和研究，这也是科学认识的一般规律。也只有在精确做出定量分析和计算系统各要素间的相互联系和作用之后，才可以更深入地认识事物的本质，这也正是系统科学思想的发展过程。以往关于传统民居生态性的研究多是以定性分析的方式，挖掘其在生态及经济、社会、文化方面的价值，从非物质文化遗产保护和传承的模式上寻求解决办法，但是对传统民居建筑环境生态营造智慧应用及其策略分析则比较少，很难形成量化的实证研究，因此显得过于理想化而有证据不足之嫌。目前对传统民居建筑环境的生态能效已经从定性研究走向定量研究，但是传统民居建筑环境营造过程中的人文、心理、宗教、伦理需求和现代科学标准之间仍然存在矛盾，因此在量化评价和剖析研究方面也有很多模糊和不确定性。此外，以往对传统民居建筑环境的生态特性研究，受到现代生态建筑理论和各类绿色建筑评价体系、规范标准的影响较大。因此，需要强调的是，传统民居建筑环境的生态经验是不能用机械论观点来揭示其规律的，必须把它看作一个整体或系统来加以梳理考察，通过具体的定量分析和计算系统各要素间的相互联系和作用之后，才可以更深入地认识传统民居建筑环境的生态经验本质。

#### 2.3.2.1 建筑物理环境生态指标量化方法

基于传统经验的生态建筑十分重视建筑室内的物理环境，同时也把降低建筑物的资源和能量消耗特性作为设计的主要目标之一。建筑室内的物理环境以声、光、热等物理参数来具体体现，现代计算机技术使对这些参数的精确测算和自动控制成为可能。同时还可以通过模拟手段衡量室内环境的运行情况，使人们可以对建筑环境的物理品质进行较为准确的量化评估。室内设计对于空间组成、空间形态、功能分区、人流组织等方面的强调较为充分，但是室内环境所涉及的绝不仅限于上述范围，其他诸如通风、采光、空气质量、声环境条件、热舒适度等都是室内环境的重要影响因素，也应该给予充分的重视。而以往的室内设计中，这些直接作用于人的因素却往往被忽视，从而造成了建筑室内徒有堂皇的外表，而无高质量的环境品质的问题。

建筑空间环境的各种物理特性是建筑师在概念构思阶段首要考虑的因素，若能利用相应的现代仪器技术对传统建筑整体的采光、通风、围护结构的蓄热性等进行数据化的测量及模拟，对传统建筑的被动式技术应用、生土墙等传统材料的蓄热保温性能分析及其生态价值有了客观性的评估，就可以直观地量化这些传统空间营造技艺对于室内外环境质量和能效的作用。同时再结合当代设计手法进行模拟对比，极有利于从科学量化的角度发掘、论证这些传统民居建筑环境生态营造经验在当代设计中的再利用价值。

随着现代计算机技术在建筑环境学中的应用逐渐拓展，现代建筑设计尤其是生态、绿色、节能的建筑环境设计中越来越多地采用Ecotect、Dest、Fluent、CFD、Phonics等环境模拟软件精确地模拟研究对象内的空气流动、传热和污染等物理现象，来评价建筑的风、光、热等效用和能耗。而近年来国内外很多学者及研究团队也开始采用这种现场实测和计算机模拟相结合的量化技术手段对传统民居、地区典型建筑环境开展相应的节能技术和生态适宜性研究，例如：

清华大学江亿、朱颖心、林波荣等团队：在理论方面，从建筑环境学角度分析建筑外环境、室内空气流动、热湿环境、声光环境、环境空气质量等，并结合人的生理和心理健康舒适度要求与室内外环境质量的关系进行研究，为营造舒适宜人的建筑室内外微环境提供了理论依据。随着现代建筑环境性能实测和模拟技术的发展，对传统建筑的被动式技术应用、生土墙等传统材料的蓄热保温性能分析及其生态价值有了客观的评估，如林波荣及其研究生团队近年来连续研究的《传统四合院民居风环境的数值模拟研究》《安徽传统民居夏季室内热环境模拟》《皖南民居夏季热环境实测分析》《地道风技术在传统四合院生态改造中的应用研究》等。

东南大学仲德昆、李晓峰、陈晓扬等团队：2005年，陈晓扬、仲德崑在《地方性建筑与适宜技术》中提出地方性建筑与当地自然气候、经济、文化条件的关系，以及适宜技术如何保护和回应地方自然环境、促进经济和文化发展。提出了基于节约理念的建筑适宜技术观，以及利用地形保护场地、利用地方材料、回应地方气候、节约的经济效益等回应地方自然的节约策略。目前一些民族风格或地域性的实践案例中存在过于追求形式上的乡土感而生搬硬套传统营造技艺而忽略了经济或生态方面的考虑，以及设计预期和最终效果差距大、设计与施工不契合，材料和工艺的耐久性、稳定性和经济性等实际问题，都需要相应的适宜策略。陈晓扬还进一步在论文《适宜技术的节约型策略》中从经济的角度对适宜技术进行研究，通过对成本和经济效益的重新考察确立适宜技术的效益观，结合实例提出适宜技术创新的基本策略，最后针对中国技术现状提出与技术创新策略并行的低技术策略。2011年陈晓扬、仲德昆在《被动节能自然通风策略》中提到通过加强自然通风实现被动降温、对空气进行被动式预冷处理、对空气进行被动式预热处理3种被动节能自然通风策略，并进一步在《民居中冷巷降温的实测分析》《泉州手巾寮民居夏季热环境实测分析》中用实测的方式以福建泉州传统民居手巾寮为案例分析外部冷巷和内部冷巷的降温效果。冷巷是传统民居建筑环境生态营造经验中很有代表性的一项，通过空间布局与设计对环境微气候进行调节，技术门槛低，又很有地域特色，是一种被动降温适宜技术。2012年陈秋菊、陈晓扬在《徽州民居自然通风优化设计方法》中利用Airpak模拟软件从不同设计要点对徽州传统民居自然通风进行假设及验证，归纳出适宜徽州地方民居的优化通风设计策略及提高居住环境通风舒适度的方法。

西安建筑科技大学侯继尧、周若祁、刘加平院士等团队：在20世纪80年代侯继尧教授窑洞民居研究的基础上，西安建筑科技大学绿色建筑与人居环境研究中心的周若祁教授主持了"绿色建筑体系研究"，从生态绿色建筑角度对传统窑居进行了深入研究。该中心开展了包括绿色建筑、建筑物理环境节能控制、绿色建材与构造技术、生态建筑等领域的基础研究和实践探索，特别是刘加平院士、岳邦瑞教授等团队对西部黄土高原传统民居的生态改造研究，探讨了西部民居建筑与自然生态保护，新民居建筑中的太阳能、风能、土壤蓄能等被动式和主动式利用，新民居建筑的材料资源节约，乡村生活污水的简易处理，沼气的安全应用，西部生土民居的抗震性能等，总结构建了新疆特殊地域资源约束下的聚落营造模式理论，完成了传统生态建筑方面的《西部生态民居》《西北地区传统生土民居建筑的再生与发展模式研究》《中国北方乡村建筑节能与室内空气品质研究》等国家级自然科学基金项目的多项研究。刘加平院士进一步以国家杰出青年自然科学基金重点资助项目《传统民居生态建筑经验科学化研究》为基础，从建筑技术的角度指导了大量研究生开展对西北黄土高原的地方传统民居生态经验的研究，对西北传统乡土民居室内外的物理环境进行模拟和实测，总结出这些传统民居营建规律的生态优劣，并提出相应的节能优化对策，由此也取得了一系列丰硕的成果，例如闫增峰的博士论文《生土建筑室内热湿环境的研究》，茅艳的博士论文《人体热舒适气候适应性研究》，邸芃的《传统窑洞建筑的地域生态节能性研究》，周芸的《生土建筑物理环境研究——以豫西陕县天井窑洞为例》，谭良斌的博士论文《西部乡村生土民居再生设计研究》，刘成琳的硕士论文《新型夯土民居室内热环境研究》，林晨的《自然通风条件下传统民居室内外风环境研究》等。详细的做法例如胡冗冗、王鹏、潘文彦等人（2009）曾选取秦岭当地典型二层生土和砖砌民居对其冬季室内温度、湿度、采光照明和墙面温度进行现场测定，通过量化的数据分析给出不同传统围护材料下建筑室内热环境的评价，并提出改善策略和建议。

哈尔滨工业大学金虹教授讨论了严寒地区乡村人居环境的生态策略，通过对东北严寒地区气候特点与乡村人居环境现状及其诸多影响因素的分析，从生态社区、建筑设计到具体节能技术进行了全方位、多层次的立体化研究，提出人居生态环境及建筑质量的综合评价系统，给出严寒地区乡村生态住区与绿色住宅的设计路径、模式、法则及可操作性强的本土适宜技术方案。

武汉大学黄凌江以定性结合定量的方式研究“西藏传统聚落空间营造的气候响应技术策略及其评价”，总结西藏传统建筑对地理资源、气候、太阳能及生物燃料等4个方面的生态利用策略，从建筑形态、细部及构件处理、外围护结构传热能耗及热工参数揭示西藏传统建筑空间形式、能耗与气候之间的关系并对建筑的主观热舒适、温湿度、风环境等进行评价。

还有一些研究生在自主研究中采用实地测试、计算机模拟分析以及两者相结合对比研究的方式对传统建筑室内外环境进行量化分析。安徽工业大学钱伟（2014）通过实测和模拟两种方式，对徽州传统民居进行研究。首先选择具有代表性的传统民居室内外环境进行连续实测；其次，借助 Ecotect、Airpak 软件对典型三合院式民居室内光环境、热环境及室内外风环境进行分析，得出传统民居天井及室内灵活隔断对于采光具有重要意义的结论。陈杰锋（2014）从潮汕传统村落中的街巷—天井—平面开口等空间系统要素，结合运用 Fluent 计算流体力学软件综合分析街巷及民居室内的自然通风组织及风环境情况，为地域建筑设计提供参考。晏高亮、曾淼曾以湖南省北部传统古村落张谷英村中的3所典型住宅青砖住宅、土坯住宅、现代砖混住宅为例，使用 DeST-h、Fluent 以及 Ecotect 模拟软件对其室内保温隔热、自然通风、自然采光条件进行模拟研究对比，指出传统住宅在隔热保温、自然通风方面，要优于砖混结构的现代住宅，但现代住宅的室内自然采光环境要优于传统住宅。

此外，我国台湾学者也较早开展了对传统建筑室内外环境进行量化分析的研究。1990 年台湾成功大学林宪德团队对东南亚传统干栏民居建筑进行了多个实测研究，包括可容纳 12 户家庭约 100 人生活的马来西亚沙捞越热带雨林区的干栏型长屋（kalop long house）、中国云南景洪的曼景兰村一间一家四口的傣族干栏民居以及印尼的 sumba 岛西部山地的干栏民居。前两者的室内外温度几乎同步上下变动，时滞现象很弱，马来长屋的室内相对湿度在夜间比户外树下减少 15%，傣族干栏民居的室内相对湿度比底层室外在夜间约减少 5%，这对于人体健康和舒适有很大助益。印尼的 Sumba 岛西部山地的干栏民居为茅草构造，全日室内外气温差距不大，夜间室内比竹床下户外空间的相对湿度最大可降低约 15%（98%~83%）。民居总体积 592m$^3$、室外温度为 22℃，则此民居的最大除湿力，相当于一部 1.4t 的除湿机。因此他们认定干栏民居通风良好，低热容量，多窗洞，有优越的通风除湿效果，宛如天然的通风除湿机。1982 年 2 月他们接着对河南下沉式窑洞民居的冬天室内热环境进行实测，对象为覆盖深7m左右黄土的两间窑洞，与一间砖墙水泥平房民居（24cm砖墙、16cm钢筋混凝土屋顶），发现厚重的生土窑洞的室内温度波动最稳定，相对于室外气温13℃的变动，两间窑洞民居的室温均维持在非常稳定舒适的27℃上下，其室温的昼间变动只有1℃。相比而言，砖墙水泥平房的保温效果较差，其室温低于两间窑洞民居，室温的日变动也稍大，在2℃左右。由此得知，窑洞的高蓄热围护结构对于环境温度有超高的稳定性。湿度方面，由于窑洞的黄土围护结构为多孔性的生土，有湿度调节作用。例如昼间室外相对湿度变动为36%时，两向通风漏气的A窑洞因为室外气流侵入过多，相对湿度依然是31%，但单向通气的B窑洞相对湿度只有18%，单向通气的砖瓦民居则为26%，说明窑洞的黄土墙体调湿性能良好，砖瓦墙体的吸湿性稍差。但因门窗的漏缝以及人的生活行为活动释放湿气的影响，清晨温度最低时3间民居的室内相对湿度都偏高，甚至达到95%，若室内再有厨房或热水蒸气时，很可能发生结露现象。因此他们得出结论，在南方热湿气候地带的人们，巧妙地利用对流通风技术来争取最大化的蒸发冷却作用，干栏民居就是发挥通风除湿最好的生态智慧，即以高腿柱子将建筑物架高，把人的生活空间提高到最大风场中，以争取达到最大的蒸发冷却与干燥除湿的效果。高蓄热性的民居，在干燥气候下提供冬暖夏凉的智慧，但在热湿气候下则非常不健康，如台湾北部山区高湿地区一栋以当地砂岩建成的石造三合院民居中，室内温度较为稳定，但室内相对湿度均在90%以上，高于室外湿度，环境阴湿而且不卫生，部分居民常年受风湿之苦。

以系统理论建构热力学与民居建筑学的量化关系研究也是目前国际前沿的议题。例如，哈佛大学、荷兰代尔夫特理工大学、苏黎世联邦理工大学等都将建筑物理学作为生态建筑学教育中的重要课程，积极引导建筑师与其他学科的研究人员汇集在一起，致力于对建筑能量、气候以及环境进行研究，通过对建筑环境的模拟、能源节约利用与材料创新等方面的研究，为生态可持续的建筑设计找寻更加科学的理论依据。

可见量化手段作为客观指标，对传统民居室内建筑环境的评价起到了重要的参考作用。但是以上这些关于建筑物理环境实测和模拟的研究主要依托于现代计算机模拟技术的发展及建筑工程、供暖通风及节能技术的学科背景，通过数据量化分析传统建筑环境的材料性能及能效优劣，但从环境艺术角度对于传统建筑环境设计的指导、技艺的优化设计以及结合艺术性、审美性的量化实测研究还很少，因此这也是本书的创新性和研究价值所在。

#### 2.3.2.2 传统生态经验与现代标准间的平衡

鉴于目前对传统民居建筑环境的空间能效研究已经从定性走向定量，热舒适的参考主要集中在室内外空气温度、相对湿度、气流速度、采光照度等可以通过仪器测量数据的物理指标层面。但除此之外，大气压力、使用者数量、皮肤温度及衣着差异、活动强度等因素也会影响室内外环境性能，因此整体的环境热舒适效果是综合以上因素相互作用的结果。美国供暖制冷空调工程师协会在1981年制定的室内环境热舒适范围标准中，建议冬季室内空气温度为19.5~25℃，室内相对湿度控制在28%~78%，夏季室内空气温度为23.4~28℃，室内相对湿度控制在22.5%~70%，气流速度控制在0.25~0.5m/s。我国《民用建筑热工设计规范（含光盘）》GB 50176—2016、《民用建筑室内热湿环境评价标准》GB/T 50785—2012等相关国家规范中也有对建筑室内热舒适环境提出的相应的规范标准。但是这些参考标准都具有一定的相对性，应根据具体的气候地区、室内环境使用性质、时间、使用者个体差异、室外环境状况等条件综合考虑调节相应的数值，而不能不顾具体状况机械照搬这些热舒适指标。借助于热工仪器实测和计算机软件模拟分析传统民居建筑室内外环境的功能表征，有利于设计师快速把握当地的气候特征和室内环境性能，科学地提出营造室内舒适微气候的设计依据和技术策略，这种量化方法不管是在方案构思的初级阶段还是在既有建筑节能改造的决策阶段都可以广泛适用。虽然计算机软件分析的结果客观明了，但设计师仍应有自己的判断，因为各地的气候条件差异较大，计算机软件的设置一般默认为所选地区通常的气候条件，排除了极端条件的干扰，并且其参考的标准也是软件研发国家的住宅状况和舒适标准，对于全球各地的具体情况并不能完全适用。而且，由于人体的自适应能力有所不同，在某一指标变化的情况下，另外的指标也相应跟着变化，人们感受到的舒适范围也会有所变化。例如，阿伦（Aren，1980）研究了在夏日静坐情况下，衣着轻便的人在不同风速下的舒适感觉。结果表明，相对湿度保持50%不变时，对于1m/s风速，室内气温达到29℃，人们感觉舒适；对于2m/s风速，舒适气温可以达到30℃；当空气流动速度提高到6m/s时，人体可承受的舒适温度可提高到34℃。

实际上，在推崇回归传统的过程中，也应该重视这样一个问题，传统民居建筑环境营造中的伦理需求和现代科学标准相互之间存在矛盾，需要彼此协调平衡。例如，在以我国传统徽州民居为典型案例的传统民居建筑环境实测模拟案例中就出现了与现代标准不符合的例子。在采光方面，夏季极端天气（阴雨绵绵）工况下，天井中央的采光系数为16%，厅堂内的采光系数在6%~8%，厢房靠门窗处的采光系数为4%，但随着进深加大，厢房最里侧室内的采光系数仅为2%，甚至更低。Ecotect模拟与实测结果相近，天井中央的采光系数在30%~45%，而厢房卧室入口处的采光系数在10%~15%，内侧大部分区域只有2%~4%。而通风方面，室外风速维持在0.78m/s情况下，室内天井下方实测风速可达到0.64m/s，厅堂风速在0.25~0.53m/s，厢房的风速相对较弱，为0.15~0.34m/s。模拟结果中，在夏季主导风昼间风压通风作用下，天井下方风速为0.5m/s，厅堂区域风速为0.25m/s，空气龄为300s以下，厢房区域风速为0.15m/s，空气龄为500~900s。夜间热压通风作用下厅堂风速达到0.5m/s，空气龄在200s以下。但是相比厅堂而言，两侧厢房通风效果较差，大部分区域风速大小都低于0.1m/s，甚至最里侧部分区域处于弱风甚至无风区。表明不管是昼间还是夜间，天井下方及厅堂周边大部分区域的通风状况良好，而室内房间里侧的通风较为微弱。

因此，若按美国供暖制冷空调工程师协会的标准或者我国《建筑采光设计标准》等现代居住建筑的规范数据规定，这些传统徽州民居只有厅堂周边的采光、通风能够达到现代规范数据标准，而厢房卧室等内室空间几乎难以达到要求，整体通风采光分布也极不均衡。因此有“专家”就会给出直截了当的调整建议：改善两侧厢房卧室的通风采光环境以符合当代居住建筑采光标准，可以通过增大民居的开间、减小进深、增大开窗面积、缩小天井尺寸等调整措施，以促进整体居室环境的通风换气、增加居室特别是卧室的采光并提高冬季防寒能力。

然而，传统民居建筑环境营造与现代建筑设计不同点在于，居住空间中的温湿度、通风、采光要求并非物理学上的风速、照度和采光系数等人体工程学控制之下的片面数据标准，而更多的是符合环境使用者生理、心理综合需求的舒适度。在建筑室内环境中，光照度的大小、亮度的分布、光线的方向、光谱成分等构成了光环境特性，室内光环境质量不仅决定了人们的视觉范围和质量，也影响了行为的效率性、安全性、舒适性和方便性，并直接影响室内的美学效果，人们对光环境的感受，不仅是一个生理过程，也是一个心理过程。传统居住建筑中不同品质的风、光、热、湿环境特征，分别配合和对应的是不同的空间结构要素、功能表征、生活方式、养生知识乃至人际伦理。徽州传统建筑在明三间的基本格局上，通常讲究中间厅堂敞亮、两侧厢房幽暗的“一明两暗”布局，体现的是传统生态伦理观念下推崇“暗房生财”的采光要求。我国很多地方传统建筑的居住营造也有类似“光厅暗房”的俗语讲究，要求日常生活环境中厅堂光线要足，而卧房寝室光线要暗一些。沈克宁在建筑现象学中认为，“适恰的宅内光线和昏暗状态创造向心和凝聚的感觉和体验。”巴拉甘也曾提到，“微光创造迷人的平静和安详的气氛，而现代住宅大尺度窗户和空间开口带来过度的光线，使人们失去了一个亲切而私密的生活，使人们生活被迫暴露在一种公共的视野之下。”因而他建议住宅窗户减半，减弱室内光线和亮度。因此寝室的采光度要控制适宜，也可以通过窗帘和屏障来调节室内光线和亮度。房间的净高也会影响亮度，净高增加了，房子也会敞亮许多，厅堂的净高一般要比卧室高。健康舒适的光照条件取决于光线的强度、分布情况和照明质量，但是在建筑环境中采光需求往往和遮阳、防暑、防风、保温等其他需求相矛盾，不当的采光也会导致室内环境热负荷过载及眩光产生，过度的遮阳又会导致室内环境阴暗潮湿。因此传统民居建筑室内环境的生态营建策略在一定程度上是综合考虑的过程。

# 第 3 章

# 控制与适应：传统民居建筑环境生态系统的控制策略

多样化的外部资源环境造就了差异化的人居环境聚落系统，而人与自然的统一关系又引发了各人居聚落系统间具有类似共性的生态营造或生态控制策略。传统民居建筑环境的营造过程中存在诸多可贵的生态智慧经验，但这些生态系统中的要素结构所体现的具体表征与现当代的生态节能标准还是有一定距离的，因此对于偏差的调整以及如何达到最优化尤为重要，包括明确传统生态营造经验的效率优势和对提高环境舒适度的价值，调整传统民居建筑环境生态营造经验与现代标准间的评判误差矫正等控制问题。对传统民居建筑环境生态系统本体属性的剖析，目的是要证明是什么（what）的问题，即传统生态经验都包括了哪些具体的做法，这些做法对于满足人们生存生活需求、提升人居环境舒适度都有哪些表现。“控制”是指传统民居建筑环境生态系统通过获取物质资源、信息能量来调整自身行为来达到系统所追求的目的的过程。如室内居住环境就是一个控制系统，相对于外界环境气候的变化，能够使室内环境的温湿度等微气候环境保持在人体舒适的范围内，因此这个室内环境系统就具有合目的性地控制行为。而人居环境系统生态控制的过程也是其适应自然环境和社会发展相应调节自身的动态过程。控制论在物理原型模拟的基础上开辟了功能行为模拟的视角，不仅发掘各种千差万别的人居聚落系统间结构本质属性的相似性，还要找出这些具有相似结构要素及功能表征的不同系统间的统一运行机制。

# 3.1 传统民居建筑环境系统的生态控制原则

生态学的基本规律要求系统在结构上要协调，在功能上，要在平衡基础上进行循环往复的代谢与再生。而民居聚落的建筑环境是地球上最复杂的人工生态环境系统之一，兼有社会人文属性和自然属性两方面的复杂内容，因此需要有契合其自身发展的控制性策略。在人与自然环境的关系发展中，最活跃的积极因素是人，最强烈的破坏因素也是人。一方面，人在民居营建过程中扮演了主体的角色，以其特有的能动智慧驱使大自然为自己服务，使其物质生活水平以正反馈为特征持续上升；另一方面，人及其居住空间环境都是大自然的一部分，一切宏观性质的行为活动都受到自然生态环境的负反馈约束和调节，遵循自然生态系统的基本规律。因此，这正反两方面力量的交织与冲突，成为传统民居聚落建筑环境生态系统的基本特征之一。我国最早的生态学博士王如松先生及马世骏教授提出了关于生态控制的 8 条原理：开拓适应原理、竞争共生原理、连锁反馈原理、乘补协同原理、循环再生原理、多样性主导性原理、生态发育原理和最小风险原理，这 8 条为社会—经济—自然复合生态系统最主要的生态控制规律。而这些原则从传统民居建筑环境生态系统的角度可归纳为竞争、共生和自生 3 个方面，竞争即对生态资源的争取和生态位的开拓；共生即人与自然、环境与生态、人居系统与自然系统的和谐共处；自生即通过自组织、自协调、自补偿来维持系统的结构稳定、功能完善和过程优化（图 3.1）。

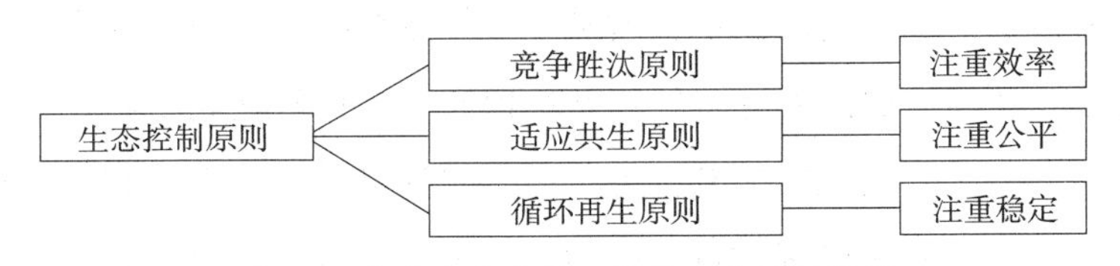


图 3.1　传统民居建筑环境的生态控制原则

## 3.1.1 竞争胜汰原则

竞争胜汰原则侧重的是对有效自然资源及可利用的生态位的竞争胜汰或效率高低原则。竞争是系统进化过程中的生命驱动力和催化剂。一切利于人类生存、繁衍和发展的物质、能量、信息、时间和空间等因素都可被视为人居环境的生态资源，而任何传统民居建筑环境生态系统在时空序列的发展中对这些生态资源的攫取、分配、利用、加工、储存、再生及保护的过程都是彼此之间竞争和角力的过程。生态系统之间、系统内各要素之间的差异竞争是促进传统民居建筑环境生态系统演化的一种正反馈机制。差异性的竞争机制强调发展过程中的效率和速度，重视生态潜力的充分发挥、自然资源的合理利用，鼓励开拓进取的人文精神，倡导优胜劣汰的自然法则。

只要有系统就有差异竞争，竞争带来复杂性，系统内部要素结构涨落的差异协同和自组织是系统发展的源泉和动因。系统是个体要素相互联系的有机统一体，万物都有存在的理由，系统内的子系统或诸要素为了保持个体性，决定了它们之间必然处于相互竞争之中。竞争体现了冲突对立的态势和关系，体现了有差异的个体间的相互作用、相互联系。没有差异就没有竞争。事物、系统或要素在空间上共存的差异，体现的是它们在时间上地位变更、规模变化、性质改变的涨落起伏。竞争造成了系统中的涨落，带来了系统各子系统在获取物质、能量和信息方面出现的非平衡态势，打破整体均衡，出现突变。个体差异性表现为竞争，整体同一性表现为协同，通过竞争协同的相互转化、对立统一，从而推动系统的演化发展。系统内各要素之间非线性的相互作用促进了竞争机制的形成，子系统彼此之间的差异竞争和协同共生推动整体大系统的发展演化。同一性自身也包含着竞争，有竞争才有涨落、才有优胜劣汰，有能量、物质和信息循环的驱动力，诸差异的特殊性、协同性、普遍性生成了世界。

作为开放性的自组织耗散结构系统，传统民居建筑环境生态系统在物质循环、能量交换、信息反馈的过程中实现从无序到有序的转化。聚落要想获得生命力，就必须主动与外界环境保持开放关系，在彼此之间竞争和角力的过程中进行物质、能量、信息等生态资源的攫取交换和生态位的竞争，从低级到高级、从无序到有序的演变过程就是开放度不断变化的过程。但是开放是相对的、动态的，任何超出或低于自身需求能力的物质、能量 、信息等交换只会导致传统民居建筑环境生态系统的崩溃和衰败。当前很多传统民居聚落在现代社会中逐渐消失或没落，很大程度上是因为传统聚落与现代社会脱节、生产与生活条块分割、认知角度支离破碎、决策就事论事，由此带来的就是系统耦合在结构、功能关系上的破碎和板结，资源代谢在时空尺度上的滞留和耗竭，反馈机制的缺损，社会行为在整体、局部关系上的短视等问题。因此要求传统民居建筑环境生态系统的发展要保持适度性原则，平衡内部与外部之间的物质、能量、信息输入与输出的适宜阈值，从而确保聚落生态系统总体的健康、有序、涨落有度的演变和现代可持续发展。

### 3.1.2 适应共生原则

适应共生原则侧重的是以人类活动为主的传统民居建筑环境与自然生态间、不同人类营建活动间以及个体营造环境与整体聚落间的公平性。生态系统的自组织特性决定了生态系统研究的重点不在于通过外部的控制寻求最优，而在于促进系统本身的能动性和适应性去进行内部关系的自我调节。

传统的聚落形态结构由早期的零散自发形成逐渐转变为有序的演进变迁，体现了自组织从简单到复杂、从非组织到组织、从混乱的无序状态到有序状态、从组织程度低到组织程度高的演化过程。即在自发条件下，传统聚落民居自下而上地遵循着朴素的自然观念和传统的伦理道德，在聚落选址、空间规模、格局大小以及民居建筑风格上与周围的自然生态环境不断地发生着冲突碰撞并逐渐学会进行自我反复调整适应的漫长过程，逐渐形成具有高度秩序和积极适应特性的传统民居建筑环境生态系统。

共生是维持生态系统稳定的一种负反馈机制，也是应对系统冲突的一种缓冲力和磨合剂。系统受到外界环境和子系统之间的相互作用产生适应性的动力，自组织是一切适应系统的基本属性，具有高度的有序性与积极的适应性。一个系统的自组织性与其生态适应性呈正向关系，自组织性越强，系统局部的变化引发整体的多样化行为和动态演进，保持和产生新的结构、要素或功能的能力也就越强，进而对生态环境的应变、适应能力也就越强，从而更适应外界环境。这样的积极适应性在自然界中普遍存在，在生命系统中，适应性体现在生命有机体的应变和进化方面。生命有机体能够应对环境的刺激，使生命机能与外界生态环境协调一致，从而形成适应性；相比于应变的快速反应，进化是更为长期缓慢的过程，通过自然选择与基因遗传的方式来提高生命有机体的自然适应能力。自组织的适应性能推动了传统民居建筑环境的发展从被动保护走向积极适应，不仅局限于传统民居建筑环境的生态节能效用，而是从更广义的层面强调传统民居及聚落的建筑环境以更加开放的姿态面向外部环境，避自然之害、趋自然之利，以开放、循环、高效、多样的互动、反馈与调节机制，实现民居聚落与周围生态环境的有机融合，有助于修补传统聚落的封闭单一及与环境的割裂状态，促进传统民居聚落建筑环境从“抵御环境”向“与环境共生”的良性转变。根据当地气候环境的变化做出积极调整和有机互动，提升建筑对能源的利用效率，积极地融入自然生态系统和社会人文环境，通过对自然地域资源的“最大化利用”来实现传统民居建筑与环境的“最佳关系”。

### 3.1.3 循环再生原则

循环再生原则侧重通过循环再生与自组织行为维持传统民居建筑环境生态系统结构、功能和过程持续稳定性的生命力。

根据自组织系统的优化演进规律，自组织系统在内部机制的驱动下，不借助外力，仅通过自我调节、自我再生、自我完善而维持系统的有序进化和发展的机制。传统民居聚落生态系统的演替并不是对外部环境变化的被动反应，而是外部和内部作用力相适应的互动过程，这种良性互动的动力是天人合一的生态文化，基础则是生态系统的服务功能、承载能力和可持续程度。它的发展从无序的混乱过程，经过了内部各要素间不断的整合、与环境不断的碰撞和适应后，逐渐向高层次的有序状态演进，最终形成了相对稳定、动态发展的自组织结构。

耗散结构理论认为，反馈是系统控制过程的关键，负反馈由于可以抑制、控制部分的活动，减少熵增过程，而使系统保持稳态。因此，内因提供了系统发展的可能性，外因提供了变化的现实性，要使系统变得有序，就必须使系统开放；要使系统稳定，就必须使系统保持负反馈。自组织在系统动态发展的过程中，容易失稳，通过外组织的补给和技术投入，可以诱发自组织系统的重构和能量互通，使系统恢复到原先理想的状态。传统民居聚落系统本身具有很强的自组织能力，但是在迅速城市化和工业化的外部社会环境及资源急剧消耗退化的生态系统环境的共同作用下，若缺少人为干预或外部推力，传统聚落自身很难超过恢复阈值而回归到先前的稳定状态，只能导致内部结构缺损、坍塌和崩溃。因此，需要从系统外引入负熵，降低系统熵值，注入一定的外部能量和资源，诱发其内生动力。负熵可以是外部的扶贫资金、新兴的旅游产业、先进的村落自治方法以及先进的文化理念等等，而尊重自然、天人合一的生态思想是复杂生态系统最基本、最根本的负熵。传统民居聚落生态系统的恢复更新需要“自组织”和“他组织”协同完成，来自外部“他组织”的负熵是快速恢复传统民居聚落系统的最佳途径，通过强调“自组织”和“他组织”耦合的方法，即在外部诱导之余，通过内部的自激励对系统构成、能量和信息流动进行调整，对已受损的民居聚落系统进行优化和修复。但这种模式也有一定局限，即容易导致过分依赖外部的政策支持和实物、资金等“输血”式的补给。正如前章中意大利南部传统聚落马泰拉的例子，这个传统聚落经历了整体搬迁又回流获得复兴的发展路径充分说明，要保护传统民居建筑环境，最优的办法是以修旧如旧的方式修缮这些建筑结构及其空间环境，并在这些传统民居建筑环境中增加如水、电、网、卫浴等现代生活设施，将其改造成符合现代生活需求的空间，让原来住在那里的人们延续他们的生活，而不是把村民全迁出来保留一个空壳的村庄，在一个传统民居建筑环境中保持鲜活的传统生活，才是对传统聚落最好的复兴方式。因此，适当引入外部负熵，结合当代的社会经济产业结构调整，诱发传统民居聚落的主动复兴，推动传统文化的动态传承和民居聚落产业的转型，借此加强传统民居聚落建筑环境生态系统的多样性和创造性，重塑系统内外的物质、能量、信息良性循环，整体提升传统民居聚落的生态系统稳定性，实现传统民居聚落的全面复兴。

## 3.2 传统民居建筑环境系统的生态适应策略

生态控制过程的实质就是对生态资源的攫取、分配、利用、加工、储存、再生及保护的过程，而任何利于生存、繁衍和发展的物质、能量、信息、时间和空间等因素都可被视为生态资源。影响人类聚居点分布最主要的因素包括土地的承载力、对极端气候的适应能力、地形地貌和可依赖的自然资源，而这些也影响着人们如何建造符合需要的建筑环境。杨经文曾将生态建筑环境的总体特点概括为：低能耗、采用本地文化、本地原材料、尊重本地自然和气候条件、内部和外部采取有效连通的方法、对气候变化自动调节、强调建筑全生命周期内对全人类和地球自然负责。陈晓扬曾经将回应地方自然的节约策略归纳为：保护场地、利用地形、利用地方材料、回应地方气候、节约的经济效益。总体而言，这些结论的核心都是认为古代先哲和能工巧匠真正的“巧”不是违背自然规律去卖弄聪明，而是尊重顺应自然规律，并在这个过程中实现人类聚居、生存和发展的目的。

然而以辩证的观点来看，传统民居建筑环境的生态营建经验不仅仅是尊重自然、顺应自然、保护自然，更重要的是从生态文明的角度，对自然进行开拓、适应、反馈、整合的生态控制过程。

开拓方面，每一个传统民居聚落都有其内在的生长机制，并能千方百计地争取获得更多的自然资源和更适宜的环境来拓展各自的生态位，为其生存、繁衍、发展和保障安全提供服务。

适应方面，每一个传统民居建筑环境的生态系统都具有很强的适应环境变化的生存发展机制，在其演进过程中能顺势抓住相应的发展机会，高效利用这些可以利用的资源，又能根据环境变化拓展自身的应变能力，通过灵活多样化的结构调整及功能转型来调整提升自己的生态位，创造有利整个聚落发展的生存环境。

反馈方面，在传统民居建筑环境的生态系统中都具有物质交换、能量循环和信息反馈的过程。物质在建筑环境的营建、使用、废弃及分解过程中最后回归到大自然，从而保持相对稳定的资源循环和物质承载力，使所有的自然生态资源都能物尽其用。传统民居建筑环境的生态系统将建筑与环境作为统一体，以“环境—资源”作为建筑空间形成的重要依据，使系统以能量的“流通—反馈—循环”为内在机制不断发展演化。而此过程中传统聚落及其内部各要素之间通过生态链网形成信息链，层级传递，最后反馈到系统本身，进一步促进或者抑制民居的存在方式和聚落的发展态势。

整合方面，传统民居建筑环境的生态系统遵循符合自然生态的整合机制和进化规律，具有自组织、自适应、自修复、自调节的协同进化能力，能扭转传统聚落发展过程中出现的认知分离、学科难以交叉、技术脱节、单干行为的封闭趋势，实现景观整合、代谢闭合、反馈灵敏、技术交叉、体制综合和时空连续，营建具有丰富多样性、积极适应性、顽强生命力并能自我调节的自然生态—人居环境共生关系。

因此，传统民居聚落在时空序列中的开拓、适应、反馈、整合的生态控制过程中体现的绝不仅是原始朴素的生态自然观，更是科学理性的人居环境适应过程。

在这些过程中，包含了这样一系列系统化的生态营建智慧和适应策略：在地理和气候条件上适应自然，在通风、采光、纳阳、遮阴等方面上巧借自然可再生资源；在结构技艺和用材方面节制俭省，并充分集约利用土地资源，拓展多功能的空间利用；通过传统低技术且节能降耗的方式来调节局部环境微气候，提升居住舒适度；珍惜雨水等自然的馈赠，通过精致复杂的集排水系统加以循环利用；同时在人文伦理层面上沿袭传统的工匠精神和参与互助的营建体系。以下将对这些策略进行详细分述（图 3.2）。

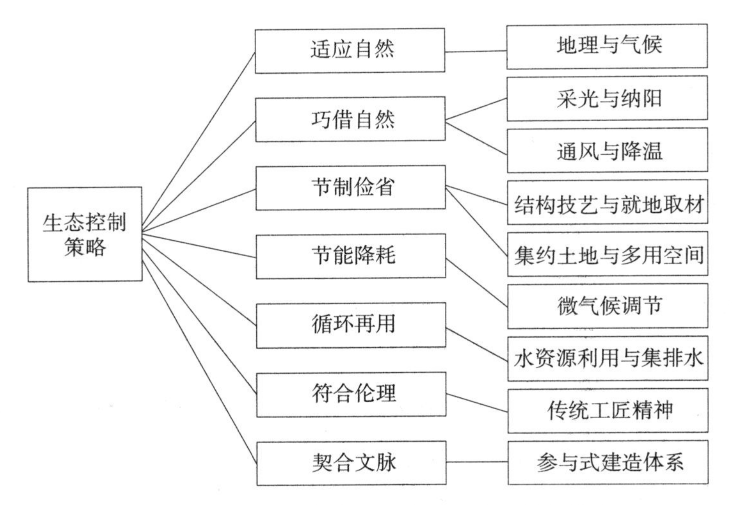


图 3.2　传统民居建筑环境的具体生态控制策略

## 3.2.1　被动适应：地理与气候

在生产力水平低下的时期，人们对自然的认识能力及可活动的范围均非常有限，因此对自然地理和气候环境只能被动地适应，秉承尊重、崇尚、顺应自然的朴素生态观，而这也正是传统民居建筑环境生态营建系统中最基本的策略。

### 3.2.1.1　结合地理地貌

首先，在地理条件选址方面，很多传统聚落空间营造非常注重与自然地形的有机结合及对其的巧妙利用，如沿河而成的线性村落、依山就势的山地聚落。建筑选址多结合坡地和沟壑，如西北窑洞等甚至还深入地下，起到了少占耕地、节约土地的作用；聚落布局亦结合地形，降低了建筑对环境的影响和破坏；还有考虑到利于采光通风、雨洪排流，营造出符合人体健康舒适度的居住环境以及形成特殊地理自然环境条件下的地方建筑类型。中国传统民居建筑适应不同气候特征，如低纬度湿热地区、高纬度严寒地区、干热沙漠地区等。同时，中国传统民居建筑环境还具有独特的适应自然地形的特征：村落聚落形态顺应山形水势、趋利避害、因势利导，“负阴抱阳”“高为阴、低为阳”“背山面水”“一层街衙一层山，一层墙屋一层砂，门前街道即是堂，对面屋宇即为山”，避风、向阳、靠近水源、背靠依托、面向全局、内向聚落等。

而国外，如第二次世界大战后意大利的许多传统聚落山城在现代转型过程中，由于地形地貌条件不一，建造场地高低不规则，城镇的修复建造不适宜施行统一的规范标准，也无法像文艺复兴时期一样由专业建筑师亲手指导搭建，所以这时期的建设干脆直接交由本地工匠独立完成。对于这些南部山区农业聚落的现代改造，人们采取更为谨慎而民主的态度，既不是特权阶级自上而下大包大揽的一刀切模式，也不是像理想化的花园城市或城市美化运动一样不考虑实际情况地追求乌托邦的梦幻，而是一种自下而上的、自发自觉的参与式建筑营造和轻微城市化的方式。而这些自发自觉建造起来的山城民居最后呈现出来的形态却是惊人地丰富多样。工匠们使用当地经济实惠的建筑材料，以祖辈流传下来的建造技艺进行施工，充分利用每一寸土地建造符合使用者需求的屋舍，房屋搭建完成后每家每户根据自己的喜好对房子进行涂绘装饰。屋舍之间也寸土寸金地规划出交通巷道，这些道路也因而纵横交错、弯曲多样。最后这些山城呈现出来的形态就是房子高低错落、材质大小不一、色彩丰富多样，再结合周边不尽相同的地形地貌环境，可谓千城百态、形态万千（图 3.3）。

图 3.3 结合地理地貌的意大利山城聚落

其次，在房屋构造方面也有很多结合地形地貌的生态策略。由于我国的传统民居建筑多以标准的木架构间架组成，所以在地势平坦的地区，其外形及其围合的内部空间多为规整性的横长方体并按轴线对应关系组成规则的群体。但是在山区、丘陵、河滨、陡崖等地则难以实施。特别是近代以来人口急剧增多，可供建造房屋的土地资源逐渐减少，于是人们巧妙利用地形、充分利用无法耕作的用地来建造房屋，因此才出现了全国各地各式各样的空间形式。在适应地形方面采用台、挑、吊、拖、坡、梭等多种适应地形的营建技法，并由此带来了丰富的居住空间形式（图 3.4）。

“台”是在坡度较大的地段上将坡地整理成一层一层的台地，类似于梯田，在

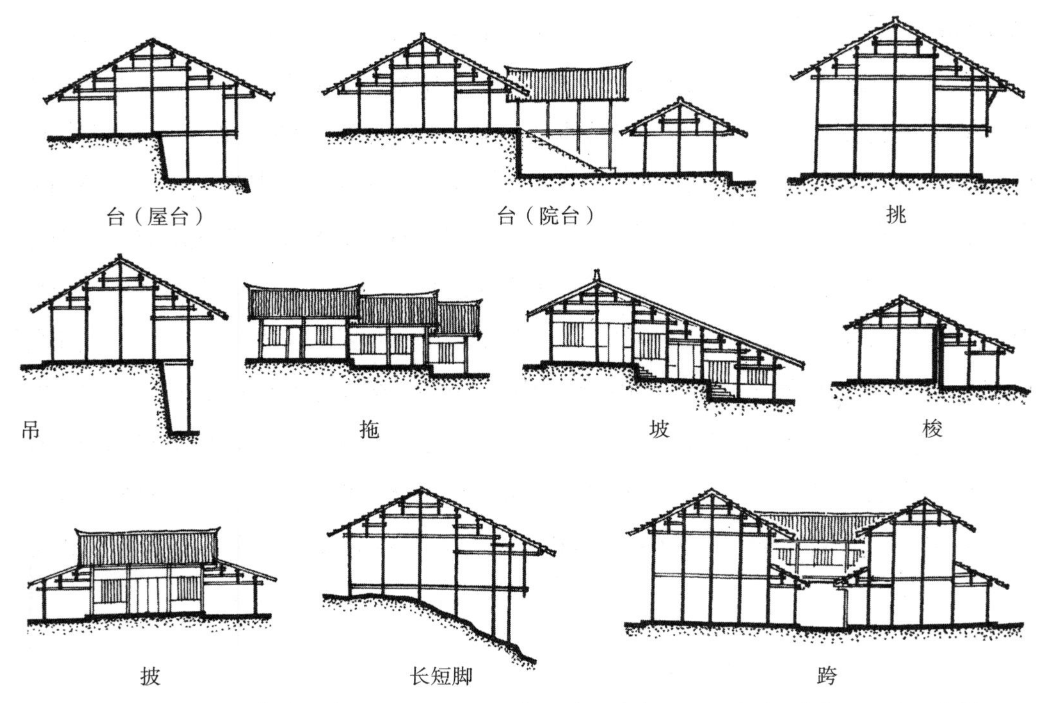


图 3.4　传统民居建筑环境适应地形的不同策略（图片来源：孙大章，《中国民居研究》）

台地上造屋。每进房屋自成一台，几进房就几重台，高差消化在台地错落的庭院当中。这样可以减少土石方的开凿，并获得居高临下的宏伟气势。充分利用台地的方法在很多聚落中被采用。“挑”是用于楼屋，将上层用挑木伸出形成挑楼或挑廊，争取较多的可利用的空间。“吊”是在住屋的前面和后面伸出吊脚木柱，将承重支点下伸，一般多用在陡坡峭崖或临水岸边。“拖”是将建筑垂直等高线设置于坡度较缓和的地段。“梭”是把民居的后坡屋面拖长成后披屋，一般多用作畜圈或储藏。“披”是在山墙一侧或楼屋的前后檐墙建造单面披屋可以保护山墙及檐墙不受雨淋，很多窑洞民居亦在窑前加盖披屋，以保护窑脸。“长短脚”多用于干栏建筑，不需要平整的地形，而是依据地势做不同高低的柱子，使柱顶面平齐即可，大大增加了屋址的选择范围。“跨”是跨越较窄的街巷，在上部搭设房屋，形成过街楼。

意大利也有很多结合地形的生态设计策略的丰富案例。如贾恩卡洛·德·卡罗（Giancarlo De Carlo）在 20 世纪 50—80 年代担任乌尔比诺大学当建筑顾问期间，就是以意大利传统山城的建造方式和参与式设计为思路，简洁有机地将当代建筑技术、传统民居形式、古代景观手法整合在一起，完成了整个大学城的规划、设计和建造（图 3.5）。1955 年为教职工设计的住宅区是平面为新月形的二层台地别墅，1965 年完成了括勒学院（Collegio del Colle）山地式的规划与建设，到 1987 年将学

图 3.5 德·卡罗对意大利中世纪古城乌尔比诺大学城的改造设计

生住宿区全部建完时，整个乌尔比诺大学成为一个既传统又现代的山城。在学生住宅区的设计中，他并没有采用规划手段中严格理性的网格划分做法，而是根据山坡的地形将宿舍区分成几个细胞群，再在这几个群落间修建道路和公共花坛将其连接起来，这样居住的环境不仅能完美地结合山坡场地，学生们在也有了更多的公共活动区域和互相交流的机会。红砖和钢筋混凝土的结合，增加了建筑结构在山地的支撑力，高差台地、错落有致的策略又让楼群之间有了更多功能上的互动和视觉上的多元享受。

### 3.2.1.2 适应地方气候

气候是重要的环境因素，“形式服从于气候”，在建筑中对于气候的关注古已有之。气候是影响人们建造居舍最重要的因素，人类生存发展中没有哪一项环境因素比气候发挥的影响作用更大。影响建筑环境中人体舒适度和设计手段的气候因素包括太阳辐射、温度、湿度、风向风速和雨雪等。

传统民居建筑环境的营造总是能够根据不同的区域气候条件选择差异化的设计策略。如我国夏热冬暖地区的传统建筑要遮阳、除湿、降温，因此要尽可能多地加大空气的流动，对穿堂风的应用最多。而夏热冬冷地区的传统建筑气流组织不是南北对开、直线刻板的穿堂风，而是曲径通幽、蜿蜒回转，使整体环境获得均匀的气流，目的是要"藏风聚气"。北方寒冷地区要防风、保温，尽量减少气流的活动。例如，北京爨底下山地合院民居坐落在北坡向阳之地，背靠老龙头山作为西北天然屏障，院落的西北墙也修建较高，就是为了阻挡冬季盛行的西北风。再如，安徽宏村在我国热工气候分区中属于夏热冬冷地区，民居建筑一般以夏季遮阳防热为主，注重夏季遮阳、过渡季自然通风。民居建筑整体空间营造特点包括：大进深、小天井、半开敞空间等。大进深指大多数民居的基本平面是中间厅堂、两边卧房，一明两暗的三开间，或以此为基本单元的纵向扩展、横向变通，建筑空间呈南北向纵长方形。较大的进深可以减弱房间受太阳辐射的影响，夏季保持阴凉，但缺点是室内采光较差。小天井则是指该地区的传统建筑都有小而高的天井，有利于通过四面建筑的围合遮挡减少太阳辐射，同时高而窄的竖向天井可以形成烟囱效应有利于热压拔风。围护结构内的半开敞空间设置非常多，如房前设置廊道，与正厢房连在一起，用于避雨、防晒、乘凉之用。这里的灰空间区域既是气候缓冲层，也是连接外面狭小天井和屋内昏暗空间的过渡区域，遮阳、通风、采光效果均比较好，成为重要的公共活动空间。有时候连接开敞的厅堂，通过与天井的串连促进室内外的自然通风，最大限度地改善夏季室内热舒适度。建筑底层较高，一般在 3m 以上，增加采光和通风。围护结构多用空斗墙，用砖侧砌或平、侧交替砌筑而成，内为空气间层，可以减缓导热过程，用料省、自重轻、隔热隔声性能好。外墙刷白灰的冷色环境效果在夏季高温时节更让人感到愉悦舒适。屋顶直接铺热惰性强的屋面瓦和望砖，大多数民居中顶层还设置阁楼用作隔热缓冲层。同时由于处于多雨地区，也很注意建筑的防雨与排水。门廊上设置的出檐可以遮阳、防雨，丰富建筑的立面造型，出檐的深度由太阳辐射高度决定。传统的窗上安装花窗格，可以遮阳，但影响采光，现代换成玻璃窗后，窗外还设置出挑的遮阳板。为了增加通风与采光，门上还设置了各种可以根据需要打开关闭的灵活阀门。但是冬季防寒保暖不够，由于没有供暖设施，围护结构隔断过于通透，容易灌进冷风，因此在增加夏季采光通风的同时，也要兼顾冬季的保温，改善围护结构的保温隔热性能。

总的来说，我国的地域气候非常多样，建筑形式的热舒适性必须根据干旱气候、湿热气候、多雨地区等不同地区气候类型进行调整，整体的策略是选用与地方气候相适应的建筑材料，群体布局要充分考虑地方气候特点的要求，朝向、开窗的设置与风向等气候条件相吻合，并针对特定的气候条件采取相应的构造技艺，建筑造型要与所处地方的气候相适应（表 3.1）。

**表 3.1　我国传统民居中适应不同气候条件的设计策略**

| 营建要素 | 不同气候区做法示例 |
| --- | --- |
| 建筑材料 | 干热和寒冷地区：采用黏土等热惰性好的厚重材料；<br>湿热多雨地区：以木、竹材等通透性良好的材料，以利于通风降温 |
| 群体布局 | 干热地区：布局紧密，利于减少太阳辐射得热、增大阴影面积；<br>湿热多雨地区：错落分布，便于排水，促进穿堂风降温 |
| 朝向开窗 | 建筑主入口朝向多避开常年主导风向；<br>寒冷或炎热气候地区：外墙开窗少、小甚至不开窗，减少热交换 |
| 独特构造 | 昼夜温差大的地区：在屋顶和楼层构造中运用“空气间层”的手法可以明显改善室内热舒适环境 |
| 造型特征 | 湿热多雨地区：常采用架空的干栏式建筑；<br>寒冷地区：低矮敦实；<br>干旱地区：平屋顶较多；<br>雨水多的地区：常为坡屋顶建筑，坡度随雨量加大逐渐变陡 |
| 共通策略 | 重视利用绿化、自然和人工水的引入，调节建筑周围的小气候 |

其他国家利用传统营建经验来适应气候的实践代表包括埃及建筑师哈桑·法赛（Hassan Fathy）、印度建筑师查尔斯·柯里亚（Charles Correa）、墨西哥景观设计师路易斯·巴拉甘（Luis Barragán）等，尽管他们用以适应气候的具体策略有所不同，但是都高度重视地方自然环境与文化传统，发掘传统建筑语汇的要素和历史上的地域技术并以当代方式表达出来，在设计中充分考虑现实经济、技术条件，利用地方材料及传统建筑的生态经验的优势，从而在降低能耗和维持地方文化方面对可持续设计发展做出积极响应。哈桑·法赛在《贫民的建筑学》中展示了很多他在为平民设计和发掘地方建筑利用价值方面的探索。最典型的是将地方传统的捕风塔进行技术改进，在风塔内设计了一种空气加湿冷却的简易装置，将蒸发降温原理结合到捕风塔技术中，创新简单而有效，在增加很少费用的基础上大大提高了换气质量，提高了室内热环境的舒适度，节约了能源（表 3.2）。

查尔斯·柯里亚针对印度干热气候下的通风和遮阳问题，提出的“开敞空间”和“管式住宅”命题，不依赖设备，而在建筑形式、空间、布局和构造上采取措施，以改善建筑环境，实现微气候调节（图 3.6）。他认为，“气候在根本上影响着我们的建筑物和我们的城市……建筑物外表是由阳光照射的角度、遮阳设施、能量节约问题等等决定的。其次是间接地通过文化影响，因为气候对任何社会的礼节、礼仪以及生活方式等起着决定性的作用”。

**表 3.2　　法赛对百叶窗、遮阳构架和木板帘的比较**

| 类型 | 百叶窗 | 木板帘 |
| --- | --- | --- |
| 功能 | 遮阳<br>通风<br>保证私密性 | 控制光线的射入<br>控制空气的流动<br>降温加湿<br>保证私密性 |
| 特点 | 百叶窗有一定的遮阳和导风效果，但难以获得两全满意的辐射调整。如果关闭百叶窗遮阳，气流只能导向屋顶，若打开百叶窗，导入气流，阳光也照进屋里。最多可以将阳光入射的蓄热量减少 2/3，但效果还是不够 | 细小的格子有 3 个特点：反射直射阳光，漫射部分阳光；遮挡外部视线，不影响室内外观察；木板帘采用的木头，可以吸收、保持和释放一定数量的水分 |
| 形式 | 阳光 风 室内 室外　阳光 风 室内 室外 |  |

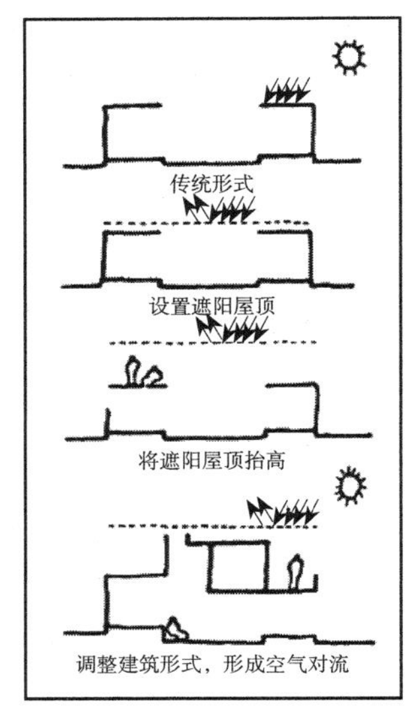


图 3.6　柯里亚的遮阳体系

## 3.2.2　主动巧借：采光与纳阳

建筑空间中的采光纳阳是对太阳能的直接利用，将适当的日光引进室内用于照明，提升室内热工舒适度，保证室内光环境的营造。而传统民居建筑环境在建筑朝向、纳阳采光方面的生态营建智慧非常丰富。如意大利南部千年聚落马泰拉石窟的建造技艺，民居建筑在进深、面宽上利用太阳高度角的设计非常有智慧。马泰拉石窟由于坐落在山坡崖上，其营造中的细节考虑比我国平地建筑的“过白”还更多一些，尤其体现在进深向内倾斜的设计上，不仅是审美伦理的讲究，更是实用功能的拓展。马泰拉石窟不管是单间还是院落组合都呈长条矩形，并尽量朝向南边以在冬季获取更多的阳光照射，石窟最里面的墙上 1m 高的地方还设有一个方形壁龛，据考察过马泰拉石窟的欧洲学者解释，这样的向内倾斜度和壁龛设计是为了控制居室的进深高度比以增加冬季太阳的辐射照度。

而我国传统民居建筑环境营造中也有类似的做法。《周礼・考工记・匠人》中就有如下记载“夏后氏世室，堂脩二七，广四脩一,五室三四步”，即夏后氏以度步的方式来衡量居室面宽和进深的比例。《闲情偶寄》中李渔认为，“凡事不妙于虚，实则板矣”，说明空间过于满密局促或虚空缺损都不可取。例如在进深与采光关系的现场处理方面，“过白”就是在建筑序列空间处理中，利用近景建筑或景物，让远景的完整画面落入观测者的视野，并能带到其上方的一丝天空光线，使“阴阳平衡”得以实现。在江南、岭南等的天井住宅中就有不少如“留白”“过白”等民间经验口诀技巧，即要求人坐在厅堂太师壁前面的太师椅上——穴眼处，望后厅封檐板以下时，可见到前座建筑的完整墙面，使人的视线不至于被前后的围墙顶或前面房子的屋脊所遮挡，同时还要保证墙脊上方刚好留出一道发白的天空光线，且以冬至日阳光能投射到太师壁前的神龛或案几为最佳比例。“过白”那一线天，不仅是为了协调前后建筑间距，从物理学意义上也是为了保证室内环境的采光纳阳，还有避免厅堂地面“泛潮”，改善内部光、热环境等作用，同时也反映了古人在建筑物空间组合的审美经验上对景框画面的考虑。

现代生态绿色设计中针对天然采光评价标准依据主要为《绿色建筑评价标准》GB/T 50378 和《建筑采光设计标准》GB 50033。标准中要求主要功能房间具有良好的户外视野，可以看到室外自然景观，无明显视线干扰。鼓励卧房、起居室的窗地面积比高于 1/7，提高采光系数，控制眩光。从节能、舒适、心理和生理角度考虑，适当提升居室环境的天然采光可以提高整体的生活舒适度。空间用途不同，所需采光量也不同。传统民居建筑中与室外连通的厅堂明亮通透，天然采光效果最好，使人感觉敞亮豁达。厅堂是居室的公用空间，需要明亮宽敞，所以最适合大面积开窗。而侧房、厢房作为休息睡卧之所则不需要太强光线，倒座的房间纳阳通风都比较差，有的甚至阴湿昏暗，不利于居住。而储物间、厕所等可以用小窗，减小采光量。开窗对于采光的影响也非常大，传统民居建筑中主要使用侧窗，构造简单，布置方便，造价低廉，光线方向好，有利于室内天然采光，从房间还能透过窗体观看室外景观，扩大视野。室内墙面材料也会影响光环境。粗糙表面材料会使光线发生漫反射，增加室内光线的均匀程度，浅色饰面反光系数大，可以相对提高室内光环境亮度，从而达到节约能源的目的。因此需要合理利用材料，采用热工能耗小、采光性能较好的饰面材料，选用当地、生产过程污染小的原材料，从材料的生产、运输、施工、维护到废弃处理，都要把能耗降到最低。

国内外传统民居建筑环境营造中充分利用自然条件促进纳阳采光的例子也非常多。吉奥·庞蒂（Gio Ponti）1947—1950 年在阿尔卑斯山区设计的水力发电站管理楼就是一个独特的案例。基亚文纳小镇（Villa del Chiavenna）是意大利和瑞士边境的一个小镇，坐落在阿尔卑斯山脉最高峰之一圣莫里兹峰脚下，山上的雪水融化并汇聚而成的基洛湖（Via Giro del Lago）盆地在海平面 2800m 以上，小镇的居民就在这样一个即使是在夏天抬头也能望见雪山的地方建立了自己的家园。20 世纪初开始在此修建堤坝和水力发电站，战后电力公司请吉奥·庞蒂为大坝管理守卫人员设

图 3.7　吉奥·庞蒂（Gio Ponti）设计的山区水力发电站工人房

计工房。而吉奥·庞蒂的设计思路非常独到，将工房就架在堤坝边高差不平的粗糙山石上，呈现简洁的方形小二层结构，一层是用当地石块和混凝土交叉的墙围成的嵌套在石缝里的空间，主要放置各种管理设备，二层的水平布局要比一层长得多，自然地延伸到两边甚至搭到长满苔藓的大石台上，墙面用当地的深土色木蜡板，颜色跟周围的树木一致，因此整个建筑看上去就像是从石头上生长出来的建筑，完全有机地融入整个湖区的环境中。此外还值得一提的是，吉奥·庞蒂对二层东侧的管理人员休息室的室内设计也很用心，有沙发和厨房烹饪设备，一扇方形窗户往北开能看到楼下的大坝和对面的村落，一扇圆形窗户往东开迎着朝阳，能看到湖面和前方的圣莫里兹山峰的风景，这样的设计对于生活单调枯燥的管理人员来说再暖心不过了（图 3.7）。

莫尔贝诺市的市政公共图书馆（Biblioteca Civica “Ezio Vanoni”）也是欧洲中部阿尔卑斯山区中充分运用自然生态纳阳采光策略的典型代表（图 3.8）。该图书馆 1966 年由卢易吉（Luigi Caccia Dominioni）负责设计，1968 年建成开放并一直使用至今，是当地为了纪念在此出生的著名经济学者和国家议员 Ezio Vanoni 逝世 10 周年而建，以纪念他生前对家乡文化教育方面的诸多贡献，以及其多次将自己的藏书捐给社区、学生的善举。设计师的意图是建造一个独一无二的图书馆，采用了当时先进（现在看来也极为时尚）的设计理念。整个建筑像一个军事堡垒，有两个低矮的塔楼，与周围的自然和乡间环境极其融合。但其结构非常简洁现代，建造技术精

图 3.8 1966 年卢易吉（Luigi C. Dominioni）设计的莫尔贝诺市政公共图书馆

细，天窗采光优越，侧窗垂直细长，还有大幅侧窗面向远处风景优美的阿尔卑斯山脉 Accident 峰。外墙的石头用的是当地山涧溪流冲刷出来的水磨石块。整体空间协调统一，室内外与周边的环境融为一体，也被戏称为“知识的堡垒”。

传统民居建筑环境中加强天然采光的生态策略还包括：（1）与气候条件相协调：由于天然采光的光源来自太阳，所以在传统民居建筑环境中提高天然采光的方法主要考虑当地的气候状况、日照强度及轨迹、云量、大气透明度等气候条件并选择最佳的采光措施。（2）与地理状况相适应：各个传统民居聚落选址的地理条件都不一样，经纬度、山区、平原、峡谷等地形地貌、城市或乡村、附近建筑的高度和间距、周围山、树等遮挡物因素也都会影响天然采光。（3）满足视野及视觉舒适度的要求，确保人体视觉体验和生理舒适，防止疲劳，保证安全。（4）采用可调节、便于操作的天然采光系统：灵活可调节的采光系统有利于使用者根据具体使用状况随时调节采光。天然采光降低了居室环境内的照明能耗需求，但有助于天然采光的门窗玻璃由于热阻小于其他围护结构，容易在夏季被阳光过度辐射而产生温室效应，反而又增加了制冷的能耗，所以必须结合相应的通风策略来适当调节室内的微环境。除了满足视觉需求，还要综合考虑室内热舒适、室内空气质量、隔声、安全等需求，参与室内微环境气候的营造。

而纬度低的地区在考虑天然采光的同时还要考虑遮阳，避免太阳直射过热。通过窗花、出檐、挡板或者是建筑形体适当凹进的窗口遮阳、墙体遮阳及架空通风屋顶遮阳的方式来遮挡直接照射到民居表面的太阳辐射，从而有效调节室内环境舒适度。

## 3.2.3 主动巧借：通风与降温

自然通风是指利用自然的手段（热压、风压等）促使空气流动而进行通风换气的方式。传统民居建筑环境一般以总体布局、选择朝向、利用天井和组织各种门、窗、楼梯、豁口、透墙等方式综合解决通风问题。

传统民居建筑环境中的自然通风智慧不胜枚举，常见自然通风形式包括：穿堂风、单面通风、导风板等。我国南方由于气候炎热、多雨潮湿，因而住宅的遮阳防晒和自然通风尤为重要。大多数民居内都设有天井，利用开放空间作为风道来引导自然通风。南方的天井院落民居山墙向外开窗少，仅在二层封火墙上开有限的小窗，为小口朝外的喇叭状楔形口。正房，即堂屋，面向天井，完全开敞。高大封闭的外墙把外部环境隔离在外，而天井又将自然中的风光雨露引入内院作为补偿，成为建筑中生活与自然相联系的纽带，成为人们在这个封闭内向式围护结构中感知天地、与自然神明对话的场所。在这里，狭高的天井一般面积不大，南北短、东西长，起着拔风的作用，院内的空气温度较低，冷却后的空气就流向温度较高的室内，房间产生热压通风；在有风压的情况下，天井处于负压区，加强拔风的作用。如广东揭阳的传统民居中，为了安全防盗，四周对外的墙体不开窗，房间的窗口只能朝向院内天井，通过南北窗和天井庭院的结合来组织自然通风，楼梯顶还有天窗可以通风和采光（图 3.9）。现代很多建筑设有中庭，就是天井的演变。屋顶上还开天窗，如老虎窗，就是突出于坡屋顶之上，窗扇为竖向开启，迎向来风，相同开启面积下，通风效果要好

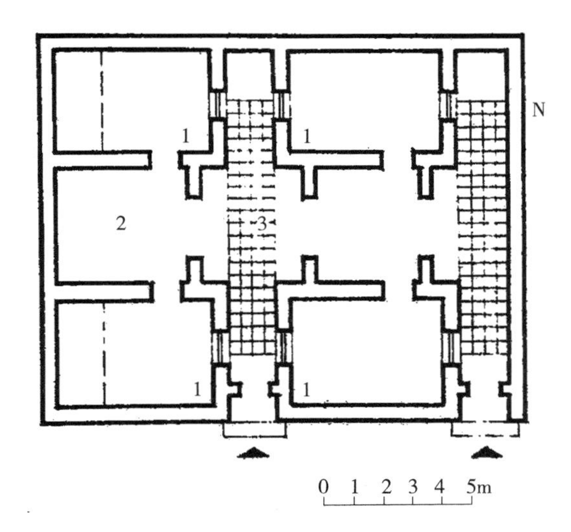

图 3.9　广东揭阳传统民居不对外开窗
（图片来源：《中国古代建筑技术史》）

于平天窗。北欧很多建筑中，室内被动通风井系统广泛应用，对气流有极好的吹拔作用，时常通过气流的吹拔作用将室内的高温、湿气和污浊气排出室外，从而改善空气质量。

而气候更为炎热的岭南、闽南地区除天井以外，还有冷巷等其他利于自然通风的构造。冷巷是在建筑一侧留出的小廊道，或在建筑纵深方向排列组合形成的一个狭窄巷道。因为两侧被高大实墙遮蔽，受太阳辐射少，是很好的蓄热腔体，白天储存热量，夜间蓄冷，具有良好的被动调节温度的作用，成为周围建筑的气候缓冲层。夏季炎热地区的传统建筑中起冷巷作用的通常是窄通道，原因在于窄通道有利于遮阳，窄的腔体有利于空气与界面的热交换。遮阳良好的廊道、窄长中庭或天井、建筑之间的弄堂等都可以作为冷巷。传统外部冷巷的常见形式为窄巷和骑楼式窄巷。实测数据显示，街道中的窄巷与仅一墙之隔的民居房间内温度相比，白天最高温度要低 1.6℃，夜间最低温度要高 1.2℃。如广州竹筒屋、闽南手巾寮等，狭长的平面布局和串连的空间组成穿堂风的路径来解决窄面宽、大进深的通风难题。有的还在宅内边侧留有边弄，既可作为家人交通、防火之用，也可作为促进自然通风的缓冲腔体，遮阳、通风、降温效果都不错，岭南称之为青云巷、闽南称之为护厝弄。广东的竹筒屋，房间沿南北方向纵向排列，中间设天井通风采光，所有房间的前后隔断和墙壁都处理得比较开敞，以利于南风畅通，东西侧的高墙和边弄，实际上起到导风和遮阳的作用。前街后院间距很大，也是为了进风和出风（图 3.10）。

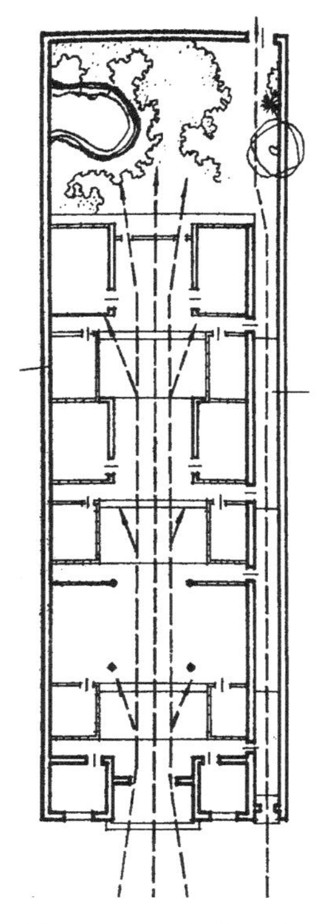
图 3.10 岭南的竹筒屋及通风边弄
（图片来源：《中国古代建筑技术史》）

源于伊斯兰传统建筑的捕风塔是当地民居室内主要的通风组织手段。无论房间的朝向如何，捕风塔都可以捕捉到高处温度低、流速快的新鲜空气，通过一系列特殊的设计源源不断地将其引向室内。哈桑·法赛在埃及新巴里斯村市场的建设过程中，运用了这种捕风塔形式，采用烟囱原理，让微风进入捕风塔，通过一个盛有水和木炭的装置，经湿润、净化和降温下沉至室内，湿热空气则从穹顶上的出气孔排除，这一巧妙的设计使室内气温较室外下降 10℃。这样，炎热地区的建筑主要朝向不必面向主导风向，从而给建筑布局带来了较大的灵活性。柯里亚提出的管式住宅也是利用被动式的通风手段组织室内自然通风，适应印度炎热的气候条件。房子围绕一个露天的院子布置，采用内向形态，对外封闭以遮挡烈日。坡屋顶结合剖面设计，内部形成连贯的空间，热空气进入室内沿着斜坡屋面上升，利用文丘里管现象从顶部将其排除，然后吸入新鲜空气，达到较好的室内通风效果。

传统建筑的围护结构通常还使用隔扇门、支摘窗、横披窗等可以自由开关通透的灵活隔断来自由调节采光通风。支摘窗，上可支、下可摘，窗扇可上下移动，推拉窗可推、可拉，能随意调节窗洞的通风量大小和通风路径，如中轴转窗和边轴转窗可组合成片，且开关方便，可灵活调整开口大小，自由组织通风路径，有利于导风和遮阳。高大的建筑还可以用横披窗组织自然风从门窗下部进入，从上部流出，由热压形成空气的流动。

自然通风的形成依靠进风口和出风口之间的压力差。通风口可以位于建筑的围护结构系统中，包括墙体，屋顶，或者捕风塔，通风塔等。窗户是最常见的通风口，窗户为建筑提供自然采光和室外景观，而它也承担了通风的作用。进风口和出风口位置的改变对通风的路径都可能产生影响。通风路径是空气运动的通道，如果设计不当，空气将在流通过程中被消耗掉，不能到达出风口。当通风设计采用烟囱效应，通过烟囱来促进自然通风时，通风路径在很多情况下就是单独设计的一部分建筑空间，是建筑实实在在的组成部分，他们在垂直方向将建筑各个楼层联系在一起。一些建筑设计要素往往可以用来作为这个“路径”，如：中庭、楼梯间、垂直的通风塔、双层表皮、坡屋顶等（表 3.3）。

**表 3.3　　传统民居建筑环境中影响通风的主要因素**

| 营建要素 | 对自然通风的影响 |
| --- | --- |
| 围护结构开口位置、大小 | 改变风压分布和气流速度 |
| 围护结构界面材料 | 影响空间的得热量，从而影响建筑的热压通风 |
| 围护结构形式 | 开口的位置和形状、所用材料面积，影响通风 |
| 屋顶构造设计 | 某些节点调整，如增加挑檐深度可影响得热和通风 |

自然通风主要优点有：对于温带气候的很多建筑类型都适用；自然通风比机械通风节约成本、经济实惠；若开口数量够、位置合适，空气流量会比较大；不需专门维护等。如果把自然通风与被动降温和得热方式结合，还能起到预热或预冷的节能降耗作用。被动节能自然通风策略可分为 3 种：一是加强自然通风实现

被动降温；二是对空气进行被动式预冷处理；三是对空气进行被动式预热处理。气候特征决定了主要适用的自然通风类型。不同季节中，冬季适合采用被动预热，夏季适合采用被动预冷，温和季适合加强自然通风。因此在传统民居建筑环境营造中要通过适宜手段加强自然通风措施，利用被动式的节能降耗策略来增加居住环境的舒适度。

## 3.2.4 节制俭省：构造与取材

传统民居建筑环境生态营造经验中很重要的一方面，就是在人与自然之间形成一种双向克制和简省。人类自身的自我约束，避免对自然环境的无节制扩张和原有生态的大面积破坏；同时通过人居环境约束外界、保证安全，建筑周边的沟壑、湖礁也是天然的抵御屏障，可以抵御不文明的入侵者。因此，无名的建造者不仅能很好地理解并控制聚落增长的幅度，还能理解建筑本身性能的极限，保证社区邻里和生态环境的和谐共存和持续发展。

### 3.2.4.1 结构技艺

围护结构的作用，其一是安全稳定，其二是防寒保暖。传统建筑的防寒保暖，主动式的供暖措施为利用火盆、火炕、暖炉、暖阁等进行人体周围的供暖。而被动式的供暖措施，就是增加围护结构的保温性能。大部分传统民居建筑结构形式基本上是厚墙、薄瓦、轻界面，体形系数小，热损失非常小，保温性能良好。传统民居建筑的围护结构材料包括木材、泥、石头、生土墙等，它们的保温性能较好。即便用砖混结构、木、竹等作为围护结构材料，也会增加草泥、石灰等进行抹面增加防寒保暖效果，如我国北方寒冷地区的屋顶就用厚厚的青灰背作为防寒层。由于门窗有孔隙，易于透风，所以常常另设门帘，增加护窗等防寒层。

降低整体建筑造型外表面积的体形系数也有利于减少热损失。体形系数是衡量一个建筑物外形是否有利于保温的重要参数，是影响建筑热工性能的重要因素。相同体积下不同几何形状的建筑外表面积差异很大，而建筑的体形系数与耗热量基本呈线性正比关系。显然，各地传统民居聚落中的人们在与自然的抗争中学会了通过巧妙的智慧去调整居所的形制来减少热损失，提升居住舒适度。如北京爨底下山地合院民居由于处于寒冷地区，需要的民居建筑形体就非常紧凑集中，尽量选择同样容积下体表面积最小的形状，体形系数越小越有利于保温。

在图示建筑布局体形系数的演变中（图 3.11），左图和中图两种外表面积比较大的建筑形制一般为严寒和寒冷地区的典型形制。左图建筑的体形系数最大，为传统形制；中图建筑的形式体形系数有所减小，为现当代新建形式；右图的体形系数最小，在同等情况下热损失最小，是我国夏热冬冷地区、夏热冬暖地区和温暖地区建筑的典型形制。

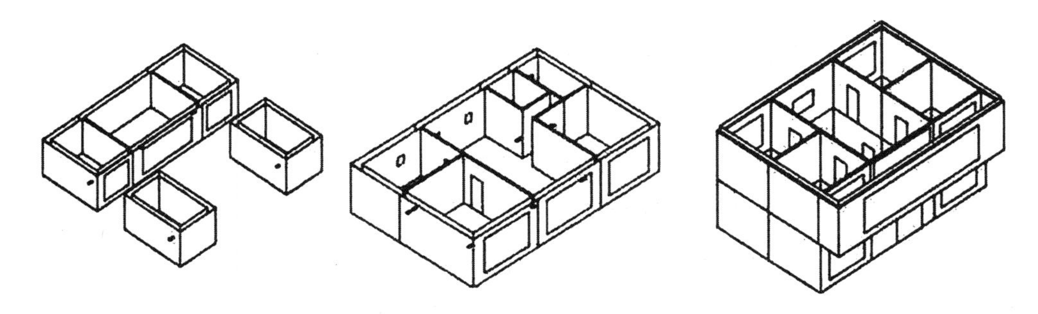

图 3.11　我国大部分传统民居建筑布局体形系数的演变（左：体形系数 >0.8；中：体形系数≤ 0.8；右：体形系数最小）（图片来源：《农村节能建筑标准》）

而世界上很多传统聚落的建筑形制更为集中紧凑，意大利南部特鲁利圆顶石屋也是非常集约的建筑形制，尤其是马泰拉石窟，其仍沿袭着原始的穴居模式，这也是形体系数小而又防寒保暖的居住形式。这两处意大利地中海气候地带的传统建筑聚落，与上述我国不同气候区的建筑营造方式有差异，年代也更为古老久远，这两者本身各自的建造方式和墙体结构差异也比较大，但由意大利巴里工学院尼古拉·卡迪纳勒（Nicola Cardinale）教授团队的实测数据可知，圆顶石屋和马泰拉石窟的原始建造方式和结构具有很高的能效和热工性能（图 3.12）。虽然两地都处于

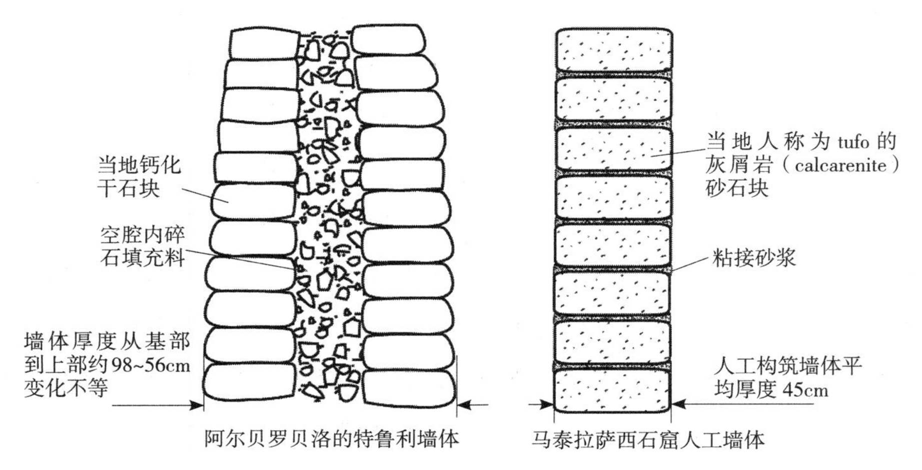


图 3.12　特鲁利和萨西两种围护结构的比较

地中海气候地带，夏季室外温度较高，昼夜温差幅度也比较大，但两者的室内温度都达到了相应的适宜阈值而不需要借助任何外加的降温辅助设备。相比而言，现代很多新造建筑都很难达到这样的效果，这跟两个传统民居聚落均采用独特的围护结构营建技艺和与之相适应的材料不无关系。

阿尔贝罗贝洛的特鲁利圆顶石屋墙体则是用遍布法萨诺区域的钙化干石块（calcareous stones of Fasano）直接叠垒而成的。这些石材都是当地遍野可见的钙化石块，而粗糙的石块又有较强的摩擦力，能使结构保持相对的稳定。不仅如此，这样的围护结构还具有很高的蓄热性和缓慢导热的性能，不管是在寒冷的冬季还是在炎热的夏季，都能极大地调节室内微气候。在夏季，石材围护结构被阳光晒热时，石墙会把大部分的太阳光线反射出去，而自身外表面温度也会升高，然后热量向内传递，石墙从外到里温度依次升高，最后由内表面将热量传递给室内空气，并由于自身缓慢的导热过程减缓了室内温度的升高。显然，从外表面温度升高到室内空气被加热，既有升温幅度的减小又有时间的延迟，这就体现了石材围护结构优异的热惯性能。到了冬季，石墙吸收了白天太阳的热量，并缓慢传递到室内，晚上又因其蓄热性高而减缓了室内温度降低的过程，此外，室内紧贴石墙的石壁炉也很好地把热量传递到周围墙面，因此冬天的特鲁利民居室内舒适性也得到了极好的保证。

相比而言，马泰拉的萨西石窟房围护结构是用主要成分为灰屑岩（calcarenite）的 tufo 砂石块和砂浆垒砌起来的石墙体。由于石窟城所处的石灰石坡质地均匀、结构稳定、抗压抗剪强度较高，居民们就地取材，向沙土里挖出房子的框架洞穴，并利用这些当地人称为“tufa”的石灰石作为房子的墙面和拱顶。房子的基础结构为中空的石材圆柱框架，而墙面和拱顶也全用石头拼砌而成，因此整个建筑的是一个热舒适性极其优良的密闭环境。而当地出产的名为“terracotta”的土陶材料则用作地面铺装、房顶瓦片和排水系统的水槽和下流管道。由于当地木材出产极少，贫困的居民甚至只能用橄榄的粗木等作为入口大门、窗及其框架，孩子多的家庭也会用木材在屋里搭出夹层作为额外的阁楼居室。而相比之下，离此不远的阿尔贝罗贝洛小镇上，独特的特鲁利圆顶石屋墙体则是用遍布法萨诺区域（Fasano）的钙化干石块直接叠垒而成的石墙体，厚实的基脚两层墙体之间还有空腔，以废石料及其他物材进行稀松填充（表 3.4）。

地中海气候夏季炎热干燥、冬季温和多雨，是典型的雨热不同期气候类型。年平均气温为 15℃，冬季最冷月气温在 4~10℃，降水量丰沛，夏季最热月在 22℃以下，干燥少雨，云量稀少，阳光充足，常年主导风向为西风。夏季室外温度较高，

**表 3.4　　两种墙体的热工性能比较**

| | 特鲁利钙化石 | 马泰拉灰屑岩 |
|---|---|---|
| 热透射率 | 1392W/（$m^2$·K） | 1108W/（$m^2$·K） |
| 热传导率 | 2.646W/（m·K） | 0.633W/（m·K） |
| 扩散率 | $1.253 \times 10^6 m^2/s$ | $0.437 \times 10^6 m^2/s$ |
| 体积热容量 | $2.18 \times 10^{-6}$J/（$m^3$·K） | $1.448 \times 10^{-6}$J/（$m^3$·K） |
| 平均温度 | 30.55℃ | 25.40℃ |
| 周期热透射率 | 0.025W/（$m^2$·K） | 0.093W/（$m^2$·K） |
| 衰减因子 | 0.018 | 0.084 |
| 时间间隔 | 21.7h | 15.7h |

注：以国际标准《建筑构件热工性能—动态热工特质—计算方法》（*Thermal Performance Of Building Components - Dynamic Thermal Characteristics - Calculation Methods*）UNE EN ISO 13786:2017 为基准。

昼夜温差幅度也比较大，但是由于采用独特的围护结构材料和不同的生态建造技艺处理，不需要借助任何外加的降温辅助设备，两者的室内温度都能达到相应的舒适度阈值。特别是特鲁利圆顶石屋至今还保留着历史悠久的叠涩拱堆砌技法，马泰拉石窟城整体盘踞在山崖坡上，还巧妙利用地理环境建立精细的雨水储排系统，都代表了泛地中海地区原始而又谦逊的民间建造技艺。

原始的穴居，由于有一部分围护结构被天然岩石包裹，体形系数得到有效减小，且岩石储热性能良好，对外界的冷热变化具有延时效应，还可以在严酷多变的气候条件下保持相对稳定的室内热环境，并最大限度地减少温度变化和冷风渗透对民居建筑室内环境的影响。意大利的马泰拉石窟是古代石窟窑居建筑的典型代表，是早期人类穴居在现当代社会的延续发展。相对而言，我国古代的石窟建筑用于民居的很少，基本上都是用于宗教、寺庙等建筑，而大量延续至今的洞窟穴居方式，是西北黄土高原流域的黄土窑洞，也是在天然地层中挖出居住的空间。黄土窑洞的围护结构以厚厚的黄土层为主，比起石灰石岩，黄土也具有极大的热惰性，而且没有放射性元素氡经年累月的危害。一年四季，洞里可以保持比较稳定的温度，室外的温度波动到了洞内几乎衰减为一个恒值，隔热保温性能更是不言而喻，使人感觉到冬暖夏凉。据统计，夏天窑洞中的温度比地面温度低 8℃，冬天比地面温度高 8℃。黄土窑洞是生土建筑，建筑材料耗能很少。近年有专家把砖混结构或砖木结构房屋同窑洞所用建筑材料和运输的耗能，折合成每平方米耗多少公斤标准煤进行比较，得出的结论是：黄土窑洞的耗煤比是砖混结构的 17%。可见，不管是在我国，在意大利，甚至可能在全球其他地区的传统民居聚落中，即便地理气候不同，建造年代不同，使用的围护结构材料不同，这些丰富多样的地方民居却可以通过传统的生态智慧调整相应的居所建造技艺来达到相似的室内居住环境舒适度效果。

### 3.2.4.2 就地取材

使用当地可以直接获得的天然材料（土、木、石、草、灰、泥、竹、动物粪便等）是传统民居建筑环境营造最自然直接的形式体现。例如在半坡遗址，人类在六千多年前就已学会挖掘圆形或方形的半地下洞穴作为居住空间，并使用树枝、茅草等天然材料在其上方架构成伞撑状作为屋顶遮蔽。这些天然材料保持了高度的自然识别性，是人工材料难以复制且无法相媲美之处。石材包括石墙、石铺地，南方大石山区的块石、条石、石板，沿海地区的卵石墙。生土材料如黄土地区夯土墙、土坯墙，江南的空斗砖墙和木骨草泥墙。而竹木包括木板墙、原木墙、云南的编竹墙等。在这些传统天然材料中，农作物材料如竹木、棉麻、藤草、秸秆等都是可再生材料，能够自然无害降解，从而减小对环境造成的破坏。而石、土、沙是不可再生材料，一次开采使用过后还有较强的可再利用性，可减少其在采掘使用过程中的能耗，但过度开采也会对产区的地形地貌、资源环境造成不可恢复的破坏。泥土是可循环使用的天然材料，土墙拆除以后可以快速回归到自然环境中，尘归尘、土归土。石材坚固又耐腐蚀，常用于建筑地基和墙体结构，由于石材有较高的蓄热性，人们常利用石材的热惰性来调节室内微气候、改善室内的热环境。

人工材料是从天然材料演化加工而来的，随着技术的进步和加工程度的深化，从原土、土砖甚至是土窑，到生砖（需太阳晒）和火砖（需砖窑烧造），再到屋面的黏土砖、屋顶的黏土瓦片瓦当，墙面修饰的石灰、石膏粉，砌砖墙用的石灰浆等，都是建筑材料中常见的人力加工过的产物。另一个代表是玻璃，早在有四千多年前的美索布达米亚就开始生产玻璃珠子和装饰品，之后再被制成瓶子等容器。在切割拼接技术出现之后，五光十色的彩色玻璃窗就在12—13世纪的欧洲教堂中开始广泛应用。铸铁、锡箔、瓦楞钢板、石棉瓦等材料也都慢慢出现。

在技艺上，使用地方材料通常是土、木、砖、石并用，特点是物尽其用、高效用材，综合利用材料以提升材料的利用效率。利用当地资源作为建材，免除远距离运输的烦恼，相应地减少能源消耗。这些地方材料取于自然环境，污染少、加工容易、造价较低，采集、运输费用较少，具有较低的内含能量，并可循环利用，能够降低建筑成本，减少浪费。虽然比建筑日常供暖、制冷等消耗的能量相对少得多，但是对于可持续设计而言，尽量降低建筑物的内含能量是很重要的方面。地方材料直接来源于自然，具有适应地方气候特征的物理特质，在建筑中使用利于节能，创造舒适的建筑内环境和地方建筑特色。注重材料的重复利用和再生，翻新或重建时回收、重复利用建筑材料，发挥材料的经济性。

“打个木桩支个梁架，砌上石头钉上木板（post-and-beam，wood-and-stone）”诙谐地表达了欧洲中部阿尔卑斯山脉地区特有的传统山地民舍的常用建造方法。rascard 则是一种阿尔卑斯山区历史悠久的民居类型，这种房子通常建造在大块的石头地上，有晾晒、储藏谷物的空间，也有牲畜的蓄养栏，蘑菇一样的锥形大屋顶覆盖并连接两个空间。

卡洛·莫里诺（Carlo Mollino）是这些山地建筑师中的代表，他虽然没有在理论上系统阐述如何在现代建筑中整合阿尔卑斯山地民舍的建造传统，但在实践中却切实做了不少这样的案例，包括 1946—1947 年的涅罗湖区滑雪服务房（Stazione Albergo al Lago Nero），1951—1954 年的独立住宅（Casa del Sole），1963—1965 年的噶列里之家（Casa Garelli at Champoluc）等，这些项目都是他长期在都灵传统山区生活体验并对这些山地传统民舍建筑研究学习而得，他在 rascard 民舍造型基础上，根据这些项目不同的建筑类型，在使用材料、建筑形式和建造方式上进行相应的变换和调整，还创造性地加入了古典的室外凉廊等元素。此外，1949—1951 年阿尔比尼（Franco Albini）也采用了 rascard 民舍的锥顶蘑菇造型来设计雪场青年旅舍（Pirovano Youth Hostel）（图 3.13）。因此这一批集中在都灵特别是 Cervinia 地区的融合了现代建造技术与传统民舍形式的山地雪场寓所、服务站、木屋成为 20 世纪五六十年代山地雪场休闲建筑的典型代表，也成为当代展现意大利北部山地传统建筑最集中的地方。

图 3.13　莫里诺（Carlo Mollino）在都灵山区依据传统“rascard”民舍设计的建筑

在我国，即便是用地方材料，各地在做法上也尽量再从结构方面去动脑以尽量节省用料。我国的大部分民居均为木架结构，木材是房屋建筑的主要材料，但是由于材料用度逐步增多，而木材的产量不足以满足需求，因此在房屋建造上并没有死守祖先流传下来的规制，而是进行灵活多样的变化，见招拆招。例如，传统木构建筑中以穿斗架为主要架构。而穿斗架从柱、穿组合方式来看，包括4种形制，即：（1）柱柱落地，各层穿枋透穿各柱，称为满枋满柱；（2）满枋满瓜，以瓜柱代替部分立柱，但各瓜柱柱脚皆落在最下一层穿枋上，穿枋满穿各瓜柱；（3）满枋跑马瓜，瓜长长短一律（称跑马瓜），每瓜至少交三枋，排架满穿各枋，一枋不省。（4）减枋跑马瓜，瓜长一律减短，各层穿枋不必通穿。由于第一种太费木料，现在已经很少使用，其他各种皆有采用，还有各种变体。如川东南的土家民居穿斗架为柱柱落地，穿枋透穿各柱，层层而上，一穿不省，形成屋顶三角形的格网架，坚固而密实，属第一种形制。而湘西的土家族民居则采用立柱与部分瓜柱相结合，扩大了下部空间，但穿枋仍然配置齐全，属满枋满瓜型。有的民居进一步缩短部分瓜柱，使其长短不一，穿枋分层设置，屋架更为轻巧，属减枋跑马瓜型。此外，结构上亦有许多不同之处，如四川南部的穿斗架多取一柱一瓜的间隔设置，为了加强排架的整体性，柱身每隔1.5m左右设一通长穿枋，这样多道穿枋将整体柱身穿接起来，柱枋之间以竹篾抹灰墙填充，或开方窗，使山墙有极好的构图效果。广西隆林地区各民族用一柱两瓜的方法组织穿斗架，但横向穿枋加密，不管瓜柱长短一律通穿各柱，且柱身每隔1m通穿一道穿枋。江西婺源的穿斗架用材较少，柱及穿枋的截面都比较纤细，工匠们将楼层间的穿枋及兼做承重梁使用的斗枋截面加高，形成板梁。大大强化了构架的空间稳定性。而江西上饶一带的穿斗架穿枋全部加高，使其榫接部分更为稳固。福建闽侯一带的穿枋皆为双料，同时各柱柱头上加设一根曲形的联系枋，有的柱头上斜置一根上弦枋，各檩搁置在上弦枋，而不再对其柱头，这又是一种变体。柱子越来越细小，大量使用瓜柱，以扩大使用空间。为了构架的稳定，采用板式穿枋及斗枋。从空间构架考虑，着眼点不仅是屋顶的三角部分构造，而是注重加强整体柱身的稳定。由此可见，仅仅是对于穿斗架的多种变化，就体现了各地对形式多样的需求考虑，也显示了用材的进步，以及对生态环境的考虑。在传统居住建筑中以合理有效的构造方式发挥不同材料的特性和共同作用，将不同材料进行组合或叠加利用，使构造和材料高度协调，就是非常独特的传统生态智慧（图3.14）。

传统民居建筑环境营造使用地方材料另一个最大特点就是能随时调整自身适应时代的变化和技术的进步来满足人们的需求，最典型的表现是人们经常会在乡土建

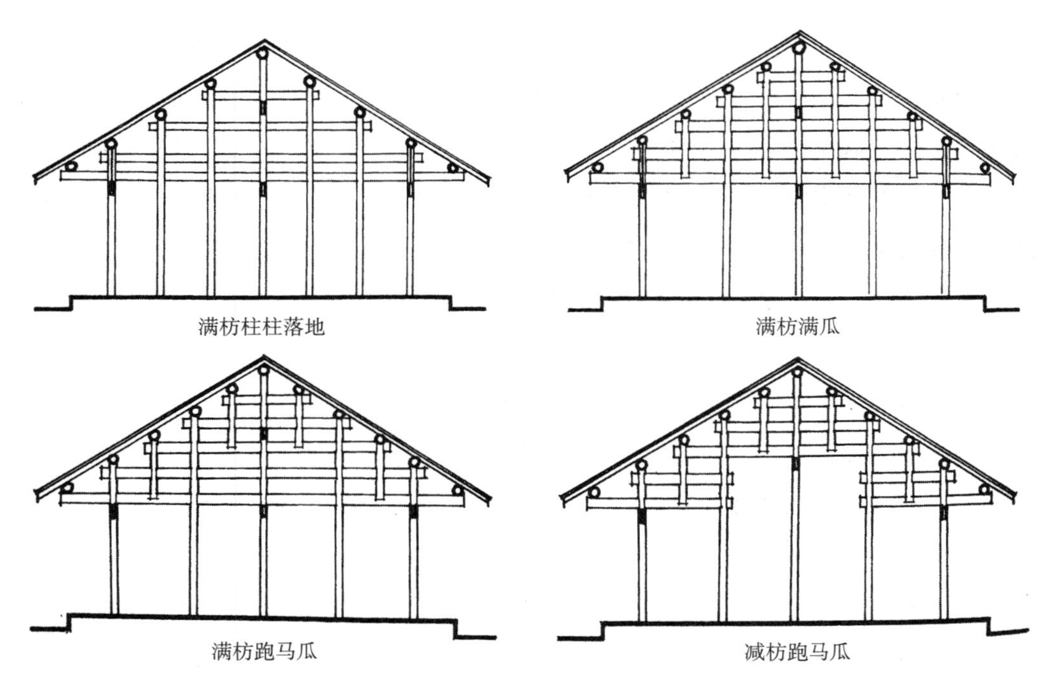


图 3.14 传统民居建筑环境中穿斗架用料的简省方法
（图片来源：孙大章，《中国民居研究》，322~324 页）

筑中使用这些经济实用的新材料、新技术。但是人工材料对原始天然材料的替换和技术的更新并不意味着传统建筑技艺和形式的消亡，相反，是对这些技艺背后的文化价值的提高和升华。同时，这也是使用者文明程度和财富品位提升的一个象征，建筑环境中使用的材料、技术越新式，装饰的内容越丰富，代表了使用者的财富、地位越高。以钢筋混凝土为例，20 世纪初广东开平一带的土财主发现钢筋混凝土比土砖更加坚固耐用之后，马上用其改造以往的土碉楼，以保证族人财产不受劫匪和战乱的侵害，但事与愿违的是，这种材料的替换使钢筋混凝土的新式碉楼在十里八方特别显眼，变成了一种炫耀财富的象征，招致更多劫匪攻击。

在对传统民居建筑环境使用结构材料的节制俭省方面，日本也有一套独特的体系。和我国一样，日本的传统建筑物大部分都是木质结构，需要进行定期维护和修缮，有的宗教建筑还有定期重新修建的硬性规定。从 19 世纪末开始他们不仅引进和模仿了当时风靡欧洲的“风格式修复”理念，还逐渐根据本国的自然条件和文化需求将其加以改进，结合现代科学研究方法的应用，把具有悠久传统的工匠手艺和技术知识一并传承延续下来，在尊重原有构造的基础上，尽可能完美地保持古建筑最真实的形式。在长期历史经验积累中，他们改进和发展了一系列拆除、更换、修缮传统建筑损坏部分的独特技艺，被称为“kiku”的技艺是设计屋檐和定位椽子的技术，而kiwari则是传统建筑的比例系统，借助这些技艺，他们可以准确识别出建筑原先的结构逻辑和设计概念，从而在修缮或重建时很容易部分或完全拆除建筑物再进行改造搭建。因此很多寺庙等古老建筑即便经历过很多不同时期的修缮甚至是落架大修，还能恢复并保持原本的结构和面貌。即使在一些材料、细节方面有所替换或附加新的细节，也并没有刻意掩饰做旧，而是真实地展露其本来面目，让人们体会古老和现代两个部分之间的强烈差异。日本对传统建筑延续和保护的特点是兼顾物质和非物质文化遗产。由于大部分建筑都是木制构造的建筑物，因此若不能持续不断地传承维护和修缮所必须的技艺，将难以实现对古建筑的保护。因此，日本的方法展示了传统民居建筑环境继承和发展的新方向，在走向现有建筑和环境的可持续新关系时，可以帮助人们确立与传统世界的联系。

正如鲁道夫斯基所言，历史上不同时代、不同地区总有那么一批人群，他们即便没有受过类似现代正规建筑训练，却能根据自然地理环境和气候条件来建造满足生活需求的房屋，他们并没有竭力征服自然，而是乐于接受气候的反复无常和严苛地形的挑战，体现了人类文明在居住环境中丰富多样的生态智慧。这些类似的生态经验也充分说明了传统民居建筑环境的营造具有非常强的相似性，而且世界不同地域的人们在应对自然、地理，满足生存、生活空间需求的营造过程中逐渐积累形成了很多类似的生态智慧和营造策略。

### 3.2.5 节制俭省：用地与造园

传统民居建筑十分重视对空间的利用，尤其是小户人家或地形复杂地区的民居，通过不同的空间利用手法，不仅能满足地区气候的变化条件，增加使用面积，还能节约宝贵的土地资源，以极大的灵活性创造出使用要求各异的空间。如“廊步三间”就是传统徽州民居建筑中明三间的延伸创新，即在明三间左右厢房前设置一个小阁，往往宽1.2~1.6m（厢房宽2.2m），长1.4m左右。小阁设两扇莲花门，门朝厅堂开，与房门成直角。小阁顶上的楼板比厅堂的楼板高0.45m左右。明椽拱顶、不铺楼板的房子，上铺沥砖，抬高了净空，从横向看，东西厢房前的小阁之上就形成了一条净空抬高约0.5m、宽1.4m的廊形空间，这就是“廊步三间”。这样的设置有很多方面的考虑，一是增加了厅堂的进深，使其被衬托得更加宽敞气派；二是廊步抬高了净空，天井光线可以照到厅堂内壁的八仙桌之上；三是两侧厢房前增加了过渡缓冲的区域，既可作为厢房的玄关置放杂物，也可以让房间里的人在此梳妆调整后再出房上厅；四是阁上雕花莲花门遥遥相对，给厅堂增添了不少装饰雅趣。此外，室内构造中也有很多能够加以利用的小空间。如腰檐下部或披檐顶部的空间可以用来储藏，厚墙体可以挖出壁龛、橱柜或炉灶等空间，厚墙的宽窗台可以当作台面，窗户两侧可以制作橱柜，附墙橱柜可以推到墙外等等，因人而异。

传统中国建筑环境中有很多方寸中见天地的精巧设计。如安徽传统村落宏村中的晚清大宅院“承志堂”里，偏居屋角一隅的管家室“鱼塘厅”的构思就极为巧妙。承志堂建于1855年前后，是村里汪姓望族的宅院，也是宏村最豪华的深宅大院，规模巨大，有前后厅、小厅便厅，功能划分细致，前后两进四合大厅，左右还有3处偏厅，另还有供休闲娱乐的麻将厅“排山阁”和抽鸦片的“吞云轩”，以及拜佛的佛堂、管家的鱼塘厅、停轿的廊厅等。整个宅院西南侧为不规则的三角形空间，前院被开辟为管家居住的鱼塘厅（图3.15），后半部分则为偏室和厨房。从大宅院正门进去，左手边走到头就是管家的居室，十几平方米的空间中，疏密有致，开合有度，麻雀虽小，五脏俱全。所谓“疏密有致”，是指空间的使用划分，即便是高墙围合，也没有密不透气，在这小三角地内用木板与正厅隔断开，竟也取舍出一处方方正正的小客厅来。北边内间暗室为卧榻之用，中间围栏之内的半开敞的厅室为待客之堂，而山墙之前围栏之外是开敞的天井鱼池，空间既流畅又通透。所谓“开合有度”，是指空间体验的

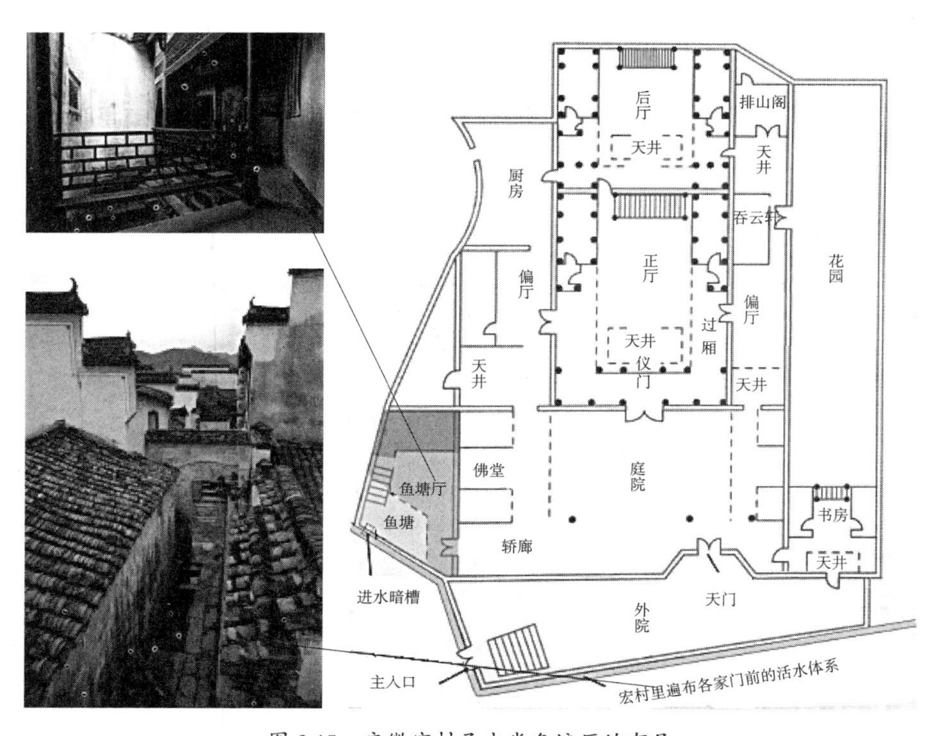


图3.15　安徽宏村承志堂鱼塘厅的布局

连续性，南面高高的山墙上嵌有石雕花窗，墙外正好有村落里的水圳经过，于是屋主在墙底下开洞，将水引进来成一小池，池里养着三五尾红鱼，从池底拾阶三五级往上，就是小小的客厅，“鱼塘厅”也因此而得名。鱼池不大，水也不深，水面离地面1m高，活水进出，清澈见底。厅堂和天井鱼池之间，由优雅的“美人靠”样式雕栏连接，空间的过渡非常自然。所谓“五脏俱全”，是指空间陈设得功能齐备，内间是管家的卧室，中厅北面正墙是松鹤图，八仙桌上钟瓶供案，两边太师椅对称摆放，东面墙壁上挂着梅兰竹菊四君子，楹联字画、东瓶西镜、自鸣钟、雕花椅、八仙桌，规规矩矩，有模有样。“美人靠”围栏可靠可坐，不管是个人休息、赏玩还是待客，都能满足功能需求。此外，从村落水系引进来的活水，还可以帮助调节整个鱼塘厅的室内微气候，在炎热的夏季，水体蒸发，增加整个空间的湿度，调节室内温度，让人舒适愉悦。相信掌管宅院大小繁杂事务的管家在闲暇之余回到自己的居所，凭栏小酌，欣赏红鱼畅游，在这方寸间亦能舒心悦目。高高的马头墙、深深的方天井，小小的活水池，静静的小偏厅，南墙上喜鹊登梅石漏窗，鱼塘里锦鲤戏水，和谐雅致，深藏不露，这一优雅成趣的方寸秘境，不愧为精致的建筑小品。一个小小的偏厅都可以如此用心设计，可见整个大宅院的布局蕴藏多少巧思。

相比而言，坐落在石崖阳坡上的意大利马泰拉石窟聚落里，可供建造居所的土地资源和经济条件更加有限，因此人们对空间的集约利用更是到了极致的地步。20世纪早期之前，大部分的石窟都处于人畜混居的状态，一个院落组合中有好几户人家挤挤挨挨地居住在各自挖掘的石窟房里，基本上每家只有一个起居空间，一张床，孩子多的家庭，要么跟父母挤在床上，要么睡在粮食柜、储物柜上，床下有时候还放着笼子养鸡鸭，室内深处还圈养着牲口（图3.16）。因此在这样的传统聚落

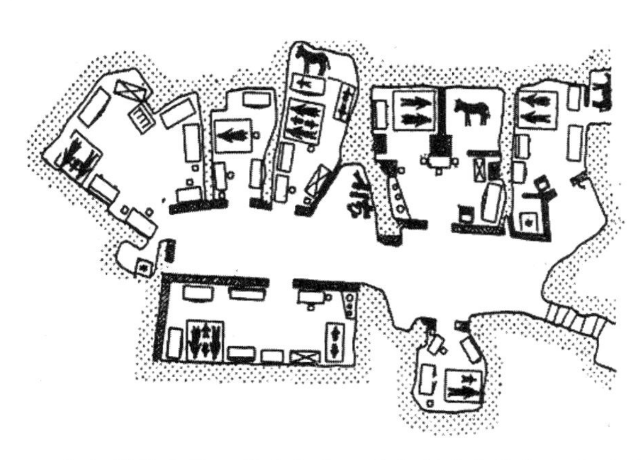

图3.16 意大利马泰拉石窟院落内不同户型的布局和人畜睡眠分布
（图片来源：意大利 *Casabella Continuita* 杂志1954年第200期，33页）

民居里，一方面由于可利用的土地资源少而越发促使人们挖掘本能和智慧来调整自身的生存模式以适应自然，另一方面也体现了人们对自然资源的克制和俭省。

### 3.2.6 节能降耗：微气候调节

通过有效的微气候调节手段，可以在夏季减少过热、冬季降低供暖费用，增加建筑材料的寿命，还可以营造良好的户外娱乐环境，促进植物和树木更好生长，增加使用者满意度。即便没有现代电气化的空调产品，古人也有很多智慧来改造室内居住环境以消解夏季的酷暑和冬季的严寒，而这些措施在现代看来，是非常环保生态的，既不增加能源消耗，也不会耗费过多的资源。我国从先秦时期开始就有“窟室”“凉房”“清凉殿”“冰室”“凉窖”“夏房”等，尽管称谓不同，但都属于通过改造建筑室内环境来调节室内微气候的有效措施。

我国江南一带明清徽州传统民居使用的土空调是一种有效调节室内微气候的传统技艺（图 3.17）。由于当地雨水资源较为丰富，有经济能力的人家在住宅地下挖掘蓄水池，并在厅堂地板上开井口，到夏季天气炎热的时候，把井口盖打开，地下井的凉水通过井口蒸发上来，在厅堂里冒出丝丝凉气，能极大地调节厅堂室内的微气候，提高舒适度。有时是主动在原有的水源上方建房，再以水井管的方式联通地下水源和客厅，但具有这样条件的屋址毕竟是少数。多数情况是在屋址下先挖蓄水池，再通过周边的水系从别处引水来，或者收集雨水备用。井越深，水越凉，居住者可以根据天气的炎热程度选择打开、半开或盖上井盖。在夏季炎热天气中，由于

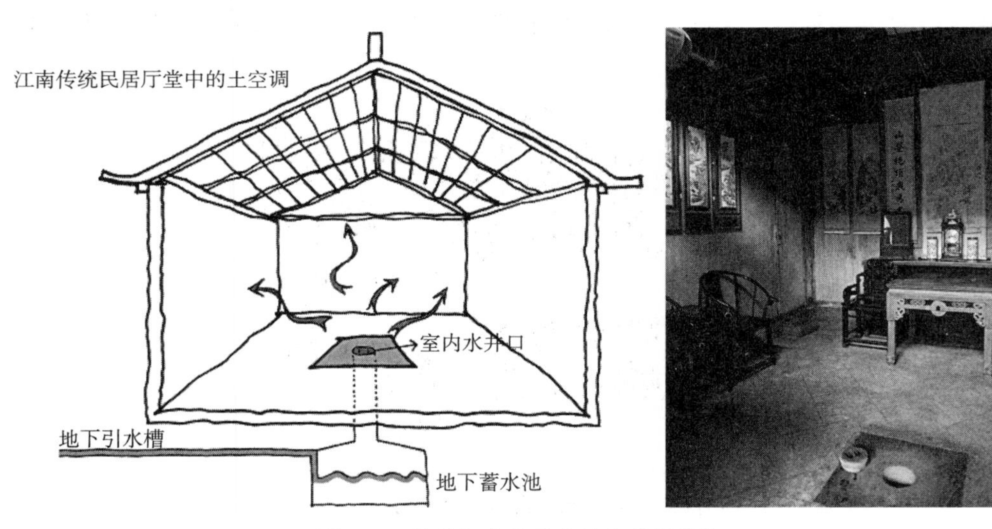


图 3.17　传统江南民居中的土空调系统

井口温度高于井内温度，井里的凉水不断蒸发上来，将湿气腾升到整个客厅空间，既增加了室内空间的湿度，又降低了周围环境的温度。由于地下的井水温度较为恒定，冬暖夏凉，通常完全打开这一小小的井口，加速空气对流和冷热交换，就能将室内温度有效降低 2~5℃，使屋子的微气候保持在舒适宜人的状态。寒冬腊月井口也会徐徐冒出暖气调节室内的气温。这样巧妙的土空调系统除了可以给房间夏季降温、冬季保暖，还可作为地下“冰箱”保鲜冷藏食品、肉品。这种通过建筑环境的改造来调节空间环境微气候的技艺，相比于现代电气化空调产品而言，虽然过于老旧，技术低下，但是在传统农耕条件下不失为一种有效的解决办法。而其缺点是耗时费工，只有经济条件较好的大户人家才能有条件营造这些系统进行享受。

这种系统，早在中国古代就出现过，是华夏儿女几千年来对抗严寒酷暑的智慧之一，如曹操当年在邺城地下为采集冷气挖深井建造的“冰井台”。具体的做法是在主要的居住空间如厅堂或是主人的房间底下挖一深井，上面盖上井台，在井台盖子上凿孔通风。由于地下水的蓄热性较好，冬暖夏凉，因此夏天时便有冷气从下面出来，而冬天则有暖气上来，保证厅堂的温湿度相对稳定宜人。明代高濂在《遵生八笺》中也介绍了类似的做法：“一室之中开七井，皆以镂刻之，盘复之，夏日坐其上，七井升凉，不知暑气。”江浙皖一带的明清古民居建筑中，如在安徽传统村落西递的青云轩和苏州的艺圃园，至今还保留着这样的“空调井”。艺圃园的井口高出地面半膝之多，其功效一目了然；而在青云轩，土空调的系统则更加隐晦一些，井口和地面基本持平，若不仔细观察，根本不知道厅堂底下还有开井，只有等到夏季户主把井口打开享受凉风习习的时候，才能发现这一构造的神奇。

而在岭南建筑中，土空调还有另外的表现方式。在作为岭南园林典范的广东东莞可园中，就有这样的应用（图 3.18）。岭南地区盛行东风，可园在东部设立的围墙矮而通透，西侧围墙则高而密实，且贴墙设置多个小天井和露天冷巷，不仅隔绝西晒，还利于形成风压效果，促进整个院落系统的自然通风。园中建筑物屋顶大部分使用轻巧的卷棚歇山屋顶和深挑的飞檐，可以遮挡日晒，减少太阳辐射得热。室内吊平顶，平顶留有方形格栅口，上部两侧东西山墙开圆洞，东西向有风时，洞口就成为风压通风的进出口；静风时，平顶格栅口就是热压通风的进风口，两侧山墙圆洞口就是出

图 3.18 东莞可园的土空调示意图 [31]

风口，这样的设计对于屋顶散热非常有利。在风压和热压的烟囱效应作用下，环碧廊、可轩和双清室等主要厅室的通风自然良好。同时，邀山阁北面的深天井形成系统中的天然冷源，而可轩临室外，围墙内特意留有 1m 多宽的冷巷，两端各有一小室，这两室在通风过程中有藏风作用，相当于现代通风中的静压室，可以使冷巷内的空气压力稳定。此外，设计者还巧妙地利用了这一冷源，在接待贵客的“可轩”地面中央铺设铜管道，连接隔壁的小房间。小房间里设有风柜，只要转动风叶，就可以将深天井冷源中的冷风抽来鼓向铜管并送到可轩室内。当盛夏有贵客来访时，安排佣人在隔壁小屋摇动风柜 / 鼓风机，凉风从铜管口徐徐冒出，宾主不管高谈阔论，还是细语密斟，也不会受佣人干扰，还能享受凉风阵阵，沁人心扉。广东关西小屋也通过降低室内地下水位达到防潮目的。

在屋室底下挖“空调井”，是一种利用水来改造建筑结构进行局部环境降温的办法。在古代还有直接开凿“土室”的方法，又称“土窖”，先秦时称为“窟室”的地下室，在明代叫“土室”，有点像窑洞，又类似于地道式建筑，各个居住空间甚至是不同人家的土室可以通过地道相连，这样的土窖在北方很多村落至今尚存。实际上是沿袭原始的穴居风俗，利用土窖冬暖夏凉的特性建造低温“空调房”。明人谢肇淛《五杂俎 · 地部》中就有记载，“土室”冬夏均可多功能使用，除了让人避暑遮寒外，也可以储物储粮，还有防盗防匪功能。先秦时的高级窟室内会放置冰块，以达到降温、调温的目的，达官贵人们不仅在这里消夏避暑，甚至还会在此待宴宾客、饮酒作乐。

唐代将可以调节夏季室温的建筑称“含凉殿”，一般只有皇权贵胄才能拥有，如皇帝后妃的寝殿，北临太液池，傍水而建。《唐语林 · 豪爽》记载，拾遗陈知节给唐玄宗李隆基上疏，陈知节看到“(李隆基) 座后水激扇车，风猎衣襟”，被“赐坐石榻”，感觉“阴溜沈吟，仰不见日，四隅积水成帘飞洒，座内含冻。”唐代诗人张仲索《宫中乐》中也曾描述“含凉殿”消夏的情景，“红果瑶池实，金盘露井冰；甘泉将避暑，台殿晓光凝”。《旧唐书》中也曾记载，“至于盛暑之节，人厌嚣热，乃引水潜流，上遍于屋宇，机制巧密，人莫之知。观者惟闻屋上泉鸣，俄见四檐飞溜，悬波如瀑，激气成凉风，其巧妙如此”。

这些记载，实际上直接透露了“含凉殿”的技术实现措施。一是在建筑布局上，“含凉殿”注重遮阳，将建筑坐落在避免阳光直接照射的阴凉之地，所以显得阴沉；二是在建筑形式设计上，殿内屋顶有循环冷水源，把水引到屋檐上，在宫殿的四周屋檐铺满水管，让水沿着这些水管往下淌，形成水帘；三是在下方安装“扇车”，用水流动产生的能量来转动扇叶，“水激扇车”，风扇吹凉水形成冷气；四是在室内布置石榻、冰台这样在夏季极其冰凉的家具陈设。因此这样一套从头到尾全方位的水循环系统，室内自然凉快，而且降温效果极佳。而在民间将这种“空调建筑”称为“自凉亭子”，又称“自雨亭”，即水流从屋檐流出的亭，不断将水提升到屋顶模拟降雨，通过水循环带走热量，给建筑整体降温，是古代在建筑环境中以人工引水取凉之巧作。地位较高的达官贵人家里都建有类似的亭子，时长安市市长（京兆尹）王鉷家，便建有自凉亭子，《唐语林》中记载如是：“天宝中，御史大夫王鉷太平坊宅有自雨亭，檐上飞流四注，当夏处之，凛若高秋。”到宋代，人们对室内舒适性有了更高的要求，清凉技艺的发展也更进一步，不仅“各设金盆数十架，积雪如山”，还出现了用鼓风机带动的风扇，对着大厅里摆放的数百盆鲜花吹，“鼓以风轮，清芬满殿”，在增加室内湿度、降低室内温度的同时，还增加了室内的空气流动，并通过百花的芬芳馥郁来增加室内的感官体验。

而意大利南部传统聚落马泰拉由于地处地中海北岸，降雨期都集中在秋冬季节的几个月，夏季则非常干旱，降雨量稀少，因此每家每户都会在石窟地下挖掘当地人称为“冰屋（cistern）”的蓄水井，或者预留蓄水的石洞。每个房间的地下、公共庭院和门前的过道下面都有体系复杂的蓄水池，这种池子一方面作为干旱天气时的备用水，另一方面也承担了夏季调节聚落空间室内局部气候的作用，增加了湿度，减弱了酷暑的侵袭，使室内环境达到冬暖夏凉的效果（图 3.19）。这一聚落储水排

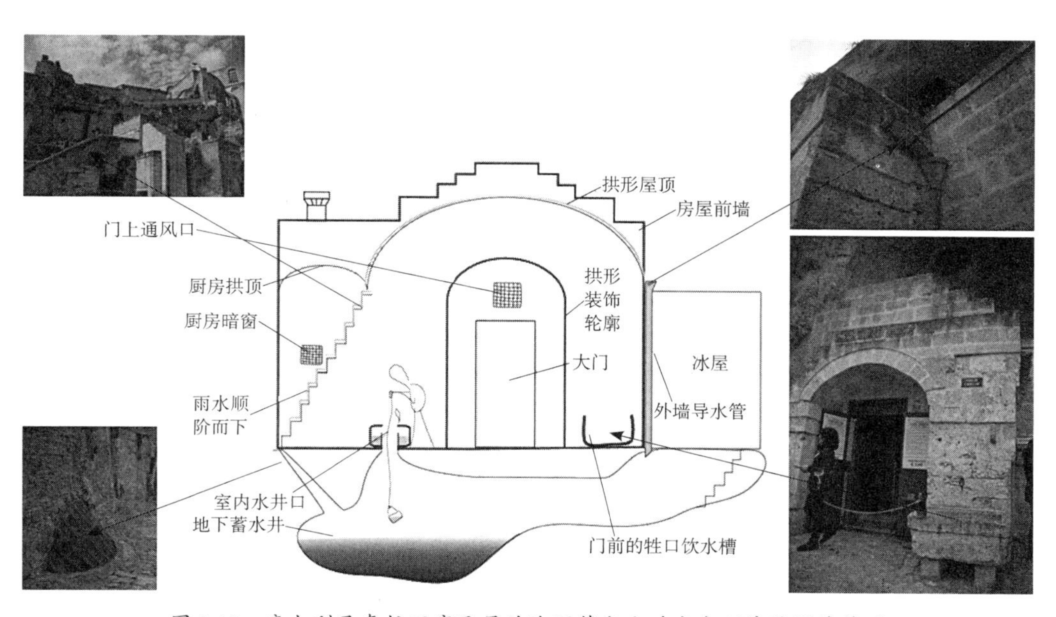


图 3.19　意大利马泰拉石窟民居的地下蓄水池对室内环境的调节作用

水系统的综合作用还曾被联合国教科文组织充分认可了，并将其称为“空中花园”或者“悬挂的花园”。

### 3.2.7 循环再用：集排与理水

在传统民居建筑环境中往往将水作为重要的构成要素。水能帮助调节周围环境的温湿度，在不消耗其他能源、不增加额外负担的情况下，保持环境的温湿度恒定，达到舒适宜人的环境效果。传统建筑形式中也有巧妙运用水资源而不消耗其他资源，只通过水的循环、流动等方法对环境进行温度调节的构造。

水资源与村落分布有密切关系，水源常常成为传统民居聚落选址的依据，很多聚落、城镇的最初形成大多与理水结合在一起。我国江南地区水系纵横，建筑布局受水系影响，群体建筑沿河或者沿道路建设，不严格遵守南北朝向，纵深方向不拘泥于轴线对称布局，而是依据小尺度、小规模的室外天井校正建筑的空间序列关系，宅内水系与水道的贯通增加了水体对建筑微气候的调节作用。皖南宏村、西递都是水脉发达的村落，细密的水圳流经各家前门后院，起到饮用、洗涤、舂米、防火、灌溉、环保等重要作用，而村民也自觉维护水系，并订立严苛的用水规则。当地的传统民居建筑中还常常将绿化与水体有机结合，有效地调整建筑微环境。庭院内引水挖池，蓄水养鱼，搭建水榭，待客会友，品茗观鱼，在江南私家民居中较为普遍。位于宏村西头上水圳的碧园水榭就是个用水置景，营造休憩环境的好例子。其建于清道光年间，有两层三间楼房，底层厅堂前为一方池塘，紧靠客厅门口处搭一水榭，朝水池三面设置美人靠，倚栏观鱼，品茗赏花，好不悠哉。碧园的出水口设计也非常奇特。池塘进水口在南侧，引村落水圳活水进来，弯道的出水口设置在东侧水榭之下，以 3 根陶制涵管将塘水引入客厅地下石砌的水道中，再折向南，排入水圳下游[①]。水榭进出水弯道的设计，最大优点是能够引水进屋，消暑致凉。类似的树人堂也有一汪水园，在正厅东侧利用全幢六角形宅基的一角，引进水圳活水，营造有水有花草的小庭院。

此外，传统民居建筑环境中对于雨水的利用和集水排水也非常重视。现代屋面雨水集蓄利用系统比较复杂，一般包括集雨面、雨水传输管道、截污净化系统、储存系统以及配水系统等部分。而传统建筑营造过程中储排水系统也有一套从屋顶瓦

① 引自汪森强《水脉宏村》中对碧园的描述。

陇（部分被收集利用）到天井再到排水管道最后到聚落的完整水系（图3.20）。我国传统木构建筑屋面防雨以坡顶瓦为主，北方采用泥背坐瓦，而南方则为干摆。防水层一般为夹草泥层，明清时期的民间建筑以青灰背为防水层，即便不施瓦也能够抵挡北方少雨地区的降水。瓦面层铺葺时有仰瓦和合瓦之分，各陇仰瓦形成汇水槽，两陇仰瓦之间用合瓦覆盖，合瓦上的雨水汇集到仰瓦继而排出屋面。南方气候炎热的地区不用结合保温层，直接将仰瓦铺在椽板上，再盖上合瓦，既能很好地遮雨，又能通气。讲究的建筑中，瓦屋面的排水体系还包括瓦当和滴水，在檐口收瓦处起到束水的作用。因此，这样的瓦屋面制作简易，材料经济，搬运方便，不仅比草泥顶防水耐久，也比现代混凝土整浇的屋顶易于维护检修替换。有的聚落民居还有草顶房、平屋顶等做法，根据当地气候需求而有所变化。例如，意大利特鲁利尖顶石头房和马泰拉平顶石窟的屋顶排水方式就非常特别，他们顺着屋顶轮廓、斜坡道路等，将雨水集流到统一的蓄水池中沉淀过滤，以备常年用水之需（图3.21）。

传统木构建筑的屋顶结构更具有生态意义的地方在于，屋顶普遍采用挑檐、出檐较深、大曲面屋顶的做法，可以说民居的地方特色很大程度上产生于外檐的防雨

图3.20 我国不同地区传统民居的屋顶排水方式

图 3.21　意大利特鲁利和马泰拉石窟的屋顶排水方式

措施。《考工记》中提到：“轮人为盖，上尊而宇卑，则吐水疾而霤远。”很多建筑专家认为这样的屋面设计有利于屋面快速排水和增加室内采光。林徽因在《清营造则例》中说：“这种屋顶全部的曲线及轮廓，上部巍然高耸，檐部如翼轻展，使本来极无趣、极笨拙的实际部分，成为整个建筑物美丽的冠冕。因雨水和光线的切要实际，屋顶早就扩张出檐的部分。出檐远，檐沿则低压、阻碍光线，雨水顺势急流，檐下发生溅水问题，因此产生了飞檐。”《刘敦桢文集·卷四》中也有阐述：“屋面本身的断面，也由直线改为曲线，故有‘反宇向阳’之说，除了可以使冬季阳光更深地射入室内，又能使屋面落水较远地排离台基。”汤国华认为，中国大屋顶面折线最接近理想的最速降线，传统人字形屋顶做法的目的是使雨水快速离开屋面，而不是让雨水离开檐口后抛至远处，从而有利于防止屋面雨水渗漏，集中排出雨水，减少飘雨。可见这些建筑家们的看法是一致的，对于屋顶的结论极为明确：一是为了檐部落水排远一些，以免溅湿台基和阶沿；二是檐部略微上翘，有利于阳光更多更深地照进室内；三是借由曲线曲面，获得了“如翼轻展”的独特之美。

在江南地区，每当下雨之际，待雨水将屋顶瓦面上的脏物与尘土冲刷干净后，会将落入天井之水用导管灌入水缸，这种雨水被认为是比一般的井水更为纯净的天落水，专门留作饮用。这种四面屋顶皆坡向天井，将雨水集中于住宅之内的做法被称为“四水归一”“肥水不外流”。潮汕地区常见的骑楼可以说是为了防雨而产生的独特建筑形式；传统民居中的干栏式建筑是多雨地区为了防洪而设计的，因为架空的形式利于洪水通过。北京一般的四合院住宅也有一种俗称为“雨过天晴”的做法，即将院子地坪做成向东南角倾斜约 3% 的坡度，找坡平整均匀，东南口设有集水口通往地下暗沟，使院子里的雨水尽快排干。故宫内还有一种“架空金砖”的做法，即在地面上先铺沙子，然后用侧砖支撑“金砖”地面，砖下有空气层，砖缝间用桐油和白面填充，表面再攒桐油一道，称为“响地”，防水效果极好。

而在当代建筑改造和设计的案例中，以传统低技术的方式对雨水进行收集再利用的现代雨洪管理体系也不少见。如 2013 年清华大学建筑学院庭院改造及雨洪管理系统设计。在新馆建造之际开始对新老馆间的庭院空间进行改造设计，结合雨洪管理营造室外庭院的小尺度风景园林，为应对建筑屋面汇水集中和下沉庭院排水不利的问题，设置雨水导排系统、高位植坛雨水储排系统，采用暖色木质平台、多样化的植被、砾石聚合物、高承载力透水混凝土及混凝土表面装饰工艺进行地面铺装等多元化处理，并与排水泵房及地下管线结合，因地制宜地形成具体而微的雨洪管理方案，同时也开辟了更多的户外模型制作、实验性建造场地及公共交往休憩空间（图 3.22）。

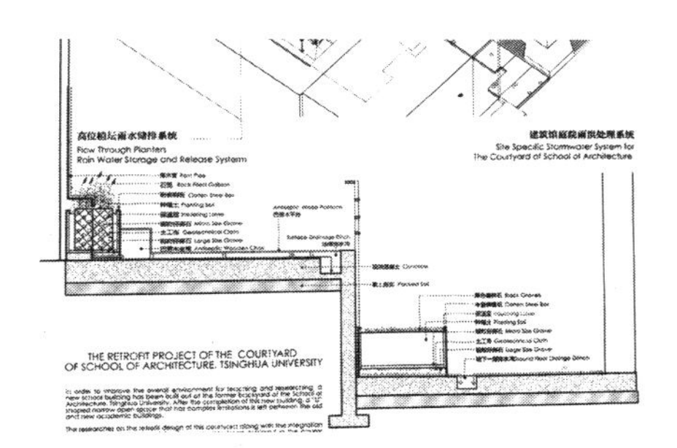

图 3.22 基于传统的当代庭院雨洪管理系统设计

## 3.2.8 符合伦理：人文与匠心

传统民居建筑环境的另一个主要特征是基于传统工匠体系引领下的施工方式、建造体系和营造技艺，集中展示了代代传承、传播的工匠智慧。在我国传统木结构建筑营造中，传统工匠体系包括：木、石、金、瓦、油等工种，以木匠为主要负责人。为了使建筑环境达到最符合自然和谐的状态，木工匠师要提前算好各个结构的尺度配比，木构的榫卯衔接就像乐高玩具拼接一样，要严丝合缝，精心计算，而负责这项工作的就是墨师，所谓的木匠，其要在木料上提前画好线墨，就像现在设计师、工程师的施工制图一样，但是他们依据的是由师傅口口相传并牢记于心的秘诀，使用的尺度衡量单位都是尺、步等跟人的身体相关的计量单位，所以说传统民居建筑环境是符合自然和谐规律并依据人体尺度来建造的。

例如在陕北黄土窑洞中，下沉式窑洞很常见，通常是在开阔平地上往下挖，再在坑的四面墙上往里挖窑洞，形成庭院式的下沉居住空间。窑洞的屋顶为拱形，这样顶面的泥土重量就可以分散到两侧的墙体里，而墙体从底部到顶面的厚度则直接关系到整个窑洞结构的稳定性。若是太薄，即便这里常年干旱，偶有的雨水也会渗透进来。若是太厚，顶面的泥土重量太大会把窑洞压塌。因此根据经验，窑洞墙体的厚度一般会设置在 3~5m。

此外，中国福建西部的土楼，即当地客家人的生土围屋民居，具有独特的建筑形式，为圆形或方形的碉堡造型，3 层高，通常能容纳 300 名左右同一族的居民，这种居住方式不仅是为了传承血亲族群共同居住的传统，更多的是出于抵御贼寇、保护财产安全的考虑，是在历史、政治、社会背景等诸多因素的影响下演化而来的一种居住方式和建筑形式。从造型上看，圆形土楼和方形土楼一样，都是由一圈厚厚的土墙围合而成，每一个居住单元均衡地分布在这些土墙里。整个土楼建筑外圈是一层厚厚的生土墙，既起到承重作用也发挥防护作用，内部是木结构支撑的 3 层居住和储藏空间。土墙以大概 2m 厚的生土为主要材料，混合了石灰、红糖、米浆、秸秆、砂浆和碎石块等材料。若有效控制含水量，这样的土墙可以坚如磐石，钉子都无法钉入。在建造的过程中，在一人高的木框架中把底层一圈的混合土料填实后再把框架往上提，接着填第二圈、第三圈，直到顶部，这种方式与现在的滑模施工技术相似。

很多传统乡土建筑不仅使用独特的地方材料，其施工方式或工艺也别具一格。如日本白川乡（Shirakawa-go）的合掌造茅草屋，其屋顶是由 2ft（0.61m）厚的稻秆铺成，而稻秆屋顶的固定工艺非常独特，首先是将稻秆捆扎成片，再用绳将其绑定在屋梁上，这中间要像缝织衣服一样，用大大的铁针把这些线绳来回穿梭，才能将稻秆屋顶密实地固定好，而这样的技艺是代代传承的，也只是在这样的茅草屋上才会使用到。此外，中国的鲁班尺在木架结构的房屋中发挥的作用也很大，整个房屋的建造过程都需要依据鲁班尺来衡量材料的用度，特别是在主梁和屋脊都搭建起来后，这把尺子要保存在房脊上，以备将来修缮的时候，不管是哪一代子孙做哪一部分的木工修补，都能根据鲁班尺来准确了解整个木房子的结构并参考修缮。

再如，日本的很多传统建筑都是由松柏木制成的，但是日本岛上并没有那么多的木材满足这些建筑的需求，很显然这些松柏木大部分是依靠进口的，而近一两百年的过度使用使世界上的松柏树逐渐变得稀少，所以有些日本寺庙周边种上了松柏林，用以维持这些寺庙建筑的木材替换，若老的柏树枯死或被砍掉了，会接着种上新的幼苗，才能持续维持木材的需要。而其他周边没有树林的建筑要进行翻新修缮的话，只能寻找替代木材。而最糟糕的是，在当代虽然也有年轻人继承和学习这些传统建造技艺，但是现代的学习方式跟传统学徒制已经大不相同，此外由于技术和工具的机械化，即便是模仿传统的样式进行制作，其技艺背后的文化和手工的韵味是难以传承的，不一样的工具出不了一样的手艺活。

建造仪式和庆典在工匠体系中也很受重视。传统的建筑观认为建筑本身是有精神、有灵气的，建造行为本身就是一种人与自然、与天地之间的对话和互动。在这个过程中有很多对话的仪式，从建筑材料的获取，到屋址的选择，到确定开工的吉日，到工期各阶段的控制，到完工举行收工典礼，到新居入住，每一个环节都有相应的仪式来延续这种建筑背后的神秘精神。例如在老挝，盖房子用到木材，砍树也需要确定吉日，在要砍的树木前举行过拜神仪式后才能砍伐，而这些成才树木的精神灵气也会跟着转移到将来盖成的房子上。在中国香港，工地开工之前要祭上烤猪拜神。在印度尼西亚，很多传统建筑屋顶中有独特的水牛角造型飞檐，这种纯粹的装饰造型象征着当地将水牛视为神灵的图腾崇拜，连接天地并护佑宅舍里的人们。日本和我国的住宅里一般都有供奉祖宗牌位的壁龛，也是一种保佑整个家庭的精神象征。此外，我国传统民居也重视整个建筑场里风和水的气息流动，就像人的呼吸和血液循环流动一样。罗盘仪可以确定建筑场基里的最佳选址和方位，而上风上水的位置以背山靠水、负阴抱阳为最佳，屋子的朝向也要符合气场。传统聚落里，往往还有学校、祖庙、土地公甚至村口的大榕树，有的村落群山环绕、绿树成荫、河溪蜿蜒流过、池塘鱼鸭肥美，这些都是整个聚落环境的精气神所在。

## 3.2.9 契合文脉：参与式建造

传统民居建筑环境营造中非常强调参与式的建造体系。这种体系来源于传统集体化的营造方式，侧重民主化的形式，鼓励广泛利益相关者的参与。传统社会中没有所谓的建筑师，都是工匠和乡民一起协力完成民居的设计、施工、搭建。因此，对于当代设计实践来说，应该鼓励使用者、建造者和更多的专业人士、普通市民、企业家们参与设计过程，共同全面地考虑解决方案。建筑的目的是让人使用，甚至是公众共同使用，因此，体现群体共性的地域文化特征更能获得共鸣。因此需要建筑师对当地的历史文脉、传统文化延续性有充分了解，而群众参与是达到这一目标最直接的途径，让没有受过建筑培训甚至使用者本人可以亲自参与建筑环境的营造，亲自动手建造自己的家园。

参与式设计有很多种形式，包括社区营造、自力营建等，都是依靠集体的力量互助完成的建筑环境建造，这种方式自古以来都是传统人类的基本生活技能之一，后来随着经济社会的分工与职业化建筑师、设计师的出现而渐渐衰落。20世纪60年代现代主义失败后，人们开始反思建筑环境营造本源的意义，而参与式设计也重新回到人们的视野。日本建筑师隈研吾认为，现代主义对形式主义的过分追求导致了建筑师和使用者供需双方不可调和的矛盾。20世纪70年代后，建造体系中重新引进了市民参与形式，其目的是协调并缓和供需双方之间的对立关系。由于市民能够直接参与到设计活动中，因而供需双方之间的矛盾似乎得以化解。20世纪90年代，这些参与论转化成统称为程序论的逻辑得以继承下来，作为供方的建筑师以全新的空间形式把作为需方的顾客潜意识诉求固定下来，在形式中融入自由，是对动态的、不断变更的后结构主义的进一步注解。对此，弗兰姆普敦（K. Frampton）曾提到，虽然“用户参与”是应对现代功能主义城市发展的万能良药，但很难确切定义其具体的操作方式，更难付诸实践并达到预期理想效果。即便如此，在现当代还是有很多建筑师一直在努力探索这种公众参与的形式带给建造体系的转变，并演化成了一系列自力营建的实践模式。近年来因国际自力营建组织探讨广义的可持续营建议题而将其发展为“self-construction”概念。日本象设计集团也强调了自力建设的重要性，他们提倡的自力建设，是用自己的手开辟建造其社区、领域的哲学，也是超越现代化的制度、超越地域性的生命的呐喊，发掘现场原初的力量，将这些奔腾的力量收敛成形[①]。

埃及建筑师法赛设计的几乎所有工程都有使用者与建造者的积极参与，建筑师、使用者、施工人员一起工作，能使传统技艺延续再生，也能使当代的人们学会用土坯建造住房的传统技艺。而且这样的营建可以帮助生活贫困付不起房租的穷人解决住房问题，比正常工程节省50%成本。

我国普利茨克建筑大奖获得者王澍在中国美院象山校区、宁波博物馆的设计中再现了传统的瓦爿墙技艺和工匠体系。他鼓励建筑师重返建造现场，亲自参加建造实验，与工程师配合，在实践中与工匠有更多反复切磋交流的机会并真正熟悉材料和技艺的特性，建筑师和工匠之间形成相互指导的关系。工匠们在无参照、不定预期效果的自主发挥过程中实现了多种丰富的可能性，也建立了与当地历史记忆的关联性。

中国台湾建筑师谢英俊协力互助的建造方式依赖于农村社区居民的高度参与，透过换工的方式，简化生产设备，建立区别于主流市场的建造主体性。在生态效应

---

① 引自日本象设计集团网站介绍。

方面，采用轻钢骨架结构，运用泥土和植物纤维混合成草泥砖作为围护结构，在组织方式、营造过程、建筑材料等方面都发挥了降低成本、减少能耗的作用。简化营建技术、简化形式原型、与村民互为主体、帮助村民自力更生，是谢英俊协力造屋设计体系的核心所在。

1970年在《建筑学的公众性》（*Architecture's Public*）一文中，意大利建筑师贾恩卡洛·德·卡洛（Giancarlo De Carlo）也充分认可了公众参与的重要性。德·卡洛设计的位于罗马郊外泰尔尼地区马蒂奥梯村的住宅，就是根据与地方劳工会广泛讨论、编写的计划任务书而设计的，因此整个项目住宅建筑质量良好、丰富多样，也满足了当地居民多元化的需求，“建筑为低高度、多层数、自由式的支撑结构，平面布局除了入口、厨房、浴室等固定功能之外，其他区域都是不确定的，可以自由布局，用户可以根据自己的偏好进行布置。”

由此可见，人们对建筑环境的要求是多样化的，通过不同利益相关者的广泛参与，阅读他们的城市和建筑，了解城市的历史，参与到城市环境的改造中，共同建立有机统一的城市历史文化纽带。建筑环境设计不仅是对于城镇这块场地的设计，也不是光单一项目的设计，如果想要成功，必须是民众设计。不是为民众设计，强行把民众拉到一个与他们的期望、兴趣爱好背道而驰的新环境中，而是与不同民众在符合他们意趣的地块上进行环境改造，并使他们能够因此获得对空间的环境责任感和身份上的心理归属感。

## 3.3 基于传统生态营造智慧的可持续设计实践

自组织系统是不断从无序走向有序、从低级走向高级的演进过程。在全球化高速发展的背景下，各国的地域传统文化都受到强烈的冲击，但传统经验在现代的设计延续从未间断。例如，在我国室内设计方面，传统室内设计风格的继承与发展，加上西方室内设计思想的传播与影响，两方面的趋势相互作用、相互融合，构成了我国近现代室内设计发展的主线。从历史的角度分析，任何时代一种设计风格的形成都是当时社会政治、经济、文化以及社会心理的直接反映。全球化导致的传统与现代、个体与社会、文化价值与经济效益在对立中逐渐发生了变化。正是因为文化的变化，迫使我们必须重新审视传统，寻找价值的新起点。传统民居建筑环境生态系统在现当代的高级优化，就是走向生态可持续建筑的发展方向。生态建筑学研究建筑和环境如何从生态出发，并以诸多技术手段促使建筑环境的性能更符合生态发展。传统民居建筑环境的生态营造经验可以充分为现代生态可持续设计提供原型参考和智慧支持。

## 3.3.1 形式与机制的传承

传统民居建筑环境生态系统的研究包含了在空间轴上显性的要素表征形式存在方式和在时间轴上潜在的组织演进机制规律。而当代对传统生态营建经验的继承，主要也是从传统民居建筑环境生态营造智慧的要素表征形式和组织演进机制这两方面进行演绎发展。

我国当代就有一批建筑师通过实验的方式去思考如何回归传统、寻找民族、地域、文化和在地性场所精神的实践。例如刘家琨通过废弃建筑材料的再加工利用来寻求传统建筑的低技策略就有很多综合可行性（图 3.23）。他认为："面对中国的现实，选择技术上的相对简易性，注重经济上的廉价可行，强调对古老历史文明优势的发掘利用，以低造价和低技术手段在经济条件、技术水准和建筑艺术之间寻求一个平衡点，由此探寻一条适用于经济落后但文明深厚的国家或地区的建筑策略。"可以说刘家琨立足于"此时此地"的工作立场和"低技理念"的设计策略在中国当代建筑师中可谓是表述得最为简朴明晰的实践宣言。

此外，都市实践事务所借鉴福建传统民居土楼的形式语言和形成机制设计的"土楼公社"项目也是综合利用传统民居建筑环境生态营建经验的实例（图 3.24）。项目以传统客家土楼为原型，以解决低收入人群居住问题为目标，通过对空间、材

图 3.23 刘家琨基于传统低技策略的再生砖利用（图片来源：刘家琨工作室）

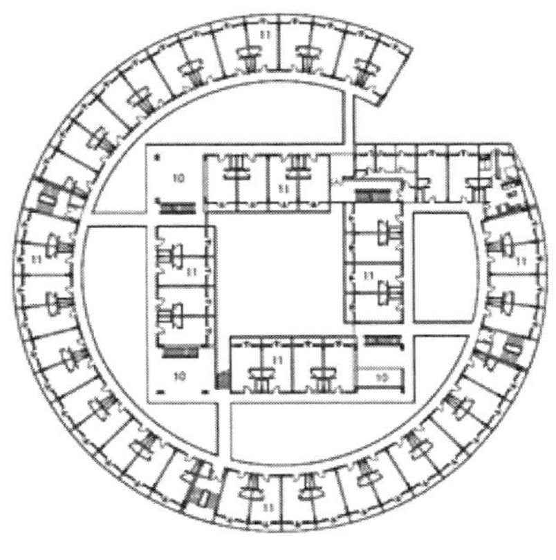

图 3.24 都市实践的土楼公社（图片来源：都市实践事务所）

料、功能等方面的巧妙构思，塑造了富有个性和归属感的居住空间环境。将传统客家土楼的居住文化与低收入住宅结合在一起，不只是形式上的借鉴，更重要的是通过对土楼社区空间的再创造以适应当代社会的生活意识和节奏。

其他的实践还包括任卫中的夯土民居实验、谢英俊的轻钢结构乡村建筑以及近年来孙君等人的乡村建设和乡村振兴实践。随着乡村旅游业的发展，各地方兴未艾的民宿改造热潮也带来了传统民居建筑环境生态营造经验的最新探索和设计实践。

然而传统与现代之间是一个持续往复交织和冲突的过程。诸多的实践都是对传统民居的外在形式或功能上的借鉴，鲜有对传统民居聚落的生成机制和演化规律的继承发扬，而传统民居建筑环境生态系统是一个完整的自组织体系，当代对传统民居建筑环境生态营建经验的传承和优化，既需要从空间存在的角度对其结构要素、功能表征形式进行借鉴和优化，也需要从时间演进的角度对其生成机制和变迁路径进行传承和发展。因此，延续传统不是简单地复制过去的形式让人猜想，或者保留一个空壳供人膜拜，而是要在传统的建筑环境中将人们鲜活的生活方式延续下去。T. S. 艾略特认为，传统不是简单地继承来的，而是需要每一代人付出不懈努力去充分理解和诠释传统对于当代的意义，认真对待过去的传统（tradition of the past）和现在的传统（tradition of the present），才能将这些传统保持下去。建筑评论家威廉·柯提斯对于艾略特的说法也非常认同，他说“人云亦云地将传统视为过去可以看得见的遗产在一定程度上是可以的，但是在当代已经行不通了，建筑师要做的就是寻找最符合当代情境的形式，如果他足够深刻，挖掘得足够细致，就会找到一个满意的答案。”像鲁道夫斯基这样的开山者，20 世纪对传统民居建筑环境的研究是静态、被动的，然而在当代，我们认为没有以现代作为参照物，传统将无法称为传统。现代建筑是“一部似通未通的历史”，传统精神则是“一堂没有上完的课”。地域文脉和民族形式在现代国际主义大潮中的没落，完全是因为我们在观念上将“传统性”和“现代性”根本对立起来，只要经过科学地、批判地继承和转化，传统形式可以重获“现代性”。传统和现代是硬币的两面，现代是出自传统的现代。现代建筑和传统建筑在“理性主义”上是殊途同归的，因此缺乏理性精神和对传统的深入研究恐怕是多年来传统可持续道路所遇到诸多挫折和失败教训最主要的两大原因。

## 3.3.2 技术与艺术的侧重

建筑物理则是从工程技术角度去探讨通风、采光、日照、温度、湿度、辐射强度、噪声等因素对建筑环境的影响及人在环境中的生理舒适感知。而人文艺术关注的是组成建筑室内环境的各要素从比例、均衡、统一、对比、尺度、色彩、明暗、肌理等审美角度及其给人带来的心理感受和主观体验。可持续的建筑室内环境营造设计，不能只注重设计的感性质量和艺术效果，而忽视环境的总体节能舒适性；也不能只关注建筑物理节能指标的控制，而对环境的品质和艺术效果缺乏考虑。综合的可持续设计不仅仅是技术问题、艺术问题，而是更深层次的文化问题、哲学问题和伦理问题。密斯曾经说过，建筑扎根于过去，主宰现在，伸向未来……当技术实现了它的真正使命，它就升华为建筑艺术。建筑依赖于所处的时代，是时代内在结构的结晶，显示时代的面貌。这就是建筑技术与艺术紧密结合的原因。诺曼·福斯特说，当设计者决定采用某些技术时，不论其先进与否，应该根据本地及周边环境条件来判定是否采用。富勒提出的少费多用思想，是出于严谨的科学和工程技术的简化思维。而密斯的名言“少即是多”，则是对美学内涵的表现形式的阐述。

尽管有时艺术性和技术性之间并不一定存在直接的关联，但是，艺术处理手段可以突出民居建筑和室内环境的生态主题，使环境更好地表达出设计师和业主的生态意识，从而加强了建筑室内环境的艺术感染力。建筑室内环境的艺术质量直接影响到人们的生理与心理感受，而人们对于室内建筑环境生理与心理感受的满意度是评价室内建筑环境舒适度的重要标准，因此，建筑的艺术质量也是衡量其生态品质的一个重要维度。可以说，只要艺术性对可持续的室内建筑环境不构成什么危害，就可以运用任何艺术设计手法来提高其艺术质量。

即便是在既有的传统民居建筑环境中，人们也会将内部生活空间按现代方式加以改造，在新的传统式样建筑环境营造中纳入现代材料、现代工艺，这些都是传统技艺现代化的表现。这也说明了传统民居建筑环境是活生生的文化遗产，在现代发展中不仅没有丧失自身的文化特性，还能够变通地调节自身以适应现代舒适、便捷的生活空间需要。从最原始的茅草屋，发展到制作精巧、规模巨大的木构建筑，传统建筑经历了长时期的演变。人们无法单纯考虑文化艺术因素而忽略技术进步对传统民居建筑环境的影响，也无法只考虑技术进步而忽略文化艺术的作用。

## 3.3.3 高技与低技的博弈

在当代的建筑环境设计领域出现了不同的趋势，即以现代高科技产品和技术为代表的绿色生态节能建筑实践和以探索传统地方建筑中低技术为主的地方性可持续实践。高技术派推崇以当今最新的科技手段来实现建筑节能、空间灵活、高效使用的效果。侧重于能源和其他资源的有效利用、建筑材料和建筑物朝有益于人类健康的方向发展、土地如何利用、城市如何经济高效规划才能利于保持生态平衡等问题，然而高精尖技术和新材料、新产品同时也伴随着高造价、高维护、高施工要求，让人望而却步。如美国建筑师巴克敏斯特·富勒、诺曼·福斯特、理查德·罗杰斯、杨经文等人的实践。然而有不少建筑师也在坚持不懈地进行小规模、低造价、延续地方文脉的可持续设计探索，研究传统地方建筑中的设计方法和适用技术革新、利用的现实价值，例如芬兰建筑大师阿尔瓦·阿尔托具有人文关怀和北欧地域特色的市政厅、疗养院，日本建筑师安藤忠雄富于传统韵味的教堂，坂茂的低技术纸建筑等都是很有感召力和广泛影响力的实践。他们追求的建筑气质不是奢华、新潮、气派而是淳朴平实，许多优秀设计都建在小城镇或乡村中，尽管建筑的规模相对较小，却能于平淡中见真实，这种寻求地方传统的延续性并没有淹没在过去，相反，他们尽管在某些方面保留许多过去的建筑语汇，却以一种创新的姿态赋予建筑新的意义。

除了高技派和各地区独自的探索实践，很多国家在战后重建以及复兴建设中也开始了集体社区住宅系统性的人居环境研究，并开展了很多与国家政府的住宅福利、环保政策、法规相适应的设计尝试。这些尝试通常主张以社会福利住宅为主要对象，从经济节能方面进行环保设计，以各种技术设施为主体。例如，第二次世界大战后北欧的丹麦、瑞典等国家的社会福利住宅建设受北欧传统地方主义和当地气候、材料等影响，发展了一条带有浓厚地方色彩的功能主义路径。具有明显传统特色的陡峭屋顶、丰富的色彩和复杂多样的细部、忠实表现材料和结构、低层高密度住宅和塔楼结合几乎纯自然的风景规划，是当时这类北欧住宅社区的主要特征。

当代建筑环境利用现代高科技的施工技术和设备配套来实现高品质的室内外环境营造，然而在人们的观念里，高技术虽然代表着高效率，但也意味着高能耗、高成本。相比而言，低技术具有经济、便利、与自然协调、地域特征强烈的特点，许多传统的乡土建筑中都蕴含了丰富多样的低技术实践，很多看似原始的低技术至今仍然发挥着十分重要的作用。人们不应该只注重追求高科技而排斥低技术的运用，低技术似乎只能算是"雕虫小技"，但正是这些谦逊的"小技"，让很多建筑获得极高的环境品质和节能效益，同时也使建筑的室内外环境呈现出多样的形式和非凡的活力。此外，传统的低技术其实往往也与地方文脉相辅相成。传统的技术、材料和审美观念往往具有强烈的地方特征，由此而形成的建筑设计语汇，成为当地独特的意象符号，也是促进世界建筑多元化的重要因素。

当代生态可持续发展是在谋求经济发展、环境保护和生活质量提高的全面协调，实现有机平衡发展的基础上，满足当代人尤其是世界贫困人口的需求，并通过科技发展和组织，对环境满足当前和未来需求的能力加以约束。生态可持续设计正是建立在这样的可持续发展观念基础上探寻建筑、环境、空间与产品的可持续化设计方向，追求最大的集聚经济效益，最小的资源环境成本和最合理的社会公平。设计中，综合考虑现实环境与未来环境、环境与建筑、环境与人之间良好的连接；在不同的环境中力求体现人们精神文化方面的需求，包括人的环境心理、环境精神以及文化、习俗、审美观念等共性和个性的均衡，同时，充分发挥设计的作用，有效地促进社会经济的发展，利用有限的社会资源创造出最大的社会财富。传统地方建筑对于可持续建筑的真正启迪作用在于其对待建筑与自然环境、建筑与人的关系认识上，在于其因地制宜、因人而异的灵活性、丰富性。传统也因为现代的进一步再利用而重获新生。

# 第 4 章

# 传承与新兴：<br>传统民居建筑环境生态营造的传承演进

客观而言，传统民居聚落的建筑环境生态系统是一个完整的自组织体系，有层次丰富的生态要素结构和与之相适应的环境舒适表征，在时空序列的发展过程中，这样的系统绝不是孤立、静止的某一个案，而在全球千千万万的人居环境聚落中都能找到相似的原型。这些大大小小的人居聚落，在空间结构、地理气候、构造技艺上可能存在各种差异，但是他们对于生态环境的理解和运用也许有很多共通之处，并且很多从远古流传至今的民居聚落及其营造技艺在随着历史发展进行相应的演变进化过程中，也存在很多值得追寻的规律性路径。本章以意大利南部的两个传统世遗聚落为例来探索传统民居聚落在历史时间序列中的变迁路径，从微观的聚落空间系统、单个居住环境到宏观的空间结构转变，来研究传统民居建筑环境生态系统、空间、人口演进的动力因素，以及由此引发的聚落空间结构的演变以及由此带来的新的人地关系特征，以验证传统民居建筑环境生态系统的要素表征属性及演化变迁过程中的个体差异和总体相似性，有利于为我国当代传统民居聚落的保护开发提供参考。

# 4.1 传统民居建筑环境生态营造的传承路径实证

## 4.1.1 传承演进路径的差异性

世界各地的传统民居聚落除了在自然气候、地形地貌、资源禀赋、经济社会等方面存在显而易见的差异，传统民居的营建行为所体现出来的价值理念、生活方式、民族文化和地方精神也存在极大的差异。根据雷金纳德·戈列奇的空间变迁理论，传统民居聚落随历史演进优化的复杂过程背后一定有微观和宏观上的原因和特性。从微观层面来看，在变迁发展的过程中提升了个体的住房质量和生活状况，对村民的身心健康、生活方式、就业生产乃至婚姻家庭都起到极大的改善作用。从宏观层面而言，整个区域的空间结构、人口分布、产业布局、社区变迁、住房、交通、就业等各系统要素结构方方面面都密切发生变化，空间结构和聚落形态随着时间的演变也受到了影响。在给定环境下，系统经过不断探索获得稳定形式，若环境改变了，原来的运动不再稳定，系统又开始新的探索，直到重新达到稳定的状态。系统中各个要素结构在不断地演进行动中进行试错和探索，区分稳定状态和不稳定状态，掌握和保持前者，抛弃后者。这种具有独特差异化和多样化的演进过程，不是一味依赖于先天设计好或遗传的模式，而是在后天的探索过程中达到自维持的稳定状态。

例如，欧洲古典建筑的本质是砖石结构的巨大体块及其内部空间；其外表面也有很多线条，是虚浮于表面装饰性而非本质的，因此在很多时期的变革运动里，装饰都成为或被继承或被拿掉甚至“装饰即罪恶”的话题。正如弗兰克·罗伊·赖特所言：“直到今天，古典建筑都是先致力于外部雕饰，然后再从里面挖出居住的空间”。现代建筑在处理框架结构时，是带有其传统“体块”式审美习惯的；如柯布西耶的萨伏伊别墅，建筑师并没有把框架的内在逻辑反映到外观上，而是把这座别墅当作一个立体派的雕塑来设计，就像一个外观简洁、玲珑剔透的镂空方块，被一些纤细的柱子支在地面上。包括马赛公寓也是一个从实体到框架的过渡产品，因为设计师感到了框架的图案之美和强烈的装饰性而将其作为立面装点的噱头而已。秉承“少即是多”的密斯是理性主义的极致代表，然而在他设计的钢筋混凝土玻璃幕墙摩天大厦中，用巨大完整的玻璃表皮将真实的结构严严实实地遮盖起来，再在这些表皮上贴“工”字断面的金属线条，重新求得垂直线的装饰效果。他以人造之美代替了结构的天然之美，最终陷入了对形式美的非理性追求中，或许也是西方根深蒂固的体块思想的反映。

而中国建筑的线却是建筑本身不可缺少的结构构件和围护构件，若去掉这些线，则建筑不存。依据梁思成先生的理解，这些线条即便具有装饰性，也是在结构和构成作用之外兼具的作用[①]。中国传统民居建筑环境的框架体系并非全然得自于一种自然状态，而是古代匠师们凭借清晰的设计概念，自觉地将结构和围护两类不同的东西加以区分得到的。围护结构又分轻质围护如板壁、门窗等，以及厚重的夯土墙，不论是轻重虚实，都是有意识地将其与结构区别开来。中国建筑这种独特的“框架性”外观，根本原因在于内在结构——古典木构架体系在古代建筑中的独特性。而木材的材料性质，决定了其最自然、最简便、最合理而且最经济有效的结构方式就是框架式的。大到整幢建筑，小到门窗家具，都是先以木骨架构架出其轮廓，再用土、木、砖、石甚至纸等形形色色的材料围之。另外，中国建筑早至唐宋时期就采用了模数制——材分法，是世界上迄今唯一真正大面积推行并实现了标准化、模数化的国家。依靠这套完整和精密的模数制，再加上木构节点上的物理性连接，全部木构件可以分别被精确加工，然后再将它们运送到施工现场进行组装、现场装配，堪称古老的“预制、装配化”。

这就好比中国的竹器与古希腊的陶瓶，在两者表面都可以看到丰富的线条，但它们在根本上是不同的。对于陶瓶而言，这些线是装饰性的、虚浮于表面的、其本质是由陶土所形成的体量；而对于竹器来说，这些线就是竹器本身。若去掉这些线条，陶瓶依旧，而竹器不存。西方的建筑营造，不管是否采用集中式的形制，一般都向着高度方向发展，追求挺拔高大的形体。而我国的传统建筑则是更多地在平面上寻求丰富多变的灵活性，所以多以庭院为基本单元，沿纵横轴线扩展，建筑单体的进深不会太大，这样既有利于室内的自然采光，开敞的庭院或天井所产生的拔风效果也有利于整个居住环境的自然通风。

此外，中国传统民居建筑环境还符合独特的意境审美：传统民居建筑环境并不强调突出自己，而是主动地融于自然，实际上是另一种方式的对自身的肯定：建

---

① 1954年梁思成先生在《中国建筑的特征》文中，概括出以下中国建筑的九大基本特征：（1）单体建筑由“下分”台基、“中分”屋身和“上分”屋顶构成；（2）群体建筑形成庭院式布局，庭院成为“户外起居室”；（3）以木材结构作为主要结构方法，由木构架承重而墙体不承重；（4）运用斗栱支撑悬挑和减少梁柱交接的剪力；（5）通过举折、举架构成弯曲屋面；（6）采用大屋顶，突出屋顶的装饰性；（7）大胆使用颜色和彩画装饰；（8）构件交接部分大多袒露，构件出头部分大多进行艺术加工；（9）大量使用琉璃瓦和砖石木雕。

筑既属于环境，也成就了环境的一部分，使空间、境界更加辽阔、深远，比如“借景”手法的运用。为了达到与环境尽量融会的效果，传统中国建筑的形态与空间具有渗透性和流动性，就像书画的笔触周围所形成的“晕”，既存在又有不确定性，似静而又流动，既利于建筑融于其所在的环境，也利于围合空间。我国传统框架式的木结构建筑，墙体是实实在在的填充墙，可有可无、可虚可实。室内通过隔扇、罩、屏风等灵活隔断进行划分，可分可合，再在顶棚、藻井或精心修饰的屋架构件的配合及室内陈设及绿化的衬托下，营造如自然般的轻盈灵动与活跃感。同时，室内环境通过门窗与室外有机连接，将自然天地的大美景色悄然引入，而亭子和一些特殊的厅堂等则直接向室外敞开，将室内小空间和大自然融合在一起。同时，通过“强化水平线条”“横向构图”等手法，可使建筑获得舒展开阔的气象，又以这样的抽象形态与伸展的地平线、延绵无尽的大地景观协调呼应，取得与自然环境在整体形态上的整合，并形成了传统中国建筑环境轻盈通透而有“动势之美”的总体气质。

共性形成相似性，差异带来复杂性，因此只要有系统就有差异性，只要有系统就有相似性。莱布尼茨说过：“世界上没有两片树叶是完全相同的”。在系统内部要素结构涨落的差异中协同自组织是系统发展的源泉和动因。同一性自身也包含着差异，有差异才有涨落，有能量、物质和信息循环的驱动力，差异的特殊性、协同性、普遍性生成了世界。系统间只要在要素结构和功能表征中有相似的特性就会形成相似性，也反映了系统彼此间存在共性特征，也是相似性和差异性的对立统一体。差异是绝对的，而相似是存在一定差异的相似。共存系统间诸要素似而不同，差而不异，协调演变，密切配合，相似相成，和谐共生。

## 4.1.2 传承演进路径的相似性

相似性即系统的某些要素结构或功能表征的整体或局部趋于相似，局部与整体在结构、要素、功能、表征、空间、时间等具有相似性，是自然界事物的构成规律，使系统具有无穷的层级并能保持紧密联系。在开放性的耗散结构中，当对应系统序结构存在共同性时，系统之间存在相似性。换言之，对于一个复杂的系统，如果在时间、空间、结构和功能上形成类似的序结构，那么这两个系统则是相似的。若两个系统的要素结构诸如几何、介质、边界条件等在量值、数值上相似，则可以说两个系统相似。即，系统相似需满足 3 个基本条件：遵循同一自然规律的现象；

初始条件相同，相似指标为定值；相似准则数值相等。任意层次上复杂系统的相似都包括该层次上的“功能相似”“结构相似”及“结构与功能固有关系相似”。系统具有相似性，根本原因在于世界的物质统一性。

自然界的一切事物大多具有相似的层次结构，例如，大树上有树叶和树枝，而任何一根局部的树枝与整棵树的结构都惊人相似，连叶子也有相似的脉络结构，是整株植物有机体脉络的缩影。此外，在植物的不同生长期，每个树枝或叶子的脉络图形都和植物当期生长阶段形态存在相似性。又如，干涸的河道、山川的脉络也存在很多相似之处。因此，相似性是自然界客观存在的普遍现象，揭示了复杂系统背后的类似规律，研究相似性可以建立系统与系统之间、系统的局部要素结构与整体间的本质联系，以跨越一切尺度的复杂系统来解析各类型系统的共性规律，在整体和局部、无序与有序、宏观与微观之间建立新的探索规律和认知视角。

存在反映事物和系统在空间中的相对静止、恒常和稳定；演化标志着事物和系统在时间中的绝对运动、发展和变化。对系统演化的研究离不开对系统相似性的研究，在相似共性的基础上揭示系统动态演化的一般规律。相似不仅体现在要素结构实体形式的相似，还体现在要素之间结合关系和演进历程的相似。系统存在方式的相似性，是指诸要素表征在空间序列中结构、形式的几何、静止状态特征具有直观的相似性；而系统演化方式的相似性，则是指生态系统在时间序列中整体调节适应、动态发展的过程具有潜在的相似性。而系统在时间与空间、存在与演化的本质上和形式上都是可以相互转换、相互依存的。

相似归纳的思维也是一种系统思维，为人们提供了一种认识世界的思辨方法，透过表面现象认识本质问题，看到事物在时空序列中的历史和运动轨迹，看到事物发展的相似和差异等诸多特性。模型与原型的关系就是系统相似性的典型应用。例如，智能化设计模仿人脑的机能，以设计绘图软件通过计算机模拟来虚拟实现人们所需要的产品，因此这种设计模式体现的是生态系统的功能相似。再如，产品的绿色设计就是一种全生命周期循环的设计过程，即经过设计、制造、流通、使用、维修、废弃、回收、重新启用的闭合循环过程，资源可循环再生利用，避免了资源的浪费，因此这种设计模式体现的是生态系统的过程相似。又如，模块化设计是根据产品的不同功能结构，将其分解成若干个可以组合的功能模块，通过多样化功能模块的组合开发，按照一定的方式达到产品多样化的系列组合设计，因此这种设计模式体现的是生态系统的结构相似。纵观这些设计方法，都源于系统思维理念，分别从不同的侧面强调系统化的生态控制策略。

传统民居建筑环境生态系统的自组织系统通过自维持、自修复、自适应、自学习、自组织等一系列的自控制手段完成在时空序列中的稳定存在与演化发展。在历史的长河中，传统人居聚落的演化变迁是一个长期复杂的过程，且每一个独特的人居环境聚落在其营建变迁的过程中都具有生态适应性的能力，而生态适应就是随着环境变化，系统本身发生有利于自己生存延续的变化。自镇定是维持系统稳定性的自适应行为，自修复是维持系统可靠性的自适应行为，自学习是通过获取信息、积累经验来提高系统自身的组织和适应能力，自组织是系统承受环境选择压力而逐渐演化出与环境相适应的能力。更高水平的自适应性是不论环境是否变化，系统都能够通过与环境的相互作用使自身的性能得到巩固和优化。

因此，本书将在接下来的章节中以意大利南部传统人居聚落阿尔贝罗贝洛特鲁利（trulli of Alberobello）和马泰拉石窟城（sassi of Matera）为例，研究传统民居建筑环境生态系统如何在历史的演化变迁过程中实现现代的传承和复兴发展。相对而言，意大利这两个传统聚落阿尔贝罗贝洛圆顶石屋和马泰拉石窟的建造年代更加久远，并处在遥远的地中海地区，地理气候条件各异，同时采用天然手工、建筑形式不规则、场地条件复杂、使用材料杂乱等不可控因素更多，但是他们巧妙利用自然资源来调节聚落及住宅微气候、改善居住环境舒适度的很多做法却与我国的实践存在极大的相似性。地中海地区是人类文明最早的发源地之一，在人居环境演变上具有悠久的历史传统，其古老的民居遵循地理气候条件、节约自然资源，同时具有自由变化的丰富形式，对栖息地的发掘和保护谨慎精到，室内的居住环境也尽量满足人类正常生存与繁衍的舒适需求，体现了很多古老传统的地中海人居环境建造的生态智慧和经验。而这两个远古聚落更突出的特性在于，他们在历史长河的发展中，不但能够在工业革命和现代科技的冲击下保持自身空间结构的完整性和生态营造技艺的延续性，还能充分融入现代经济社会的发展并实现聚落的复兴和价值的传承。特别是马泰拉，这座意大利东南部巴西利卡塔省的历史古城，其历史老城区是意大利唯一一座完整保留了史前石窟建造技术的民居聚落。由于长期交通闭塞，生活条件贫瘠，卫生环境恶劣，整个石窟老城曾经被称为意大利的“民族耻辱”。第二次世界大战之后的1952年，政府将原住民整体迁出。在古城废弃空寂30多年后，为了保护这个史前建筑聚落，1986年开始实施古城再生计划，1993年，古城被联合国教科文组织列入世界文化遗产名录，这个地区也逐渐成为意大利南部的著名旅游胜地，并成功当选为2019年“欧洲文化之都”，由此整个马泰拉古城实现了不一样的复兴。

# 4.2 演进与传承——以意大利特鲁利圆顶石屋为例

阿尔贝罗贝洛小镇（Alberobello）是意大利东南部阿普利亚地区（Apulia）最古老的圆屋顶民居聚落，其独特的蘑菇形圆屋顶和干石垒筑的原始技法保留至今，1997年被联合国教科文组织评为世界文化遗产。阿尔贝罗贝洛在意大利乃至整个世界上都是迄今为止规模最大的、保留最完整的史前圆顶石屋聚落（图4.1）。被称为特鲁利（trulli，为trullo的复数形式）的蘑菇状圆顶石屋，是无灰泥建筑的典型代表，垒筑十分方便，完全用石头垒制，不用灰泥粘接，被称作史前建筑技术的活化石，也成为意大利传统民居建筑环境聚落现代传承与文化复兴的典型代表之一。

（a）阿尔贝罗贝洛特鲁利小镇（trulli of Alberobello）

（b）马泰拉石窟城（sassi of Materra）

图4.1 意大利南部两个世遗古镇示意

## 4.2.1 特鲁利的生态要素结构

### 4.2.1.1 地理气候

阿尔贝罗贝洛小镇位于北纬40°47′12″，东经17°14′16″，海拔高度为428m，受典型的地中海气候影响，光照充足，盛行西风，冬季气候温和，降水量丰沛，最低温度约为4℃（1—2月），夏季干热少雨，最高温度约为33℃（6月底—8月下旬），年平均气温为15℃，最大相对湿度为75%左右。降雨期集中在秋冬季节，夏季则非常干旱。

在地中海周边地区，很多乡间都散落着这种以干石垒制技术建造的集中式圆顶石屋，而在位于伊特里亚河谷（Itria）和皮尔赫斯峡谷（Pyrrhus Channel）之间的阿尔贝罗贝洛镇所处的缓坡上，自发性地聚集了绝大多数的特鲁利民居（图4.2）。这些圆顶石屋造型十分别致，由两部分组成，下部分是圆筒或方形的承重墙体，上部分是圆锥形拱顶或椭圆形拱顶，也有金字塔形或球状顶的，远看就像一堆有趣的窝窝头、神秘的坟包或者是一片自然的蘑菇丛林，当地人将其单体称为特鲁洛（trullo），也有人称其为圆顶石屋、斗笠屋。阿尔贝罗贝洛（Alberobello）的名字也非常有诗意，直译为丽树镇，即“美丽的橡树”，在拉丁语中指的是森林或树木茂密的区域。可见早期这一片地区几乎是原始橄榄林区无人居住的，附近的农夫将原始的石堆改造成为圈养牲口、储藏农具的石屋，并最终发展成为人居空间并在这片土地生存安居下来。而在这里集中出现如此规模的特鲁洛圆顶石屋建筑聚落（图4.3），不仅是为了满足人类的生存和发展需求，也是长期适应当地地理条件、自然气候而形成的结果，其建造过程充满了原始朴素的生态智慧哲学。

图4.2　阿尔贝罗贝洛特鲁利小镇的平面布局（中间白色斑块为世界遗产保护区；白线以内为旅游拓展区）

图4.3　阿尔贝罗贝洛（Alberobello）特鲁洛圆顶石屋聚落

#### 4.2.1.2 原始建造技艺

特鲁洛的建造就地取材，用当地产的石灰石块垒筑。干垒石墙的技术是最原始的建造技术之一，整个屋顶下面的一圈石墙由内外两层承重墙和中间的填充层组成，当地人称为“sacco”。特鲁洛房子直接建造在石灰岩面上，将农地里收集来的不规整石块经过手工切削后，铺搭在称为“conza”的水泥灰浆上。这样，干燥的石块和低度的粘合保证了整体结构具有略微的伸缩张力，并通过石块之间的摩擦咬合达到结构的稳定。承重墙往往有三圈层，先是用切削齐整的大石块垒成内外两圈，再把切削过程中留下的碎石料填实到两圈间的空隙里。因此，承重墙的厚度一般可以从上部最薄的0.56m到下部基础最厚的0.92m，有的承重墙最大厚度能达到甚至超过1m。在圆筒或方形的承重墙垒到1.5m左右就可以向上收拢，搭建锥形屋顶（图4.4）。

屋顶石瓦的垒叠技法非常原始，现在看来极为独特，是基于最古老的叠涩技法将砖石层层内收而成（图4.5）。整体结构也有3层，内层采用典型的叠涩技法，当地人称为“chianche”，是延续承重墙内圈的石块往上叠拢至尖顶，由大石块一圈一圈往上拼接收拢并借助石块间的相互咬合形成稳定的圆锥拱顶结构，尖顶用定心石固定，再在外层大石块间用碎石料填平（图4.5）。最后，在最外层采用当地人称为“chiancarelle”的方法把薄的石瓦片叠垒至顶，最厚处也能达到80cm左右。这些石瓦片3~7cm厚，和内层不同，铺叠的时候要按照约10°的倾斜度一圈一圈往上铺，间隙用碎石块支撑保证稳定性，为的是在雨季让雨水顺着瓦片向下流而不是倒灌进屋顶、室内。通常整个结构搭到尖顶的定心石，就能体现石屋建造匠师的手工技艺水平的高低了。因为是圆拱形结构，稍不注意就会导致坍塌，因此在建造过程中需要匠师随时注意保持每一圈层的平衡，为了达到这一点，他

图4.4 特鲁洛干石墙体的搭砌过程

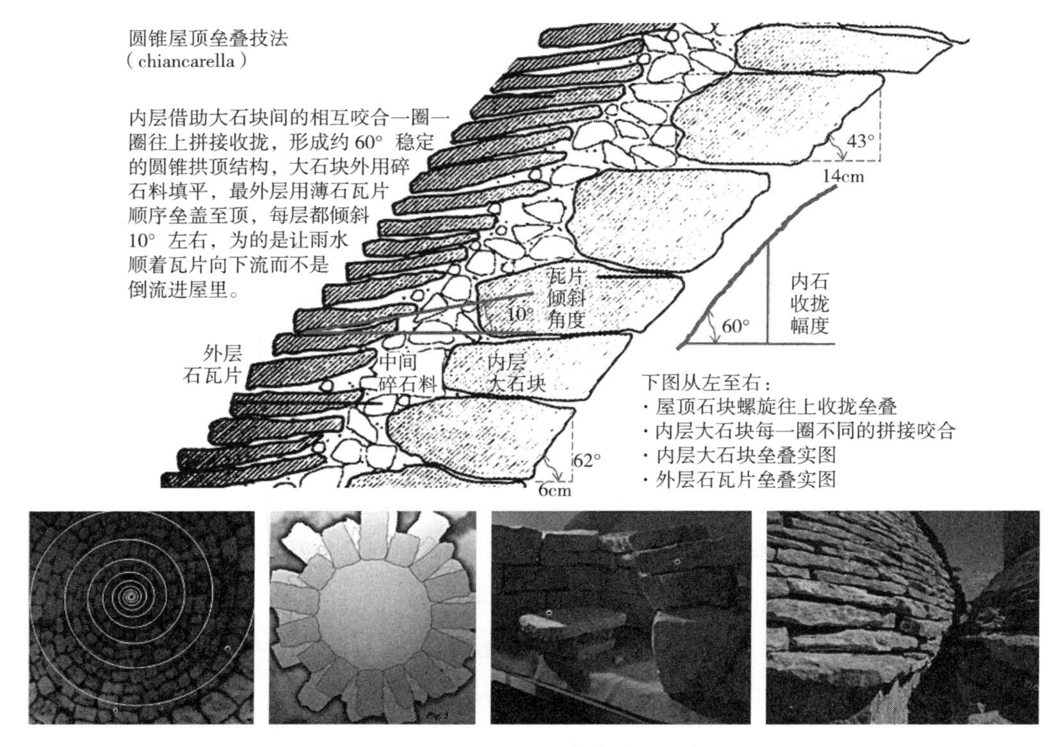


图 4.5　圆顶石屋原始垒叠技法示意图

们利用线绳和双曲拱形从圆筒屋的中心点拉线作为施工参照。通常大一些的房子还采用了一些巧妙的雨水收集技术，锥顶外层石瓦的底部檐口会留出凹槽和汇水孔，瓦面上的雨水层层淌到这里，并顺着墙边的排水管导流到低处的蓄水池里。这种建造技法非常原始，古爱琴海文明的迈锡尼狮子门上，也有类似的叠涩拱，而亚平宁半岛上的古代埃特鲁里亚人常用叠涩砌法模仿拱券和穹隆来建造墓室，可见这种建造技法多么年代久远，在当代能通过特鲁利圆顶石屋展示给今人，确实很不易。

特鲁洛圆顶石屋采用的原始叠涩建造技法在我国也找到很多应用，而且比其年代更早。采用原始叠涩建造技术进行干石垒筑的阿尔贝罗贝洛特鲁洛圆顶石屋聚落最早可以追溯到 14 世纪，那时正值我国元末明初，而砖石叠涩结构早在东汉时期（公元 25—220 年）就已经产生并大量应用于墓塔等建筑的建造中（图 4.6）。叠涩结构的出现，是探索一种简便的砖拱结构施工方法的结果。

在我国，砖结构按出现先后的顺序为：梁板式结构——两边支承的筒拱结构——四边支承的拱壳结构（如四边结顶、盝顶、圆穹隆顶等）——叠涩结构。早期的砖结构为简单的梁板式。秦代出现以拱券为基础、两个平行边支承的筒拱结构

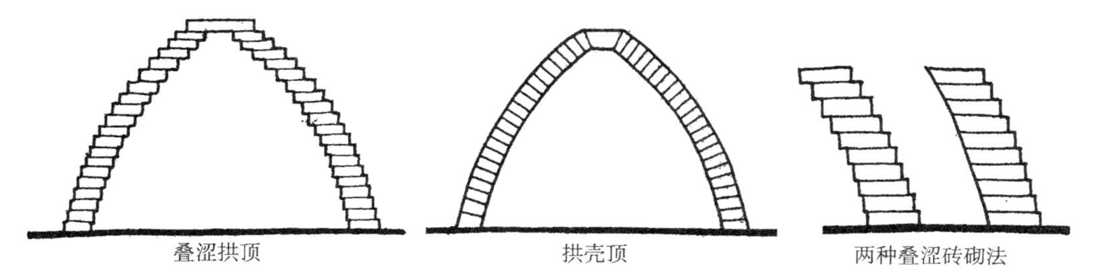


图 4.6 我国起源于东汉的叠涩砖砌技法（图片来源：《中国古代建筑技术史》，2000 年）

和周边支承的拱壳结构，当时的砖结构从梁式空心砖逐渐发展为拱券和穹隆顶。西汉末年的拱壳顶，矢高较小，砖块在横轴、纵轴方向都受压，采用无支模施工方法。随着拱壳的矢高增大，在东汉衍生出新的叠涩结构，保持了拱壳的外形，采用逐皮砖面成水平逐层出挑的砌法。从结构上看，叠涩结构的砖块不仅受压还要受剪，但在施工上砌筑较拱壳方便，砖的规格也减小许多。这种砌法相较不断改变砖缝面角度的拱结构，施工简便得多。此后，唐宋辽金诸代，叠涩结构在砖墓、砖塔上被长期运用。

特鲁洛圆顶石屋的锥拱形屋顶干石叠涩砌法应该是来源于古老的地中海文明和亚平宁半岛的建造传统。公元前一千三百多年的迈锡尼文明遗迹狮子门上，就有世界上最早也是最简单的叠涩券结构遗迹之一。亚平宁半岛上古代伊特鲁利亚人用叠涩砌法模仿拱券和穹隆建造陵墓，迈锡尼诸王的陵墓就是内空净高 15m 的叠涩穹隆结构。此后罗马人继承了伊特鲁利亚人的建筑技术，将拱的形式进一步发展为十字拱，大大增加了砖石建筑所支撑的内部空间跨度。到 14 世纪意大利东南部的贫民也继承了这些建造技法，并将其用在其最简易的特鲁洛居所搭建上。特鲁洛屋顶下部圆筒形的墙体也有和我国类似的墙体收分技巧，具有“下厚上薄”的特点。可以说叠涩技法是人类对扩大室内空间要求的创造，是人类建造智慧的体现，也是人类共有的财富。

#### 4.2.1.3 建筑形态及组合变化

早期的石屋都是各自独立的筒锥单体，最初的特鲁洛建筑的唯一开口就是正立面的门，又小又矮，因此室内自然光线和通风都极少。在使用灰泥浆粘接之后，石屋的结构更稳定，这里也变成了可以永久居住的村落，石屋的建造更为精细化。首先是由单体向群组的发展演变。人们逐渐意识到需要增加更多的光源，因此也做了很多相应的调整，例如开窗、扩门、增加对流等。随着家庭人口的繁衍增多，需要的生活空间加大，通过连接原来的单体、增加新单体、围合成院落等形式的变通和改造，将石屋住宅逐渐复杂化、群组化。民居的组合形式有了丰富的变化，一户民居可能由一顶或几顶特鲁洛组合而成，而大户人家可能有几顶特鲁洛自由组合成的院落，当地称之为“trullaia”。如 Trullo Sovrano，18 世纪初可以使用黏土粘接时就开始建造，为村落中地位最高的牧师所有，是聚落中唯一一间具有两层结构并有室内石梯连通的组合住宅（图 4.7）。其次是由零散分布向连片成型。从住宅群的正背面和剖面特写中可以看到（图 4.8），不同大小、不同规模、功能各异的圆顶石屋齐齐相挨，有机连接起来，贫穷人家的矮石屋和富人家的高石屋、教堂等有机混杂在一起，连接成片，从远处看，这些浅白墙深灰顶的圆顶石屋就像山坡上长出来的一个个小蘑菇包。而这些结构的变化，也极大地促进了整个聚落的环境舒适度。单体建筑体型简洁，凹凸较少，形体系数较小，对于减少冬季热损失非常有利。而群体组合相互之间形成紧凑的遮阳通风体系，对整体聚落环境的气流和热辐射交换有极大的促进作用（图 4.9）。

典型特鲁利石屋（图 4.10）室内外的墙壁都用灰浆过白，室内地面也用当地烧制的粗陶砖铺设，屋顶由于经年累月石材的氧化、雨水的冲刷腐蚀加上苔藓丛生等，最外层的石瓦片逐渐变成深灰色，因此当代的圆顶屋都是深灰顶加浅白墙的色彩组合。圆屋顶的白色顶尖（pinnacolo）是特鲁利石屋原来唯一的装饰元素，既具有装饰作用，又有象征意义。尖顶的柱头雕塑是基于几何形状的变体，有方块形、三角形、心形、星形、金字塔等造型，几乎各家屋顶柱头造型都不同，柱头越繁复，技艺越高超；各式各样的柱头也便于区别各家，相当于门牌号的作用；而柱头

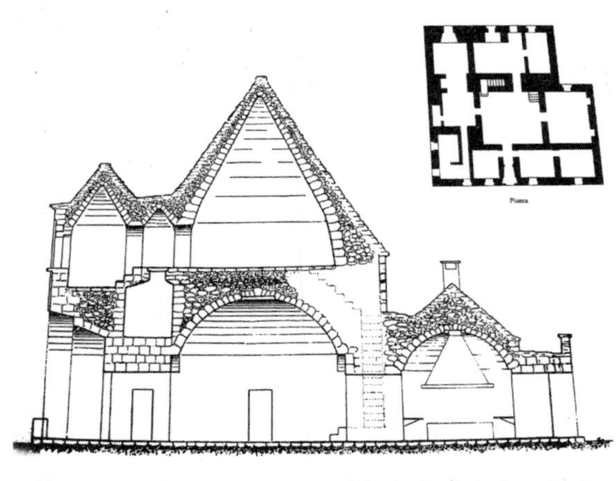

图 4.7　Trullo Sovrano，18 世纪初具有室内石梯的两层组合石屋（图片来源：当地博物馆）

图 4.8　圆顶石屋聚落中住宅群面貌的正背面及剖面特写

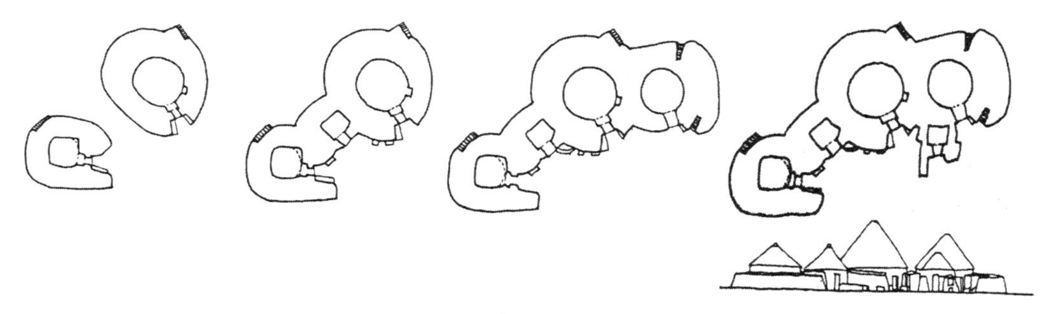

图 4.9 圆顶石屋由单体向群组发展的演变过程

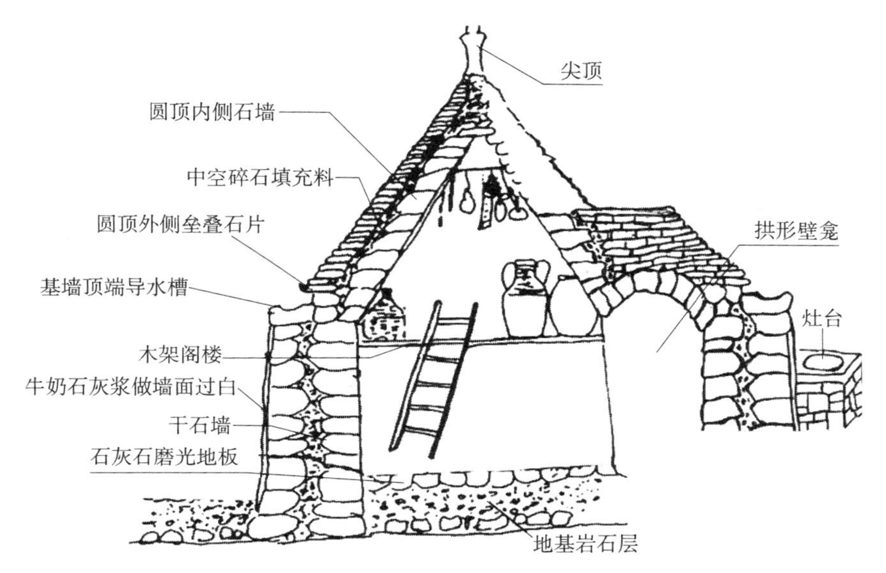


图 4.10 特鲁利单体空间布局及围护结构图示（图片来源：根据当地旅游局海报整理）

的繁复精致，也代表了屋主的社会地位和审美品位。而深灰顶上的白色石灰符号标志则是 1927 年后，为了迎接墨索里尼的来访而画上的，目的是为这个原始聚落增加更多的神秘色彩，是宇宙、宗教、星座的象征，也有避邪的作用。

### 4.2.1.4 朴素生活方式

在生活和生产方式上，小镇的居民主要以农业种植、畜牧等为生，也有制鞋、编柳木筐等手工艺。平均一个家庭有 8 个人，挤在不足 50m$^2$ 的空间里。因此室内的空间安排非常紧凑，厚厚的石墙内还可以嵌入一些凹室空间作为壁炉、储藏甚至卧榻，不到 8 岁的小孩睡在木质的小摇篮里或者是储藏柜上。使用的生活器具是粗陶或木制的碗盘、壶罐，生活物资匮乏，人们节衣缩食、轮流分用。一人高以上的空间用木板架设成阁楼，通过梯子爬上去，可以作为额外的居室或储藏空间。由于石墙比较厚，开窗很少，只有墙面和顶面的两三个小窗，因此室内的光线非常微弱。此外，由于石坡地面比较硬实，难以挖掘地下排水排污管道，因此室内没有设置厕所，而是以木桶作为便壶，白天将粪尿倒到室外的大粪桶中，并混合秸秆草料等作为堆肥，这种原始自然的生活方式也保证了从泥土中来到泥土中去的原化原则。

## 4.2.2 特鲁利的生态舒适表征

为了深入了解意大利南部地中海传统民居的建造技法及其建筑环境热工性能，意大利巴里工学院尼古拉·卡迪纳勒（Nicola Cardinale）教授团队从 2001 年开始到 2016 年间对特鲁利圆顶石屋及周边的马泰拉石窟城等地中海传统建筑进行持续跟踪调研，试图通过现场实测和计算机模拟剖析评估这些独特传统民居建筑的室内热工性能和舒适程度，在一定程度上帮助当代人们了解这些传统建筑类型优越的生态性能（图 4.11）。团队的研究方法包括三方面：一通过具体仪器追踪监测的选定老建筑，包括如温度、湿度和气压等室内外环境物理指标；二是对现场进行实际测量，包括建筑尺度、材料配比、墙体厚度等；三是通过 DesignBuilder/EnergyPlus 软件进行模拟分析；最后通过三方面的数据比较来综合分析这些古老地中海建筑围护结构的环境质量和热工性能，并依据现有条件推断计算墙体的热传导系数、室内热舒适性和人畜植物等与环境热交换的室内外环境质量具体指数，以期从物理量化角度衡量这些传统地中海民居的人居环境质量。

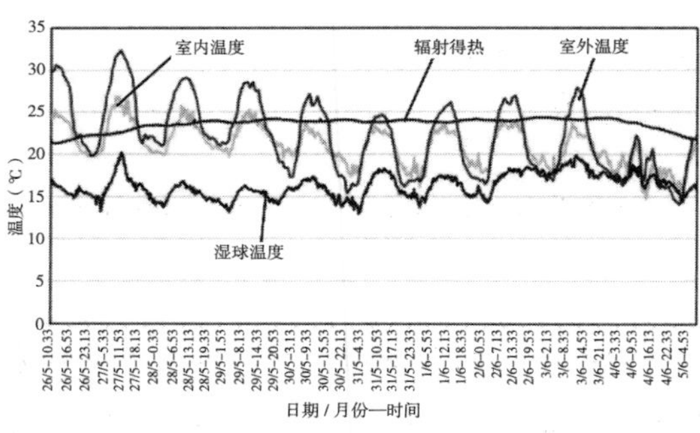


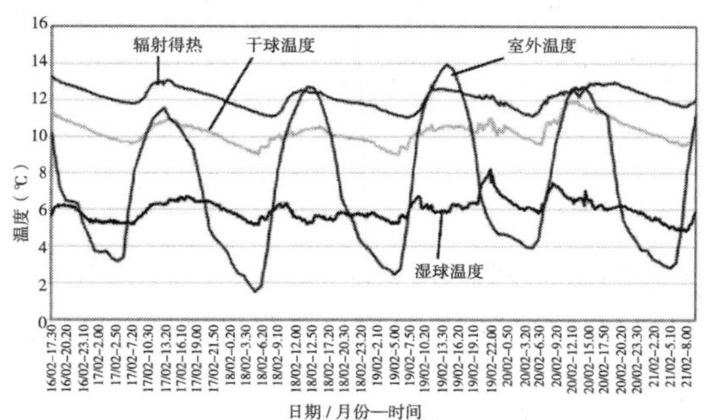


图 4.11 上：特鲁洛室内环境夏季温度实测结果；下：特鲁洛室内环境冬季温度实测结果（图片来源：Cardinale N et. al.，2013）

阿尔贝罗贝洛圆顶石屋小镇海拔高度为 428m，受典型的地中海气候影响，阳光充足，夏季干热少雨，最高温度约为 33℃（每年 6 月底—8 月下旬期间）。

2007年6—7月间团队对圆顶石屋的实测数据，由于圆顶石屋的墙体从下到上的厚度从92cm至56cm变化不等，实际选择监测点墙体厚度74cm，地上高度超过100cm。根据连续监测10天的数据显示，室外温度昼夜在34℃至19℃区间波动变化，室内墙体温度则稳定保持在24℃左右。平均方式计算的墙体热传导系数为$C_{mean}$=1.823W/（$m^2$·K），均值为$\lambda_{average}$=1.349W/（m·K）=1.823W/（$m^2$·K）×0.74m；黑箱方式计算的系数则为$C_{mean}$=1.870W/（$m^2$·K），$\lambda_{average}$=1.384W/（m·K）。

实测结果显示，虽然圆顶石屋处于地中海气候地带，夏季室外温度较高，昼夜温差幅度也比较大，但是4—11月，即便到夏季室外最高温度高达40℃时，室内仍能保持温度24~28℃、相对湿度50%~60%的人体舒适状态。此外，墙体的季节蓄热性也很高，其本身有极高的热透射值，通过不同的季节性释放传导，如将夏季的热储存到冬季进行释放散热，因此在室外低至2℃左右的寒冷天气里，室内只要简单地增加木材燃烧的烤火灶，即可将室内温度提升到人体舒适的状态，比室外暖和10℃左右。

### 4.2.3 特鲁利的演进传承之路

最早的特鲁洛圆顶石屋可以追溯到14世纪，文件记载阿尔贝罗贝洛形成稳定村镇聚落规模的特鲁洛民居是在1600年前后，但直到18世纪末这个聚落才被承认为市镇。最初的村落是将原始的石堆改造成为圈养牲口、储藏农具或粮食的临时性石屋建筑，17世纪那不勒斯王为了约束男爵的权力，颁布了法令，要求没有总督批准不能建立新村舍。因此，这一带受管辖的穷人们想到一个对策，直接以干垒石墙的方式搭建居所，像圈养牲口、储藏农具的石屋一样，不用灰泥黏接，这样督抚来巡查的时候可以推倒部分屋顶，使之看起来像破败的牲口棚而不是新造的村舍，这样就不用给总督上缴新屋税，等他们走了再把石墙垒起来接着住。直到18世纪承认镇制后，当地的民居建筑才被允许在大石块间抹灰泥建造稳固的屋舍，这对于村民们来说不仅仅是有了一个永久的居所，更是一个极大的身份认可。而令人不可思议的是，这一地区的人们一直将干垒石墙的原始建造技术沿用至今，即便在细微处有些许调整，当地的民居依然是这种深灰瓦白石墙的圆顶石屋，一代又一代的人在这里居住、繁衍、生活。因此使得这个橄榄丛生的荒石坡从最早只有零散住户逐渐发展成为拥有一万多居民的小镇，甚至成为意大利南部乃至地中海地区最独特、拥有最密集分布圆顶石屋的传统民居聚落。

20世纪20—30年代，钟情于乡土人文情怀的意大利理性主义建筑师朱塞佩·帕加诺（Giuseppe Pagano）厌烦了对于经典风格的模仿，遂把目光投向了亚平宁半岛广袤的乡村大地，寻访了包括Alberobello圆顶石屋在内的乡土建筑代表，并首次在1936年米兰三年展意大利乡土建筑专题展中着重介绍了特鲁利房屋（图4.12）。1964年美国的伯纳德·鲁道夫斯基举办了《没有建筑师的建筑》展览并出版同名书籍，1969年高芬格（Myron Goldfinger）的《阳光下的村落：地中海区域建筑》对整个地中海盆地的乡土建筑梳理，阿伦（Edward Allen）的《石头民居》（*Stone Shelters*）中也都重点介绍了意大利特鲁利（trullo）蘑菇状石头房。

图4.12　朱塞佩·帕加诺（Giuseppe Pagano）在1936年首次意大利乡土建筑展图集中介绍特鲁利民居

在当代，还有部分人住在石屋里，特别是老一辈的居民，他们生于斯长于斯，已经将这种生活方式视为他们的习惯根基。这个独特的原始民居聚落代表了当地人们的传统文脉和身份特征。由于旅游业的发展，也有一些年轻人来到这里，将这些原始石屋改造成为酒店，供外来游客居住，也因此获得了极大的经济收益。1996年其被联合国教科文组织列为世界文化遗产，以认可他们原始独特的建造技艺、完整的居住体系及其背后的普世价值，是人类活态文化不可或缺的一环。2005年该镇还与日本以茅草屋为特色的传统聚落白川乡结为友好镇。而2015年米兰世博会的世博中心就是汲取了特鲁利圆顶石屋的造型特点，采用了类似的锥形圆顶的造型，不仅体现了当代建筑扎根于乡土建筑传统的特征，也进一步说明了具有独特造型的特鲁利圆顶石屋已经成为意大利传统民间特色建筑最具代表性的符号象征之一，其聚落环境不仅展示了历史悠久的史前建造技术，其所代表的传统营建技艺和生态营造思想在技术上和观念上对后世的影响也不可磨灭，在意大利乃至国际上都产生了极大的影响（图4.13）。

图 4.13 2015 年米兰世博会媒体中心的特鲁利造型

由此看来，阿尔贝罗贝洛的特鲁洛圆顶石屋聚落使用当地石材，建造既满足人们基本生存需求又能适应当地气候且风格和谐统一的灰白圆锥顶石屋，不管是在空间结构、建筑造型，还是在建造技术及其热工性能、排水、绿植等方面都充满了浓厚的朴素生态智慧，成为意大利乡土建筑被动式生态技术的典范。通观而言，其独特的发展路径显示了统一而又变化的特性，首先是坚持原则：以现代标准来看，这个独特的聚落早期的石屋起源于“临时”“违章”的农舍建筑，其合法性是通过无数的斗智斗勇才争取而来的。这种圆顶石屋建筑的垒叠技法非常原始，现在看来极为独特，却是基于人类最古老的叠涩技法将砖石层层内收而成。几百个世纪来，当地人们还能坚持原则，始终保持这样的建筑造型，始终依赖这样的当地石材，始终坚持这些传统的营造方式，实属难得。其次是可以灵活变通地适应地理气候的约束、社会的发展和生活水平的需要，既体现了天人合一的自然观，又具有独特的历史人文价值。尽管显得很原始朴素，却在充满了古典教堂、神庙、斗兽场等纪念建筑的意大利古罗马帝国中是一种独特的鲜存在，也成为现代记录早期人类原始建造技术的活化石。

## 4.3 变迁与复兴——以意大利马泰拉石窟城为例

马泰拉石窟城（Matera）是意大利东南部农业贫困区巴西利卡塔省（Basilicata）的一座历史古城，也是意大利唯一一座采用史前石窟建造技术并完整保留至今的传统民居聚落，1993 年被列入联合国教科文组织世界文化遗产名录，近年又被评为

2019年欧洲文化之都（图4.14）。马泰拉石窟属于典型的冬季暖和、夏季湿热的地中海气候。其历史老城区在天然大峡谷南侧的穆利亚山丘（Murgia）斜坡地带依石山而建，是意大利唯一一座完整保留了史前石窟建造技术的石窟民居聚落。而被称为“萨西”（sassi）的传统洞窟民居在马泰拉老城中数量最多，分布最广，是最为基本的空间组织单元，也是体现意大利南部人居环境地域特色最为重要的物质载体。国际古迹遗址委员会（ICOMOS）曾经将这一古老聚落描述为：“一座石头里刻出来的人居聚落，保留了建筑群落的完整性，层次丰富的环境景观承载了人类历史文化的重要见证”。因此，本书从环境生态性角度探索意大利马泰拉石窟这个传统地中海聚落的独特发展路径，从地理气候、空间结构、建筑材料、雨水排流和收集系统、典型室内布局和建筑环境热工性能等方面，分析这一类古老传统的地中海人居环境建造的生态智慧经验及其在当代的变迁、再生的特征和动因。

图4.14　左：18世纪初马泰拉石窟版画（作者：Pacicchelli，1702年绘制）；右：石窟城空间结构

## 4.3.1　马泰拉的生态要素结构

### 4.3.1.1　地理气候与空间结构

马泰拉处于北纬4039′50″，东经1636′37″，海拔高度为401m，2012年左右冬季最低温度约为2℃（1—2月），夏季最高温度约为31℃（6月底—8月底），最大相对湿度为80%左右，年均降雨量为543mm。

聚落所盘踞的山丘是独特的沙土石灰石地貌，石多土少，寸草难生。自石器时代起就有人在此挖洞穴居住，中世纪时附近僧侣为了躲避战乱也逃到这里，所以在这里聚居的多是寻求庇护的下层贫苦人民。由于土地贫瘠，农牧业经济落后，进出交通闭塞，周边部族长期压制，这个区域的贫民只能自给自足，勉强维持生存。但是千百年来居民们在长年累月与有限的自然资源和恶劣气候的抗争中，因地制宜、就地取材，开洞穴、建石屋、辟道路、修教堂，使这个偏僻山区在自给自足的缓慢发展中逐渐成为一座封闭完整的聚落。

马泰拉石窟这座历经风雨的千年古城，其总平面看似为一块杂乱无章的碎玻璃，但整个聚落却像有机生长在石坡上一样。石窟聚落的建筑纯粹是普通劳动人民自觉自发建造的，依靠自然、结合地方材料、场地气候和地形构造，是自然生长的有机聚落，也是传统精湛建造工艺的代表，具有很多可供现代参考的生态营建思想。

整个聚落在不宜耕种和放牧的山石坡地上建造居住空间，大大节约了自然耕地面积。同时，在这个山坡上还依势将有限的空间进行立体划分利用，不管是完全天然穴居、半穴居还是脱离于洞穴的独立石窟民居都是在逐级挖出来的洞窟上修建的，层层叠叠，错落有致。虽然石窟常年潮湿阴暗，但是由于处于地中海地带，阳光充足，选址于阳坡之上，相互之间无光线遮挡，家家户户都能获得充足的日照。

整个聚落坐北朝南，盘踞在峡谷北侧的石崖坡上，人居石窟、储藏小窟、牲口窟、蓄水池、道路阶梯密集、齐齐挨挨地随机分布叠落在石崖上。层层叠落的石窟房，上层一家的庭院是下层的房顶，庭院、道路有机分布穿梭其间，在整个石窟区，从崖顶最高处的教堂到靠近峡谷低处的房子，垂直方向上的石窟房总共垒了12层之多。村里的交通道路就是房舍之间随意留出的空间，可能是一户人家的房顶，也可能穿过某个建筑的拱底。当人行走其间，小巷纵横交错，阶梯上上下下，建筑高低错落，空间变化多端，犹如迷宫一般。房前屋后的空间，既是自家花坛庭院，也是公共走道。而同一层的几家人围聚成的小院落，则是大家茶余饭后的聚集交流空间（图 4.14）。

#### 4.3.1.2 原始建造技艺

马泰拉的石窟民居大部分都是半天然洞穴半人工构造物的结合体。大多数的石窟房中天然挖掘和人工砌筑的比例都随着时间的推移有所变化，越接近晚期，人工砌筑的成分越多，空间的划分也越发复杂。早期的石窟比较原始，主要是在悬崖的天然洞穴中挖掘出足够居住的空间，并用石块垒成门、支柱、隔断墙壁等结构，成为临时居所。比较成熟的石窟房则是围护结构用崖坡上的石灰石块砌筑，拱顶覆盖以赤陶瓦片的筒型空间，以人工构筑为主，只有少部分依附于天然石墙，或者已经脱离了崖壁，成为独立于空台地但沿承穴居结构建造的独立式石头房单体（图 4.15）。

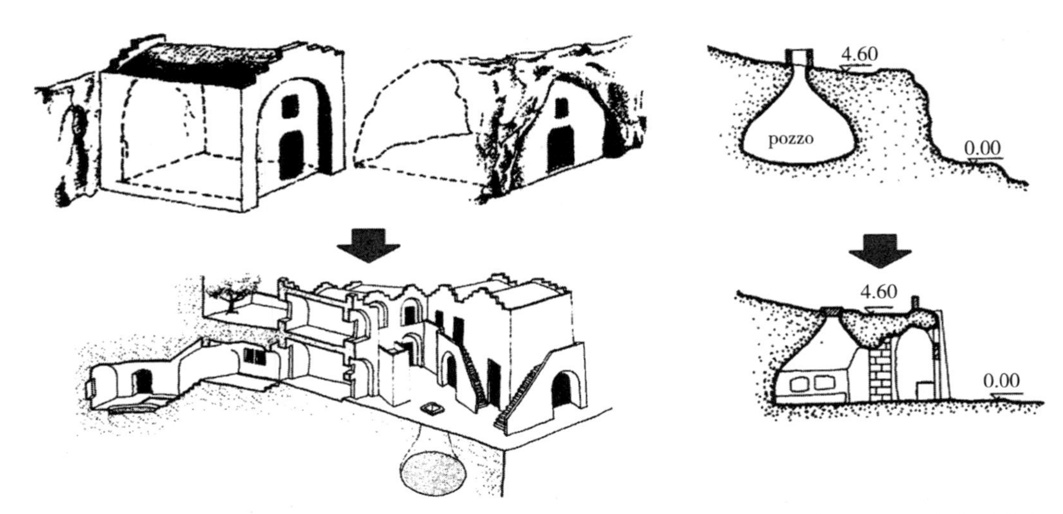


图 4.15　马泰拉石窟的单体结构和庭院组合横断面的结构演进：从天然到人工，从简单到复杂（图片来源：Laureano，1993）

民居的组合排布形式以马蹄形为主，中间围绕着称为“vicinato”的中庭，主要的房子为长条矩形并朝向南边以在冬季获取更多的阳光照射，并采用自然通风等被动技术保证了室内居住的舒适性。而在建筑进深上，从洞口往崖洞深处依次倾斜向下挖掘，居住间、储藏间、牲口窟从外到里依次下沉一定深度。石窟最里面的墙上 1m 高的地方还设有一个方形壁龛，一般用以祭祀神灵，传说若冬至日阳光能照到里屋的神龛上，即说明整个家宅受灶王神灵护佑，而这样的信仰也影响了当地人对于房子进深、朝向和入口高度关系的设计。据考察过马泰拉石窟的欧洲学者解释，这样的向内倾斜度和壁龛设计是为了控制居室的进深高度比以增加冬季太阳的照度，因为当地处于地中海气候带，冬季的太阳高度角比较低，室内深处水平降低一些，可以增加阳光的照射概率和幅度，从而改善石窟内部阴暗潮湿的环境（图 4.16）。

为了进一步了解马泰拉石窟的传统营造技艺，本书对其建造过程中进深的内向倾斜设计体系进行如下推理，根据太阳高度角的计算公式（4.1）：

$$\sin H=\sin\delta\sin\varphi+\cos\delta\cos\varphi\cos\omega \quad (4.1)$$

式中　$H$——太阳高度角 °；

$\delta$——太阳赤纬，即太阳光线与地球赤道面的夹角 °；

$\varphi$——测点纬度；

$\omega$——太阳时角，以当地正午为 0°，上午为负，下午为正，每小时相差 15°。

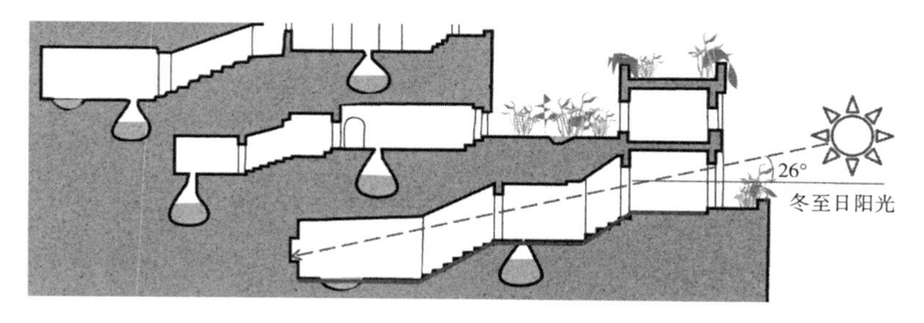


图 4.16 马泰拉石窟的内向倾斜设计

马泰拉石窟城的地理位置大约处于北纬 40°40′，东经 16°36′。若分别计算该城在夏至日和冬至日正午时的太阳高度角，则在此式中 $\varphi$ 为 40°40′，正午时刻太阳时角为 0°，即 $\omega$=0°，夏至日 $\delta$=23°27′，冬至日 $\delta$=−23°27′，计算结果如下：

夏至日 sin$H$=sin23°27′sin40°40′+cos23°27′cos40°40′cos0°=0.956，太阳高度角约为 72°47′；

冬至日 sin$H$=sin（−23°27′）sin40°40′+cos（−23°27′）cos40°40′cos0°=0.438，太阳高度角约为 25°52′。

假设要求冬至日正午时阳光可以照到室内最深壁 1m 高处的壁龛，则在太阳高度角 25°52′（接近 26℃）的夹角下，若门高 2m，则室内水平进深只有 3~4m，根本不够一大家人加上牲口居住。因此，为了增加内部进深空间，往崖洞里挖掘在水平方向上也不是完全的水平平衡，而是将室内地坪逐级向内下降，人居主室、储藏间、牲口窟从前到后一致往石崖深处依次下降一定斜度，使最内壁的水平线降低，这样室内的进深可以增加到 5~6m 甚至更多，由此大大增加了可供室内居住的空间。在地中海气候带冬季的太阳高度角比较低的自然条件下，这样精巧的向内倾斜度和壁龛设计体系既可通过控制居室的进深高度比增加冬季太阳的照射概率和幅度，改善阴暗潮湿的石窟环境，还可以巧妙地增加可供利用的居住空间。

石窟群庭院组合的横断面结构，显示了房屋建筑、楼梯、绿植、半公共的庭院、庭院中的蓄水池和背后石崖的有机结合。庭院组合的平面图展示了在一个几户人家组合成的庭院式石窟房里，每一户人家的陈设布局、休憩空间、牲口空间。有的家庭人多，需要围合的居住空间要大一些，砌筑得也比较规则，有的家庭就一两口人，根据需要在其他家庭的间隙中直接往石崖里掏出足够的空间即可。每户的陈设，也是简单地能维持生存和繁衍的摆设，睡床、桌椅、储柜、厨炊、农具、牲畜笼等。基本上每家只有一个起居空间，一张床，孩子多的家庭，要么跟父母挤在床上，要么睡在粮食柜、储物柜上。床上只有玉米叶、秸秆做铺垫，床下有时候还放着笼子养鸡鸭。部分家庭还会架织布机，供主妇织缝一家人全年穿用的衣服鞋袜。家里养的牛羊牲口，是主要的经济来源和生存依靠，一般白天放出去在峡谷周边散养，晚上则赶进家来圈关在居室最里面的空间，用薄墙跟前面的人住空间隔开。里间牲畜积攒的粪便，掏出来晒干后，或作为堆肥，或用作烧饭的燃料。

此外，在这些石窟的建造过程中也出现了一些独特的手工技艺，如建筑室内外装饰的细节，门楣、壁龛上各家的装饰雕刻各有不同，而更有意思的是，每家每户房顶上的烟囱造型也各不一样，当地人说老一辈这么设计，是为了识别是谁家的房子。

#### 4.3.1.3 雨水排流和收集系统

储排水系统是石窟居民最为重视的问题，关系到整个聚落的生存与发展。由于整个石窟聚落处于丘陵边沿的峡谷崖壁上，依靠从格拉维纳峡谷（Gravina）深处的溪流中汲取每天的生活用水对于居民们来说非常困难，因此更多是“靠天生存”，收集天上的雨水。马泰拉年均降雨量达到543mm，但是由于该地处于地中海北岸，降雨期都集中在秋冬季节几个月时间里，夏季则非常干旱，降雨量稀少，因此整个聚落必须要有完善的雨水收集和管理系统才能满足一年的均衡用水。

每家每户都会在石窟地下挖掘当地人称为“冰屋”（cistern）的蓄水井，或者预留蓄水的石洞。每栋建筑都有收集雨水的管道，屋顶排水管、道路排水渠以及露天石面上的各种水沟将雨水引流到每个房间的地下、公共庭院和门前过道下面的蓄水池里，作为干旱时的备用水。公共区域还有大的蓄水池，下雨时，雨水从崖顶的街道和房顶顺流而下，因此所有房屋都有接到雨水的机会。同时大一些的房子还采用了一些巧妙的雨水收集技术，如在檐口增设凹槽，将自家房顶上的雨水通过管道收集到地下水池里过滤沉淀备用。随着整个聚落的逐渐发展，人口的逐渐增多，老的地下蓄水池也可以经过挖掘、加工处理后成为新的居住空间（图4.17）。联合国教

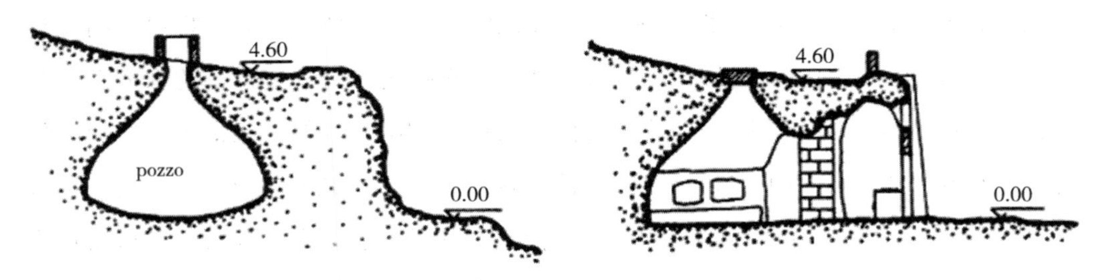


图4.17　废旧的蓄水池改造为居住空间（图片来源：Rota，1990）

科文组织在评定马泰拉进入世界遗产名录的时候，也充分认可了这一聚落的储排水系统，并将其称为“空中花园”或者“悬挂的花园”（图 4.18）。

图 4.18 意大利南部马泰拉石窟城居民的水资源收集及分配系统（图片来源：Pietro Laureano）
1—坡上引水渠道；2—屋顶的山坡；3—开挖的穴居；4—屋顶空中花园；5—地下综合体；6—屋前花菜园；7—室内水储存井；8—庭院雨水收集池；9—室内空气的流动；10—道路及沟壑也属于收集和分配水资源的系统；11—为避免水流失开挖的深层洞穴；12—浅层生活用水池

### 4.3.1.4 典型室内布局

笔者选取了一间岩石教堂下方朝向东面大峡谷的半穴居石窟房作为典型研究，其至今还保留着 20 世纪 50 年代搬迁前的模样和布局。该房位于峡谷边上岩石教堂下方的天然石洞里，使用总面积大约 55m$^2$，70% 是人工构筑物，作为主要居室使用，剩下的边角是完全天然的石洞掏出来的空间，除了正立面和将近一半的屋顶暴露在外，其他的结构都有机地镶嵌在岩石洞穴中。主体为集合了起居室、厨房、储物间和牲口栏的大间和一侧的小间冰屋储藏室，地下有共通的地下蓄水池。发挥蓄水作用的地下水池称为“cisterns”，而附着在主居室旁边的临接小窟称为“cantine”，以存储肉粮等食物，制作葡萄酒，或者当牲口棚。室内拱顶高度约 3.15m，室外屋顶最大高度约 4.6m，石灰石块的墙体厚 45cm，屋顶内层是石块搭建的拱顶，顶上外层铺设了小块的防水陶瓦。

洞内的功能分区非常有序，一进门大约 20m$^2$ 的拱形居室就是主要的生活起居空间，屋顶内侧最高点将近 4m。居室外侧摆放了一张饭桌、几把木椅，周围沿墙摆放了衣物柜、粮食柜、纺织机、锄头、犁耙等生活和生产用具。仅有的一张床占据了居室内一大部分空间，底下垫着厚厚的稻草秸秆，上面铺着女主人自己手工织的床单，床前是婴幼儿的摇篮。床的对面，粮食柜隔开的空间饲养家禽和牛马，最内间掏的天然洞可以圈养羊群等牲畜（图 4.19）。

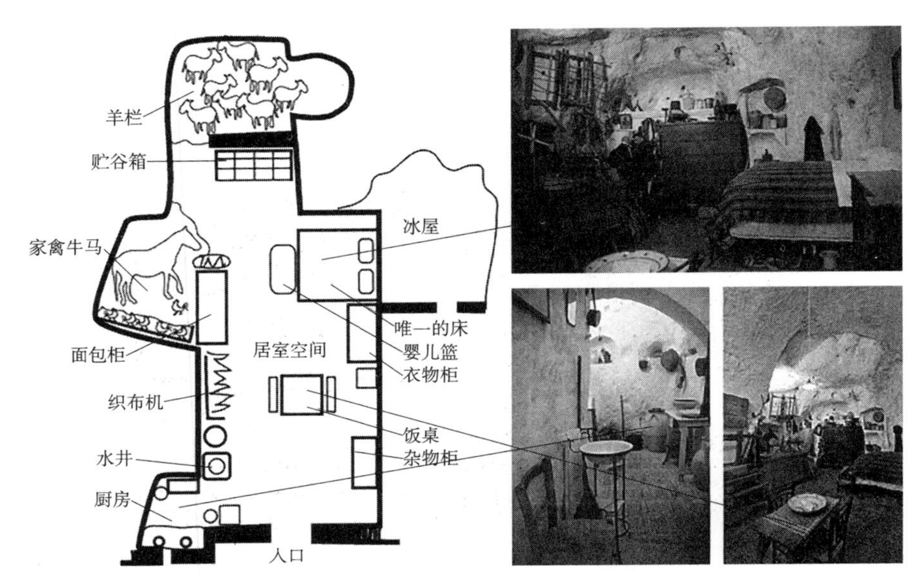


图 4.19　20 世纪 50 年代搬迁时以原貌保存至今的石窟房典型室内布局

入口侧面掏出了一个小洞作为厨房，室内唯一的供热来源是厨房里烧柴火的炉灶。有纯铁铸制的灶台，厨房所用工具悬挂在墙上或放置在从墙上挖的储物格内，厨房洞穴里也有朝外的暗窗，靠近入口处也便于通风排烟。石窟内的地下依循石洞的天然构造形成了一个大蓄水池，落到房子周边和屋顶的雨水汇聚到水池里沉淀，留作生活用水，居室里有井口可以直接打水使用。在房子侧面地下水池的裸露部分上还附建了一个储藏室，依靠地下水结冰的温度保存肉类等粮食。

## 4.3.2　马泰拉的生态舒适表征

意大利巴里工学院尼古拉·卡迪纳勒（Nicola Cardinale）教授团队从 2001 年开始到 2016 年间对马泰拉石窟城及其典型民居的实测分析给本书提供了很多分析其生态舒适性表征的佐证。根据 2007 年 6—7 月团队对马泰拉石窟房的实测数据，定点监测的马泰拉石窟房围护结构墙体厚度为 48cm，根据连续监测 10 天的数据显示，夏季马泰拉地区室外昼夜温度在 40℃至 20℃区间来回波动，而监测石窟的室内墙体表面却一直能保持 21℃左右恒温。2013 年再度用更为精确地仪器对马泰拉石窟房进行室内外温度实际监测，数据表明室外昼夜温度在 31℃至 15℃区间来回波动，而监测石窟的室内湿球温度在 19℃上下浮动，室内干球温度和辐射温度大体接近，在 25℃上下浮动（Cardinale N. et al.，2013）（图 4.20）。

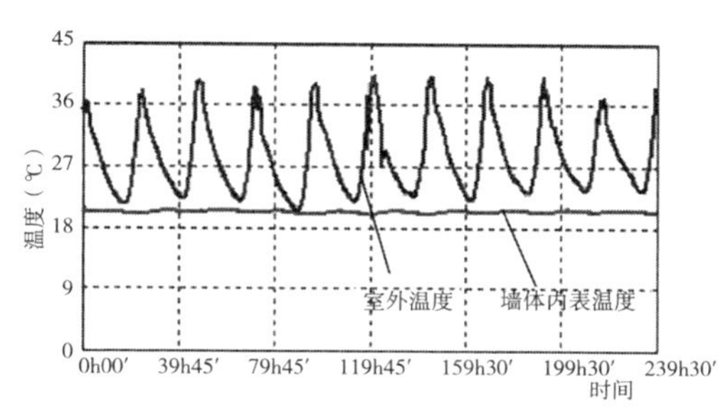


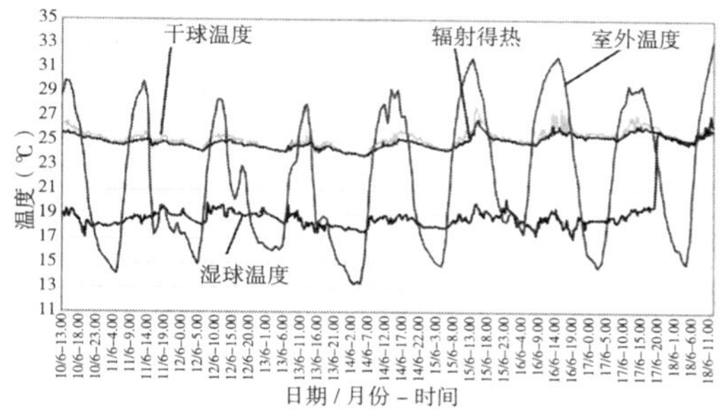


图 4.20　左 2007 年 Cardinale 团队对马泰拉石窟房室内外的实测温度对比（下部底线为室内温度，上部曲线为室外温度波动变化）；右 2013 年夏季对石窟的进一步环境温度监测

（数据来源：Cardinale N et al.，2013）

同时，通过计算机软件 Energy/Plus 模拟马泰拉石窟房室内外常年温度，模拟周期为一年，根据数据可发现，当冬季室外温度低至 6~8°C 时，室内温度保持在 10~12℃，而夏季即便室外温度高达 35~40℃时，室内温度仍可以保持在 25~26℃。

此外，以平均方式计算的热传导系数为 $C_{mean}$=1.366W/（$m^2$·K），均值为 $\lambda_{average}$=0.655W/（m·K）=1.366W/（$m^2$·K）×0.48m。而以黑箱方式计算的热传导系数则为 $C_{mean}$=1.356W/（$m^2$·K），均值为 $\lambda_{average}$=0.651W/（m·K）（图 4.21）。

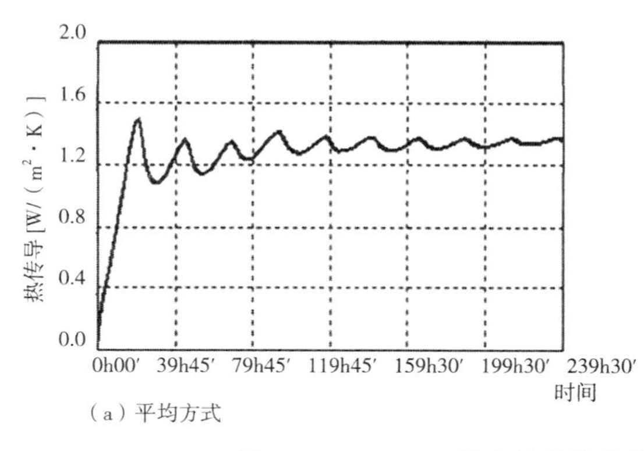


（a）平均方式

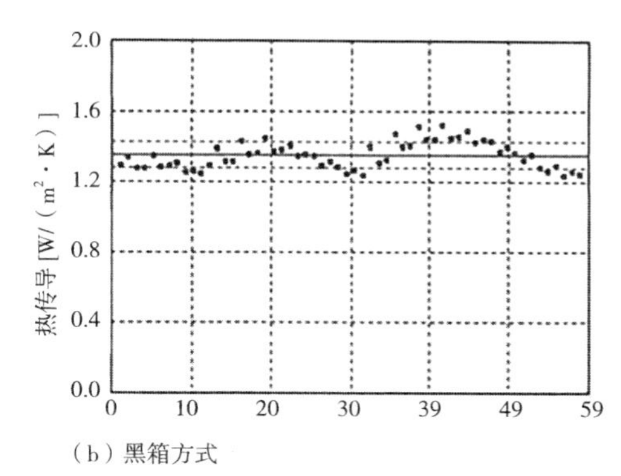


（b）黑箱方式

图 4.21　Cardinale 团队计算的马泰拉石窟围护结构热传导值域

（数据来源：Cardinale N et al.，2013）

因此石窟民居的优点是显而易见：（1）部分围护结构被岩石包裹，有效减小了体形系数；（2）土壤或岩石储热性能良好，对外界的冷热变化具有延时效应，在严酷多变的气候条件下可保持相对稳定的室内热环境，最大限度减少温湿度变化和冷风渗透对民居建筑室内环境的影响。

### 4.3.3 马泰拉的生态不舒适性

即便传统的马泰拉石窟在营建过程中有很多生态优越性，但也存在很多不生态甚至不健康的地方。不管是天然还是人工构筑的石窟，室内的居住环境还是非常局促有限的。出于保暖和安全等方面的考虑，石窟的建造只有入口小门、门上拱顶称为“sopraluce”的小格栅窗以及厨房的烟囱风眼作为室内与外界联系的出入口。窑洞只有洞口可以通风采光，所以通常把门做得比较大，而且门上还有通风窗孔，是为了组织空气对流，说明人们已经意识到利用下门上窗的高低差产生的自然热压气流，可以达到通风排气的效果。但是还远远达不到现代居住环境的通风采光标准，室内环境的通风、采光质量很差，长期阴暗潮湿、空气污浊。20 世纪早期之前大部分的石窟都处于人畜混居的状态，每户生养好几个孩子，跟家禽和牲口一块儿挤进不到 60m$^2$ 的石屋里住。后来加盖的石头房才慢慢变成楼上住人、楼下或侧面圈养牲畜。人畜混居在现在看来虽然存在众多弊端，但在封建时代，石窟居民不断被平原其他族群压制侵扰，农耕土地也被剥夺，只能依靠有限的牛羊牲口为生，因此这几头牲口禽畜对一家人来说就是命根子，保护牲口安全，人畜混居也是唯一的解决方案了。但是这里山势险峻，资源匮乏，交通不便，因而经济发展缓慢，人们生活贫穷落后的状况改善。千百年来随着人口逐渐增多，人畜混杂的生活模式难以改变，室内居室和街道环境的卫生状况极其恶劣，牲口粪便随处撒播、脏乱不堪，街道房子拥挤破旧。一家大小加上牲口挤在这几十平方米的空间里，人畜粪便都积攒在洞窟的深处，室内环境又缺乏通风采光，可想而知，居住环境的质量相比于现代而言是难以形容的（图 4.22）。

以现代的标准来看，室内空气品质衡量包括放射性气体、悬浮颗粒物、微生物等气体污染物，而石窟民居里除了人和动物粪便堆积、地底蓄水池长期潮湿霉菌、狭小空间内居住人员过多产生的废气聚集之外，建筑中的天然石灰石材、地基土壤中本身可能含有的镭及其长期蜕变产生的有害气体氡，这种无色无味、自然界唯一的天然放射性惰性气体极易进入人体呼吸系统而造成肺部的放射性损伤甚至肺癌，因此这里的居民很多都患有长期咳嗽、肺痨等疾病。室内的氡主要来自于花岗岩、陶瓷制品、砖、砂、水泥及石膏等建筑与装修材料。虽然马泰拉石窟城千百年来居住了多少代人无从知晓，而受石窟氡气的放射性影响产生的危害有多大也难以统计，但欧洲周边国家对居住建筑受氡辐射危害的研究统计就足以让人感到震惊。法国核安全预防所从 1982 年开始对法国 1 万多个乡村、市镇进行了居室内氡含量测

图 4.22 人畜混居的室内空气环境质量示意
（注：只有一扇门和窗作为通风采光口，洞穴深处污浊聚集，空气质量和采光都很差）

定，其中有 0.5% 的住房氡含量超过 1000Bq/m$^3$，而法国规定的警戒线是 400Bq/m$^3$，氡是法国民居遭受自然辐射的最主要因素，占所有日常对人体造成放射性影响因素的 34%。德国的调查显示，每年几乎有 2500 例肺癌死者是由于长期暴露于氡气辐射而致病死亡。根据专家建议，保持室内环境良好通风，增强建筑围护结构的密闭性，是减少受居室内氡气放射污染影响最简捷的办法。然而由于马泰拉石窟的建筑结构和人畜混居的居住模式，即便加大开窗提高通风量，一时半会儿也是难以改善居住环境质量的。

## 4.3.4 马泰拉的演进变迁之路

由于长期生活贫困，牲口人畜粪便积聚，卫生环境恶劣，20 世纪 40 年代意大利作家 Carlo Levi 在马泰拉政治避难期间深刻体验了当地生活，并在其后来出版的书籍中描述了当地农民的生活惨状，在整个落后贫瘠的南部农业区都难出其右了，因此整个石窟老城被称为意大利的“民族耻辱”。而这样的耻辱，对于这个具有光辉历史的伟大国家和高傲自大的意大利人来说，是难以忍受的“污点”。第二次世界大战结束之后，意大利进入了 20 世纪 50 年代的国家复兴计划和狂热的城市建设黄金期。1952 年，为了抹去这个国家污点，在企业巨头奥利维蒂的投资推动下，地方政府颁布迁居法令，强制将石窟区 2 万多户的贫苦农民迁出去，并在离老石窟城不到 5km 的平原腹地建立了新村安置点（La Matera）（图 4.23）。

图 4.23　20 世纪 50 年代最初设计的移民安置村
（图片来源：意大利 *Casabella Continuita* 杂志，1954 年第 200 期，37~38 页）

奥利维蒂总裁安德利阿诺（Andriano Olivetti）饱受中欧民主式的教育，这个新村安置点完全由他的企业免费为迁居来的贫民建造，新村民们还能分配到周边足够生活的农耕土地，将在石窟区靠有限牛羊为生的畜牧贫民转变成了具有少量土地耕作的农耕村民。卢多维科（Ludovico Quaroni）等人负责新村的规划和民舍的设计，突出了社区的概念，人居空间为两层的楼板房，民舍的建造使用了现代建筑典型的混凝土与当地的石头、红砖材料，按传统萨西（sassi）的斜顶屋、遮阳棚、外露的结构样式砌造。但建筑室内的功能又根据现代生活需求变化进行了适宜性地调整和优化改善（图 4.24）。由于地处石崖背后开阔的平原腹地，农舍的占地面积更为宽松，有意识地把牲口棚或谷仓则设在住宅的前侧或后侧，将牲畜的活动空间与人居空间分开，以提升居民的居住环境质量。街道也没有做成宽直的现代大道，而是仿造老马泰拉村的冷巷风道，家家户户紧挨着，间杂着杂货店、小工艺品店、手工作坊，新村中心还有教堂、社区公共楼等。

随着新村的人口逐渐增多，到 20 世纪 90 年代，企业又为该村建造了一个生态社区（ecopolis），白色耀眼的现代化联排公寓，每家每户都有宽敞的居住空间和庭院，楼与楼之间留有大片的绿地，不仅环境优美，同时也为居民的相互交往留出空间（图 4.25）。此外还增加了儿童公共游乐场、运动健身馆、停车场等设施，门前屋后的小景观设计也非常宜人，既舒适卫生，又呈现了具有当地传统文化特色的空间。在不断升级的居住环境中，马泰拉新村的居民社区建设管理有序、服务完善、生活便利，也逐

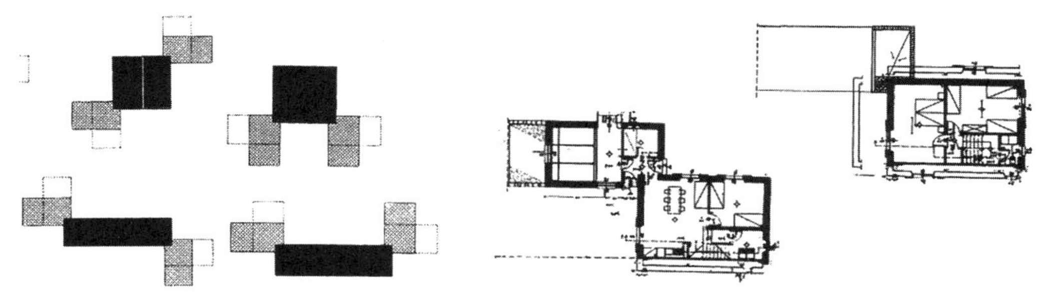

图 4.24　马泰拉新村 La Matera 的村镇规划、屋舍布局和室内空间设计
（图片来源：意大利 *Casabella Continuita* 杂志，1954 年第 200 期）

图 4.25　20 世纪 90 年代后移民安置村新建的生态自治小区

渐形成了一个基于民生实际生产、生活需求的自觉循环和可以自维持的社区典范。

整个聚落的变迁发展是一个长期持续的过程，从社会学角度而言，人口迁居现象也具有独特的演变轨迹。根据雷金纳德·戈列奇的空间行为迁移理论，短时期大规模的人口迁移是一种复杂的现象，其背后一定有微观和宏观上的原因和特性。迁居是个体与环境互动的产物，居民前后迁出和回流的行为在微观和宏观两个层面上都产生了深刻的影响。从微观层面来看，以提升石窟贫民的居住质量为迁居出发点，但也极大地改善了村民的身心健康、生活方式、就业生产乃至婚姻家庭状况。从宏观层面而言，居民迁出和回流石窟城的行为与马泰拉整个区域的空间结构、人口分布、产业布局等方方面面密切相关。随着时间的演变，空间结构和聚落形态都受到了影响，形成了老石窟城—新城区—新村的三圈格局，而三者之间的聚落形态是互为传承和补充的（图 4.26）。

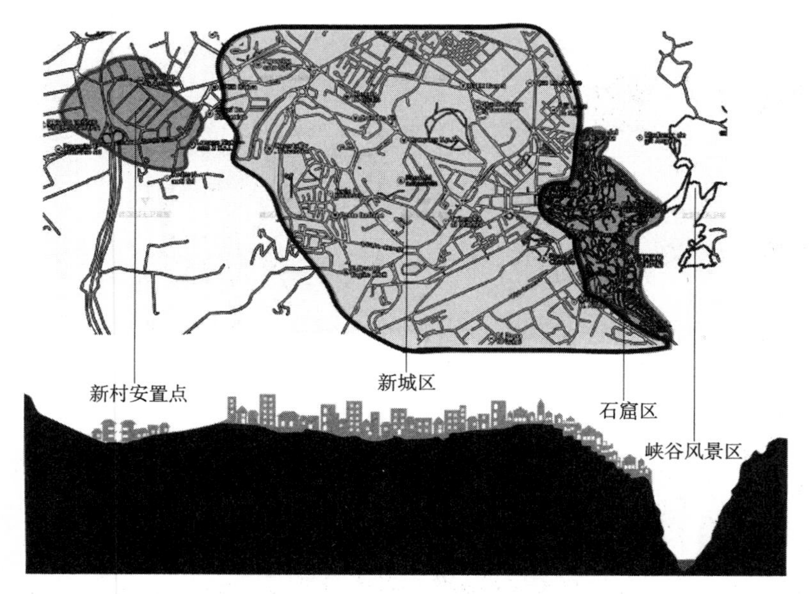


图 4.26　马泰拉新旧城的城市空间结构及聚落形态示意

虽然居民改善居住条件的愿望也很迫切，但贫民自身没有能力自由买卖土地建造新房子，因而主动的迁居需求被严重压抑，只能被动地等待政府救济和分配。但由于整个聚落群体中的阶层分化和贫富差异，迁居过程并非完全被动，也有理性主动选择的行为，纵观马泰拉贫民的个体决策过程可以更好地理解整体迁居过程的选择差异和动机。由于生活条件贫瘠，环境卫生恶劣，居民自身也渴望离开石窟迁往生活条件优越的地方。有条件的居民早已通过移居到坡顶新城区实现了更新换代。这一决策过程受经济社会结构因素的直接影响，是石窟贫民与社会大环境互相选择的产物。

## 4.3.5　古聚落人地关系的新兴

20 世纪开始之后石窟城的人口基本呈现流出态势，到 1952 年石窟城的贫民人口大约 2 万人。整个古城经历了第二次世界大战之后的旧城废弃、原住民迁出期，留在石窟城中的贫民也在政府动员的过程中，部分主动往新城迁移，在新城购置地产、盖现代新楼房。还有一大部分几近赤贫的居民只能按照政府的规划搬迁到马泰拉新村安置点，村舍和耕地都是以福利方式分配给新来的移民。到 1964 年整个石窟老区的原住民全被迁出，整个老城废弃沉寂了 30 多年。这期间，时有一些外来的艺术家和作家们进驻，将这座满目疮痍而又萧条破败的石窟老城视为进行艺术实验、寻找创作灵感的重要场所（图 4.27）。

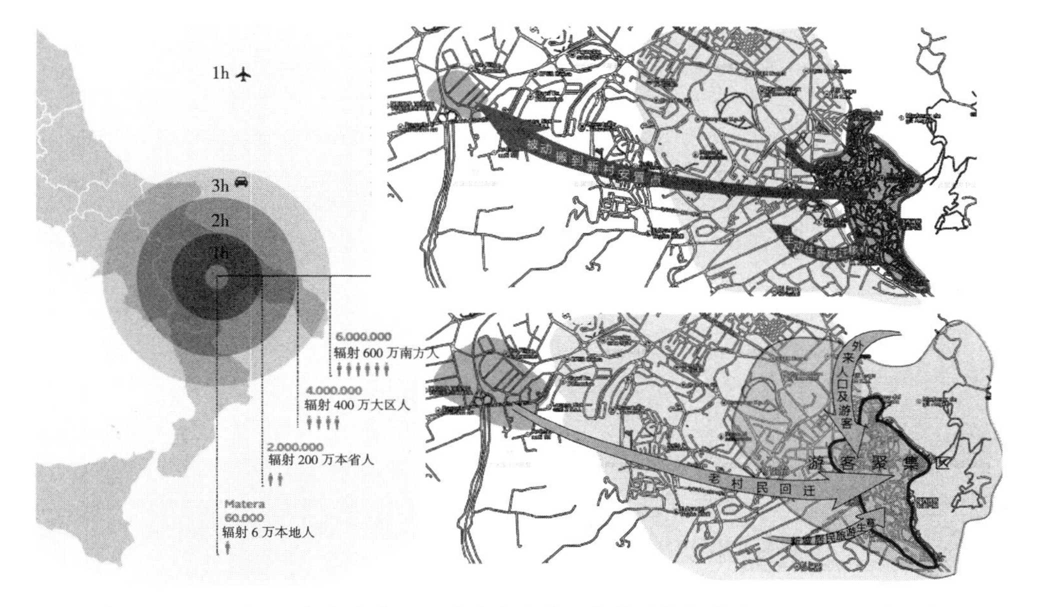


图 4.27　20 世纪 50 年代老城人口的流出路线和当代马泰拉城市人口回流路线示意

然而，虽然该城被誉为“时间凝固之城”，由于保存完好的建筑空间格局而被世人认可、珍视并积极保护时，当地人却不置可否。直到 1986 年为了保护这个史前建筑聚落，实施早期的马泰拉古城再生计划时，人口才开始回流。

政府的倡导下，近 500 户原住民迁回老城，旨在开辟并提升古城的旅游质量。对愿意回迁的居民，政府还提供 50% 的房屋整修费，对整修后进行旅游相关生意、为游客服务的项目，还能得到政府提供的 80% 的津贴补助。在政府和民众的共同努力下，经过将近 6 年的时间，70% 的石窟房逐步得到修缮保护，道路交通、水电等基础设施也进行了升级改造，石窟古城的人口、业态逐渐复兴，而老城的人文价值也逐渐被世人认可，1993 年被联合国教科文组织评为意大利首个世界文化遗产。由于古城跟圣城耶路撒冷周边的原始聚落非常相似，很多宗教题材的现代影片还将这里作为耶稣早期生活和受难的拍摄地。而向电影业开放的举措大大提升了马泰拉的知名度，吸引了不少游客前来“朝圣”。

20 世纪 80 年代末开始的马泰拉石窟复兴和保护计划所采用的方式绝非大面积拆除，而主要是对房子和基础设施的保护与修缮，对日晒雨淋遭受毁坏的结构进行修补和防护。他们在尽量不破坏原始建筑的前提下，在修缮的同时把每一次的修缮痕迹都通过不同的方式展现并保留下来。依照传统的建造技术、材料、色彩等，以最严格的措施进行保护，避免这一独特的石窟建筑聚落在不当修缮过程中遭受人为的破坏。但也不刻意模仿原建筑，混淆原始与新修复部分，使得部分建筑虽经过多次修复，但依然保持建筑原始的纯粹，加上多次的修缮痕迹，更显其悠久的历史积淀。室内设计在保留原有建筑框架的基础上，增加了现代化的水、暖、电、厨、卫等设施，室内的装饰装修也完全符合现代人的审美与生活所需（图 4.28）。建筑中的地下蓄水池虽然已不再有原功能，但仍然被保留下来，作为酒窖、储藏等其他空间。修缮改造过后，石窟城大部分房子的功能，已经转化成为酒店、餐厅、旅社、博物馆等供游客体验传统文化、学习古代居住建筑技术的重要场所。

图 4.28　基于旅游体验和传统文化重构的现代石窟室内改造设计（图片来源：邹瑚莹　摄）

因此这个时期，实现了居民开始缓慢从新城、新村逐渐回流到老城及其周边的旅游聚集辐射带。回流的人口中以加入旅游生意的新城居民、回迁的老村民以及外来艺术家等新居民及游客为主。到 2010 年，包括老城、新城区和新村的整个马泰拉市常住居民已有 6 万人。相比之下，流动游客的增幅更是迅速，从 2000 年到 2012 年来参观马泰拉石窟城的意大利本土游客增加了两倍，而专程慕名而来的国际游客更是激增高达 4 倍。游客的接待能力也快步提升，2000 年整个马泰拉市的旅游床位只有 842 个，到 2012 年已经达到了 2581 个，增加了近 307%[①]。

由于旅游业大大增加，地方的产业格局也发生了重要变化，为本地经济发展和增加就业提供了契机。在石窟时期以有限的畜牧业为生的贫民，搬迁到新村后变成土地耕作者，老城开发再生之后他们也随之转变成了从事旅游服务业的人群。可见，保护传统乡土聚落或城市老城区比保存一幅古画要复杂得多，只有通过更多政治经济方面的相关活动，传统聚落的保护项目才能发挥更大的影响力，甚至超越其

① 根据马泰拉市政府年度旅游报告整理。

地理限定，影响到更多其他类似的项目。直白地说，传统聚落保护的项目只有惠及个人时（不管是经济资金方面的收益还是社会地位的利益），才会得到广泛的支持，社会各界的广泛支持反过来也会促进保护项目的进一步深化完善。

尽管过去30年以来马泰拉已经实施了一系列重要的城市再生计划，但仍然有巨大的文化潜力（图4.29）。近年来，马泰拉在公众参与城市复兴的过程中做出重要的努力，并在与锡耶纳、拉文纳等6个意大利古城的角逐中成功当选为2019年

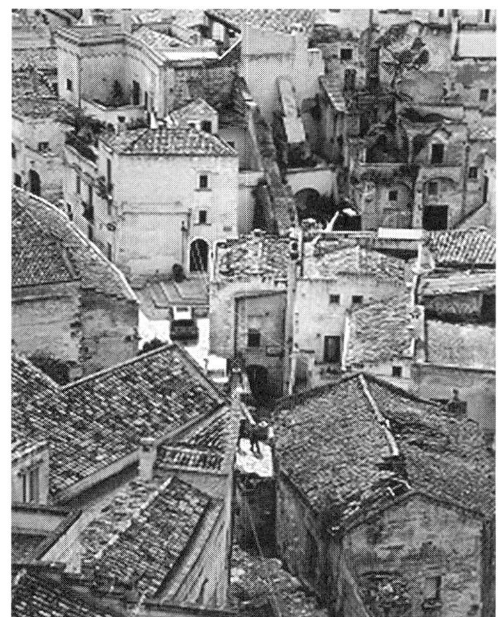

图4.29　复兴后的马泰拉石窟城（图片来源：邹瑚莹　摄）

欧洲文化之都。整个城市在竞选文化之都的过程中，发起了全方位项目的公众参与和全民资本的参与。涵盖的人群从中小学生到村妇农夫，从当地创业者到欧美艺术家，这座古城以开放化的姿态号召世界各地的人们来到这里，为提升马泰拉的文化公众形象发挥自己的力量。举办文化之都活动的预算高达 5190 万欧元，总投入中，公共部门包括区政府投入 1940 万欧元，国家投入 1100 万欧元，市政府投入 390 万欧元，民营、私企等社会投资赞助约 460 万欧元，其中 3620 万欧元用于推动各种复兴项目的实施[①]。可以说，新一轮的再生计划使这个老城实现了从量到质的飞跃，从单纯的以传统建筑聚落为吸引点带动地方旅游经济，转变成了发挥整个古城聚落在欧洲传统文化价值中的辐射力量。因此，这个时期古城聚落的复兴，实现的是人与空间环境之间基于旅游体验和传统文化重构的新型关系。

总体上，对于马泰拉石窟而言，不管是与全球其他类似传统聚落的横向对比还是与其自身在时间发展轴向上的对比都是独特的。首先在生态建造技艺方面，当地人能结合地中海气候、顺应地理山势、就地取材建造向阳背阴的石窟洞穴民居，并根据聚落空间特点和现实需求设计了一套复杂优异的雨水排流和收集系统。此外，即便是为了保证赖以生存的牲口的安全而不得不实行人畜混居而使得室内空气质量和室外卫生环境都极为恶劣，但是由于这些民居建筑材料具有优异的热工性能而使室内冬暖夏凉，也确保了居民们能在长期相对闭塞中维持基本的自给自足和繁衍生存。

其次，对文化生态的延续性而言，聚落在 20 世纪 50 年代被政府整体迁出后，并没有被现代建筑大潮侵袭吞没，反而由于一度的封闭停滞及后来的统一管理和修缮保护而得以保留了聚落本身的空间面貌和特征，因此也成为当代研究传统建筑和典型地域文化的现实博物馆。马泰拉的独特变迁路径也进一步说明，千百年来生活在特定地区的人们所积累的改造自然、适应自然气候和地理资源条件的建筑环境营造经验和知识体系，并非一朝一夕一人的创举，而是经历了无数代人的反复试错、类比和扬弃的结果，值得在未来可持续地继承发展下去。

---

① 引自马泰拉市政府申办2019年欧洲文化之都报告。

# 第 5 章

# 要素与表征：传统民居建筑环境生态品质的量化验证

系统的研究步骤，通常是包括提出问题、建立模型、确定变量、分析模型、求出优化解并检验和实施。在前面对传统民居建筑环境生态系统的本体属性、演进变迁的样本分析及共性策略提取基础上，本章将进一步探讨“怎样（how）”的问题。传统民居建筑环境生态系统是由相互联系、相互作用的空间要素和组成部分构成的具有一定结构和功能意义的有机自组织体。由于系统的开放性，决定了传统民居建筑环境生态系统与周围环境间在输入与输出物质、能量和信息的过程中，呈现出要素、结构和功能三方面的本体脉络，而这些本体脉络的具体体现，则是以各种具体环境物理指标为表征。传统民居建筑环境生态系统的要素结构及其相应的功能表征成为其本体属性的具体解构。本章主要以北京门头沟区爨底下村山地合院聚落为例，解构传统民居建筑环境的生态要素－结构－功能体系，并以量化实测和数字模拟的方式来剖析传统民居建筑环境的生态功能表征，通过具体营造做法及其生态效率的验证对比来实证传统民居建筑环境的生态品质。

## 5.1 传统民居建筑环境生态营造的要素表征实证

传统民居建筑环境生态系统的本体属性首先解构为要素—结构体系。系统各个要素通过结构这一中介环节相互联系、相互作用，所有要素、结构、功能彼此连接、相互作用、缺一不可，组成系统的有机整体。所谓要素，是系统的组成单元。

同一个系统内，要素可以分为不同层次。要素之间相互独立，彼此外在，有着差异性；要素之间按一定比例和时空序，相互联系并彼此作用，形成一定的结构；同一要素在不同的物质系统中，其性质、地位和作用有所不同。系统的结构性质由3个因素决定：要素的特性、要素量子涨落的平均规模和放大效率、要素的连接方式（即时空序），而结构功能包括系列位移、要素重组和构型变换。

其次是解构与这些传统民居建筑环境生态系统的要素—结构体系相对应的功能表征链。所谓表征，即某一些系统事物及其属性，能确定地表示另一些系统事物及其属性。表征必须是确定的对应关系，如颜色可以表征光的波长，温度可以表征系统的热状态等。被表征则是某一些系统事物或其属性被确定的其他系统事物或其属性所表示的关系，如人的血压被血压计的水银柱所表征。表征链是系统事物或其属性的表征和被表征关系，可以相互转化。一切系统事物及其属性都能表征其他事物及其属性，也能被其他事物及其属性所表征。由于人具有思维，其感觉器官也能表征各种自然系统事物及其属性，如此使表征、被表征、表征链的关系又有了质的飞跃，使其具有了自觉的能动性。

在美国建筑学者A·拉普卜特的定义中，“环境”是一系列含有空间、时间、意义与沟通的组织，包括多样化的人居场景和人文景观，由固定、半固定与非固定三类要素组成，正是环境中丰富多样的固定特征要素和半固定特征要素更多地体现了建成环境的意义（Amos Rapoport，1969）。固定特征要素（fixed-feature elements）指基本上固定的、变化小而缓慢的元素，往往这些元素都具有一定的程序和模式，不易改变，如自然环境、建筑实体空间、围护结构的墙体、屋顶、地面及贯穿其间的街巷道路等。半固定特征要素（semifixed-feature elements）指环境系统中能够依据人为需要或喜好而迅速改变且易于改变的元素，如家具陈设、门窗及其他隔断布置、花木绿植、服装甚至是沿街设备、广告牌示、花园布局等。非固定特征元素（nonfixed-feature elements）指场所中人的因素。因此，笔者进一步将研究对象缩减为传统聚落民居建筑环境，并将传统聚落民居建筑环境生态系统的要素—结构—功能体系进一步层次化地分解为：聚落空间、环境山水格局、聚落空间结构、民居形态组合、民居单元构成、街巷公共空间，以及相地择址术、雨水收集体系、围护结构营造技艺等半固定特征要素。而具体环境功能表征则以环境物理舒适度指标为参照，传统民居建筑环境中的影响因素包括空气温湿度、太阳辐射、风速、风向变化，均可通过围护结构的热传递、传湿、空气渗透进入室内，对室内湿热环境产生影响，也对环境中相应的生态系统产生影响。传统民居建筑中有形的空间要素和无形的营造技艺共同体现了该系统的生态适应策略。

## 5.2 生态要素结构实证——以北京门头沟爨底下传统聚落为例

北方合院式传统民居是中国传统民居的典型代表之一，其空间形态、平面布局及营建方式不仅体现了中国古代的社会特征、宗教制度以及生活方式，而且也是人与环境友好相处的具体体现。北京西郊门头沟区斋堂镇的爨底下村坐落在深山峡谷之间，完好保留了明清以来的聚落空间和建筑形制，成为北京地区少有的、遗存较为完整的传统聚落，2012 年被列入中国第一批传统村落名录。该聚落可谓是当代保存最完整的北方山地合院民居群落之一，当地的合院式民居不仅融合了北京四合院和晋中四合院的特点，更结合了山形地势，创造出独特的山地合院聚落形制，不仅突破了北京地区传统平地四合院的单一类型，也大大丰富了我国北方山地合院民居的多样化概念，成为我国当代北方传统合院民居的典型代表和活态文化展示基地。

爨底下村始建于明末清初，为山西韩氏移民在京西古驿道聚居繁衍壮大并保存至今的传统聚落。爨底下村位于 109 国道北沟村口 6km 处，距门头沟区 65km，距北京市区 90km。爨底下村所在地为京西明、清时代最重要的古驿道，是京城连接山西、河北、内蒙古一带边关的军事交通要道。村落海拔 650m，属太行山脉，清水河流域。该村高低错落的山地合院民居聚落置于向阳坡上，群山环抱、藏风聚气、纳阳充分、泉水绕流、景致秀美、生态优良（图 5.1）。

图 5.1 爨底下村落山水格局全景

本书将以爨底下村传统聚落的生态营建体系为例，抽取包括对地理环境与气候条件的适应、民居组合布局、材料使用、结构及性能、雨水管理体系等具体的营建技艺和做法，作为传统民居建筑环境生态系统的典型要素进行详细分析。

## 5.2.1 地理——结合地利、随山就势

聚落位于老龙头山向阳坡上，地理环境极富特色，通过轴线方向、建筑方位、台基尺度、基础形式、区域联系等的变化，成为大坡度山地聚落的代表。该村落整体的地理格局遵循传统的风水选址要诀，具有极其典型的风水格局。以北侧龙头山和南侧相对的金蟾山制高点为南北中轴线，并控制以“龙头山”为依靠，以虎山、龟山、蝙蝠山等群山围合的空间，构成前高后低、两侧向内、泉水绕流的风水格局，为古村落整体的居住环境提供了采光通风良好、日照充足、水土深厚、草木昌茂、群山秀丽的生态条件（图 5.2）。由于京西郊外山谷延绵，特别是门头沟山区地带的村落，深受地理环境所限，多建于深山峡谷或缓坡台地上。但即便坐落在坡度大于 10° 的深山峡谷之中，爨底下村也充分利用地形条件，获得了良好的生态资源。由于北京地区处于寒冷气候带，夏季盛行东南风、冬季盛行西北风，村落背靠的龙头山成为冬季阻挡西北冷风的天然屏障，而村前东南方是蜿蜒的冲沟缓地，则利于春夏季温暖滋润、生发万物的东南风沿沟谷而来。村落从横贯村南侧谷底的古道沿北山坡依山而建，层层升高，3 条南北向的石板路蜿蜒而上，一条横向的石板路贯穿东西。整个村落主轴线上最高的财主院海拔高度为 650m，背靠的老龙头山海拔

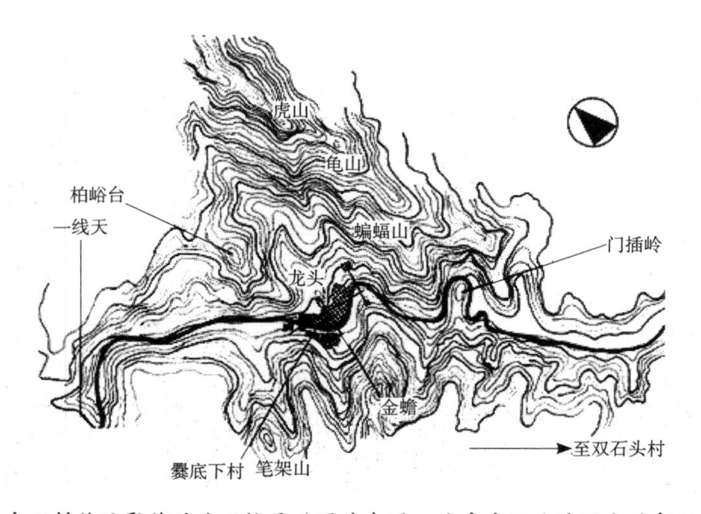


图 5.2　爨底下村传统聚落的地理格局（图片来源：北京市门头沟区文旅部门宣传材料）

为 663.75m，而村下最低处的车行泄洪两用道海拔高度为 618.15m。沿路商铺高差有 1.5m 左右，其后高台上的院子有 5m 的高差，接着是一条长 200m、最高处 20m 的城堡式的弧形大墙挡土，将村落分为上下两层，上下还有天梯相连。村前还有一条长 170m 的弓形墙围绕。村落谷底的公路就是北方山村典型的交通、泄洪两用道，按标准的泄洪道修建，有槽道、挡墙、坡度及导引构筑物等设计。爨底下聚落结合地理的营建技艺主要体现在以下两方面。

首先，从当地的山川台地地貌特征中获得启发，随坡就势，采掘场地中隐藏的地形地貌、水文肌理、景观资源等独特丰富的生态编码信息，以自然景观化的空间结构形态，以层层梯台的方式构建聚落民居的层次，延续了传统的原始地貌。聚落中的民居有的依据山坡走向、垂直等高线纵向布置，形成退台式的高差合院；有的利用平缓的坡面平行等高线横向布置，形成水平式的并列合院。地势坡度大的院落多垂直等高线布置，以充分利用有限的宅基地，构建出高低错落的合院建筑，前后房随地形变化纵向布置，宅院分层叠落，既充分利用了高差，同时也很好地保证了各院的采光通风和景观视野。垂直于等高线的多进院落，是充分利用地形高差的典型，有较明显的轴线控制，不同功能的门、宅沿纵轴线布置，以适应地形高差的变化；平行等高线的多进院落组合，以水平方向的多路组合扩展宅院规模，用地集约，形成横向空间序列。而周边的京西村落如润沟村、水峪村的山地宅院也都是随地形变化、规模小巧的布局。

其次，通过对土地资源利用的主动整合，以分区筑台的方式对聚落的地理信息、景观资源进行生态重构，与周围环境发生了渗透、参与、体验等多层级的相互关联，体现了对地脉肌理的尊重和创造（图 5.3），在传统民居聚落建筑环境的构建中对地貌地形的模仿也是人类渴求融入自然最真实的表达。爨底下村多在地势高差

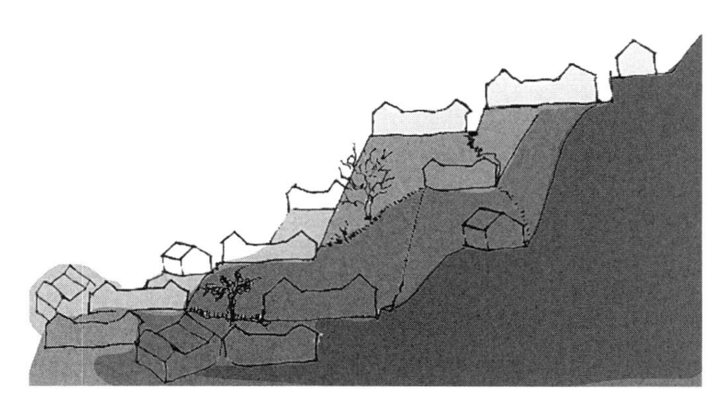

图 5.3　爨底下山地合院聚落结合地形分区筑造建筑台基

大的地段随山坡分层筑台建房，在台高逾 20m 的基地上采取基台与坡地结合的方式。由于当地的土壤为山地淋溶褐土，含砂砾多，土层也因地势陡缓而薄厚不同。当地居民只能先用周边的山石垒砌挡土石墙，并在墙内填充土石，自然夯实并经过长时间的雨水浸润后，再重复垒墙填石土，直到垒起的地基台面足够踏实宽阔后才开始建造房屋，以至于这种筑台基的方式一般会耗费数年之久。然而，对于京西深山区聚落而言，这种分区筑台的方法一方面可最大限度地适应和利用山地的地形，减少建筑施工中的土石方量，台基挡土墙还可有效防止滑坡；另一方面，也有利于解决在山地建设村镇聚落时平地面积不足、台基不平衡的问题，成为山地建筑最为经济、巧妙的做法，此外，人们在这种缓慢地与自然抗争的营造进程中，也逐渐学会了与自然的对话和融合。

而各家院落的筑台方式也是多种多样的，如有的建筑为了最大限度地利用和适应山地环境，采用楔状的台基；而有的院落则是利用砌筑的挡土墙加固地基，并在这天然的地基上营建房屋（图 5.3）。为了防止山洪引发泥石流灾害，村落前后山坡都垒起层层石土墙，既可以预防水土流失，也可以增加农业种植面积。石土墙也间隔留有水口排泄内部积水，避免因墙内泥土吸水过多膨胀而撑塌土墙。当然，这一道道高高筑起的台基，对于形成爨底下村特有的山村建筑环境风貌，也是十分重要的。

### 5.2.2 布局——灵活配置、功能合宜

我国北方四合院的典型形制是以内向开敞、外向封闭的院落围合空间为核心，追求合院布局与中轴对称，前后、东西院落、院内正房、东西厢房各区域的使用都严格遵循长幼尊卑、辈分分明的礼制空间秩序（图 5.4）。而爨底下山地合院的民居空间因特殊的山形地势所限和经济条件的差异，融合了北京城区四合院和山西四合院的主要特征，也具有自己独特的形制。该村山地合院民居规模较小，院落组织灵活多变，并没有严格按坐北朝南和中轴对称的布局要求，而是根据地形、财力、人口需求、村落道路系统走向等综合布局。山地合院建筑受地形变化所限，建筑的组合与布局更强调随地形变化依山就势，因地制宜。围合的庭院空间小巧别致，组织紧凑，尺度宜人，亲切感很强。

首先是各家院落灵活布局。村落民居的建造受到地形、经济等多种条件限制，其院落规模与建筑体量通常都要小于城区民居，构造结构也更加简洁。为了充分利用有限的空间，村落民居院落布局十分紧凑、小巧而不规则。京西山地村落的合院

建筑基本为农宅，整体规模较小，以四合院为主，三合院为辅，也有不少特殊形制的合院镶嵌其中。一般以北侧正房为主，左右两边有耳房，东西两侧有厢房，南侧有倒座和门楼。根据各家的财力、地基和人口多寡需求不同，设置马厩、猪圈、鸡舍、茅厕、杂物房、柴棚甚至小菜园等，因此每家的院落形制都不一样（图 5.5）。各家之间相连相依，一院接一院，紧凑节地，以纵横交错的窄小通道联通各家，是合院丰富的组合典型范式。对于院落来说十分重要的宅门，在村落民居中也建造得相对简单，其中最常见的形式是直接开在院墙上的随墙门，在城区使用较多的如意门，仅在村落民居中较讲究的院落中才会出现。门楼的设置与方位也随地形和村落里的道路走向相应调整。

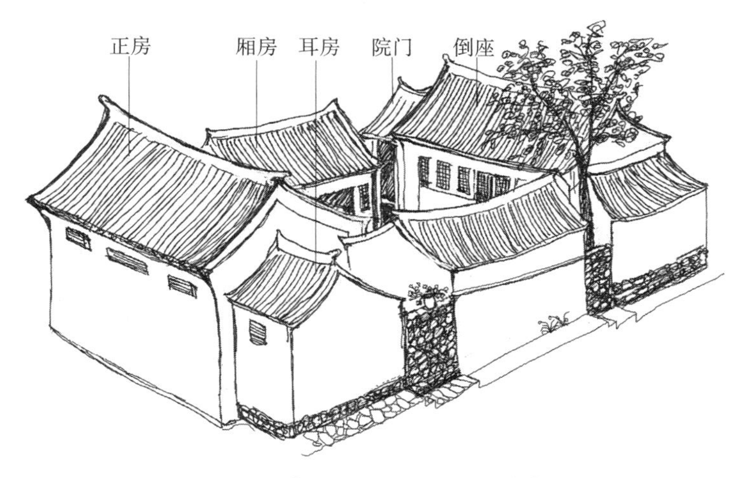


图 5.4　爨底下山地合院民居院落布局

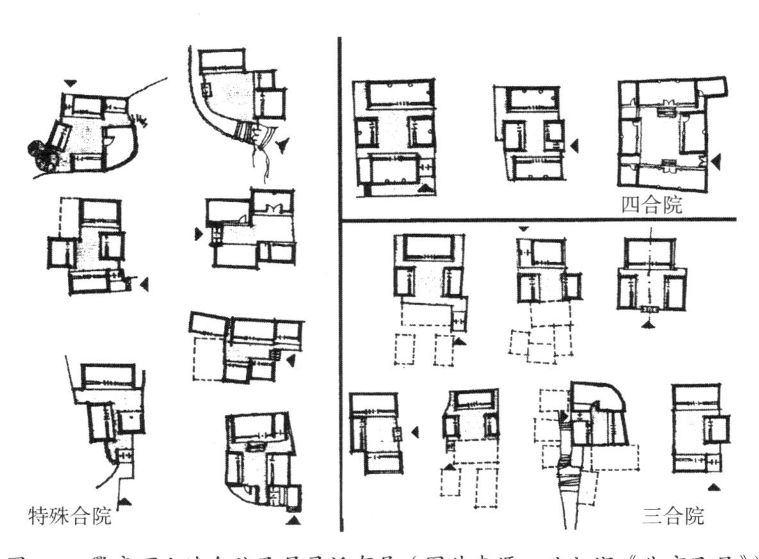


图 5.5　爨底下山地合院民居灵活布局（图片来源：业祖润《北京民居》）

其次是建筑木架结构的灵活处理。村落民居建筑中，结构体系与城区四合院建筑相似，但因地理条件和经济实力所限，建筑规模小。各房的开间、进深都不大，正房和厢房很少使用前廊，以进一步减小建筑进深。一般多采用小开间、小进深，2~3开间，进深多为3~5m的"小式木构架结构"。小的木构架仅三架，大的也不过五架。村中的大宅院与城区四合院相近。梁架所用木头比较随意，就地取材。除暴露在墙体外的立柱外，梁架用材在使用时通常仅进行简单加工，大多保持了木材原有的弯曲形状，构件主要满足使用需要而不特别强调形状的规矩。而木结构之间的搭接组合也比较灵活，在抬梁式结构的基础上，横向拉结时并不完全遵守檩—垫（垫板）—枋的组合顺序，常取消垫板而将檩枋直接落在一起，甚至有的位置枋子也一同取消，只剩下檩横向拉结于各榀梁架之间。脊瓜柱上端两侧有的保留有类似"叉手"的做法，虽然早已没有了实际用途，但多用作装饰构建，形成了浓郁的地方特色。在京郊山地民居中，檐檩上仅铺一层圆形截面的檐椽就能满足支撑屋面的实用需要，普遍省略檐下的飞椽，不追求双重椽子的装饰效果。因墙体不承重，内部空间不因承重墙的分隔而受限，而是在灵活的空间中以落地木隔断等方式，分隔不同的使用空间。

此外，由于山地村落可用于居住生活的空间有限，民居室内外的空间设置也尽量保证多功能灵活转换。卧室内常设炕，起居室中设炉灶等，体现了室内空间的多功能性。而室外可用于晾晒谷物的公共场地很少，村民们在小小的庭院空间中，巧妙地设置了可以灵活拆卸的荆笆棚，既能让人在院中正常活动与休息，也不影响粮食晾晒。在院落地面的石窝上插入支撑杆就可以支起棚架，一般高1~2m，这样棚下的空间就可以供人走动、乘凉，棚上晾晒谷物，生产、生活两不误，非常生态宜人（图5.6）。这些生态化的生活方式有效地减少了对自然环境的干扰和影响，也提升了人们的生活品质。

图5.6　左：爨底下合院民居的室内布局；右：院落空间及荆笆棚

### 5.2.3 材料——就地取材、经济简省

由于受到资源条件、财力物力的限制，整个爨底下村的山地合院民居全部就地取材，其中最常见的材料包括石块、石板、卵石、黄土、原木等，除了简单粗加工的青砖、灰瓦、砂石外，墙体屋架所使用的其他木材石材几乎都是未经加工的山石、泥土、草木等原始天然材料。而充分利用现成的地形地貌，以坡代基，减少土方的开挖和回填，也是爨底下人巧妙利用材料的一个重要方面。同时院落内的建筑基础大多全部以石材和泥土垒砌。巷道阶路的条石为山上开采的整块条形石材，而陡板和埋头石则由不规则的石块砌筑（图 5.7）。另外，不论正房还是厢房，很多踏垛仅由条石搭砌，踏垛两端不做垂带石，踏垛石两角随意而不做圆角处理。而院落内的地面铺装形式变化多样，除去规整的方砖地面，院落中还经常使用不规则石板进行铺装，铺装效果与虎皮墙立面相似。村落民居的室内地面做法与标准四合院室内地面相同，采用方砖铺墁，铺装工艺相对简单，砖缝稍宽。全村纵横交错的道路，结合地形地貌高低错落，几乎是用周围山沟的片石、卵石铺就而成（图 5.8），这样不仅使村落的轮廓线丰富多样，还节约了人工和建筑材料，有利于减少自然资源的消耗、保护生态环境。

以当地石块、石盘制成的井台、磨盘等村落生活节点也成为村中最具有亲和性

图 5.7 村落阶路、巷道、庭院、室内铺地及设施尽量采用当地天然石材

卵砌式　　板砌式

图 5.8　村落天然石板路的铺砌方式（图片来源：爨底下旅游官网）

的空间环境，村民也常聚在这些地方周围活动，打水、磨面、谈天说地，议村事、国事，谈家常、交流邻里感情，有利于促进构建向心、凝聚、祥和的村落环境。爨底下村作为古代重要商路上的驿站，来往商客通常在此停留、歇息，村民们还专门在合院的入口过渡空间设置上下马石，门墙边上设有石造的拴马扣，以方便商客的进出需要。

爨底下村的民居建筑的承重结构为抬梁式木构架，但木构架的大梁并没有做规整处理，不管是在一般小户人家还是财主富户都能看到依据原木本身的自然形状而巧妙放置，这在村落民居中是一种非常俭省的营建技法。这种本色表露出大梁原木形状的结构做法，充分体现了崇尚自然、朴素生态的思想。这些木材一般取自就近采伐的原木，至于椽、檩的用材，那就更不讲究了，甚至有直接利用枝丫材的，也不是个别现象。建筑中的装饰也极少，以经济实用为主要原则，没有城区四合院中那些繁缛的斗栱、绚丽的彩画，而是以灰白的土石房、厚实的墙体、挺直的屋脊及少量淡雅的书画、石雕木雕形成爨底下村民居质朴、简洁、清雅恬淡的建筑风格和村落景观，与周围自然山水环境有机融为一体。除去与城区民居相同的标准做法外，村落民居中存在许多颇具乡土特色的地方做法，以石垒墙、铺地、做瓦，以木作屋架、门窗，以土筑墙等等，形成了建筑融于自然的特色。

爨底下村落民居建筑纯朴的生态思想也体现于建筑的色彩和装饰上，从大木构架、木装修到建筑墙体，大多忠实地保留了材料的天然形状、肌理和本色。建筑的木质立柱、梁架、隔断等外表面通常不做任何油饰，仅展示木材的原色（图 5.9）。在以天然石块砌筑墙体后，只涂抹白灰或土灰泥面层，既可以保护墙体，也显得简单朴实。极少的装饰构件只有宅门一侧的佛龛、建筑山尖或转角墙面上的几何形白色装饰面等。在整个村落中，木头的棕灰、石块的青黄、条砖的青灰、瓦面的深灰以及墙面的白，构成了一幅色调协调统一、明暗有序的乡村画面。屋角转折弧形处理，街巷弯弯绕绕，随山就势，圆融通达，也反映了爨底下韩姓族人传统的“和合”观念和内向收敛的宅居营造思想。

图 5.9 财主院的室内木架结构依据原木的天然形制搭建

## 5.2.4 气候——顺应天时、调节气候

爨底下明清古村落位于北京西部门头沟山区。全区处于东经 115°25′00″~115°10′07″、北纬 39°48′34″~40°10′37″，属于中纬度大陆季风气候，春秋短促、夏季凉爽、冬季寒冷，为暖温带向温带的过渡地带。由于山地形貌沟谷纵横、褶皱断裂、复杂多样，地势高差较大（海拔 70~2303m），因此局部地区内也温度悬殊、气象万千。全门头沟区平均气温大部分在 11.8℃，年降雨量 500~800mm 且分布不均匀，斋堂站累年平均温度约为 10.1℃，年降水量约为 473mm。冬季 1 月份山区里的气温比市区温度低 10℃左右，而在炎夏 7—8 月份，爨底下山区村落的平均温度比市区低 8℃左右。年日照数北京海淀为 2620.0h，而爨底下所在的斋堂镇为 2594.1h。在该村 5.33km$^2$ 的村域面积中，周边群山环抱，山形起伏蜿蜒，山势优美壮观。村内地理条件独特，生态环境良好，有清澈的山泉、良好的植被、充足的日照，适宜耕作和居住，为爨底下聚落的缓慢变迁发展提供了极为优越的环境条件。

目前通过气象数据对建筑进行气候可视化分析的常用计算机模拟软件包括 Weather Tool 及 Climate Consultant，通过读取某地全年 8760h 的气象数据，可快速将其转化为一目了然的图示语言，如全年日照、风速、焓湿图等。Weather Tool 是生态建筑环境模拟系统 Autodesk Ecotect Analysis 自带的气候模拟软件，由英国 SquareOne 公司开发，可推荐 6 种被动式设计策略。而由美国加州大学洛杉矶分校（UCLA）城市建筑系开发的 Climate Consultant 软件，提供的被动式设计策略多达 13 种，比前者更为详细。所以本书在此选用 Climate Consultant 来分析北京的气象数据，以期对京西传统山地村落民居的被动式生态适应性策略进行解析。

Climate Consultant 软件推荐的舒适模型有 4 种，包括 California Energy Code 舒适模型、美国暖通空调协会现行标准 55PMV 舒适模型、美国暖通空调协会 2005 年基础手册舒适模型以及美国暖通空调协会现行标准 55—2010 适应性舒适模型。其中 ASHRAE 2005 年基础手册舒适模型设定了空间可自然通风、窗户可开关、使用者可自行调节衣着量等前提，分冬季和夏季两个舒适范围，比较符合本书研究对象的环境限定。

本书所使用的北京气象数据来自美国能源部全球气象数据库，选取的气象数据格式为 CSWD（Chinese Standard Weather Data，CSWD），1971—2003 年地面气象站台的实测气象数据，由中国气象信息中心气象资料室与清华大学建筑技术科学系合作开发。

由 Climate Consultant 软件导出的焓湿图（Psychrometric Chart）可以展示出一个地方细微的气候属性及其对建筑形态的影响，并能够提出适宜当地气候的、具体有效的设计建议。选取软件中的被动式策略最佳组合（show best set of design strategies），自动去除矛盾的和多余的选项，即可得到最适合当地气候条件的被动式建筑策略。在不用传统供暖或制冷系统的前提下，这些策略以最少的措施组合获得最多的舒适时间（图 5.10）。

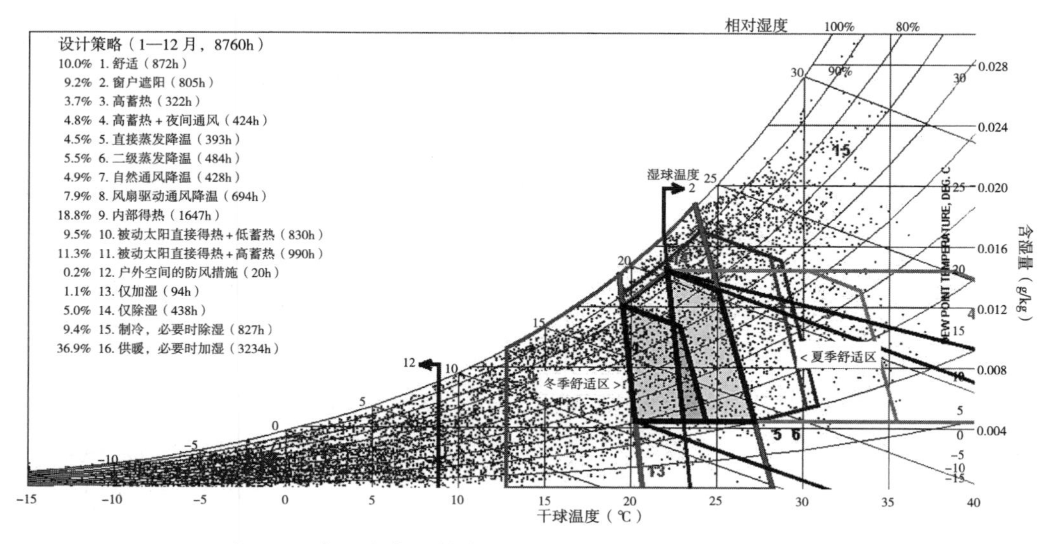


图 5.10　京西爨底下村落的焓湿图及相应被动式设计策略

根据京西爨底下村落的焓湿图可知，当地全年仅有 10.0% 的时间属于舒适时段。舒适区的左侧为冬季较寒冷区域，右侧为夏季较炎热区域。按照有效时间的长短排列适用的被动式建筑策略，依次为供暖、必要时加湿（36.9%）、内部得热（18.8%）、被动太阳直接得热 + 高蓄热（11.3%）、窗户遮阳（9.2%）、制冷、必要时除湿（9.4%）、被动太阳直接得热 + 低蓄热（9.5%）、自然通风降温（4.9%）、风扇驱动通风降温（7.9%）。由图可知，该地冬季属于干冷气候，约有 36.9% 的时间需要采用火炉、空调或锅炉供暖等主动式供暖方式并加上必要的加湿措施。而舒适区右侧，显示了夏季炎热时期需要通过制冷并在必要时除湿的时间比例为 9.4%。而采用自然通风或加上简单的风扇就可以达到舒适的时间比例为 12.8%，说明当地过渡季节比较温和。相比而言，夏季仅需要除湿的时间不多（仅为 5.0%），而冬季防风的时间也不长（仅为 0.2%）。

根据 Climate Consultant 软件模拟得出当地各月份及全年风速风量状况（图 5.11）。北京整体的风状况为冬季盛行偏北风，夏季盛行偏南风，9 月至次年 5 月西北风为多，其他时间以东南风为主。夜间为偏北风，白天为偏南风。全年以春季风速最大，冬季次之，夏季风速最小。以北京气象台数据为例：4 月平均风速 3.5m/s，8 月平均风速 1.6m/s。而京西山区风向还受山脉、沟谷走向的影响。爨底下村所处的斋堂镇全年平均风速 1.8m/s，最大风速 14m/s，春季 4 月平均风速 2.8m/s，夏季 8 月平均风速 1.3m/s，全区每年出现 8 级大风约 21 次（表 5.1）。

爨底下的山地合院院落空间一般只有 6m × 6m 甚至更小，只有北京城区平地四合院的 1/4 左右。为了尽量获得足够的采光通风条件和更加开阔的视野，院落的设

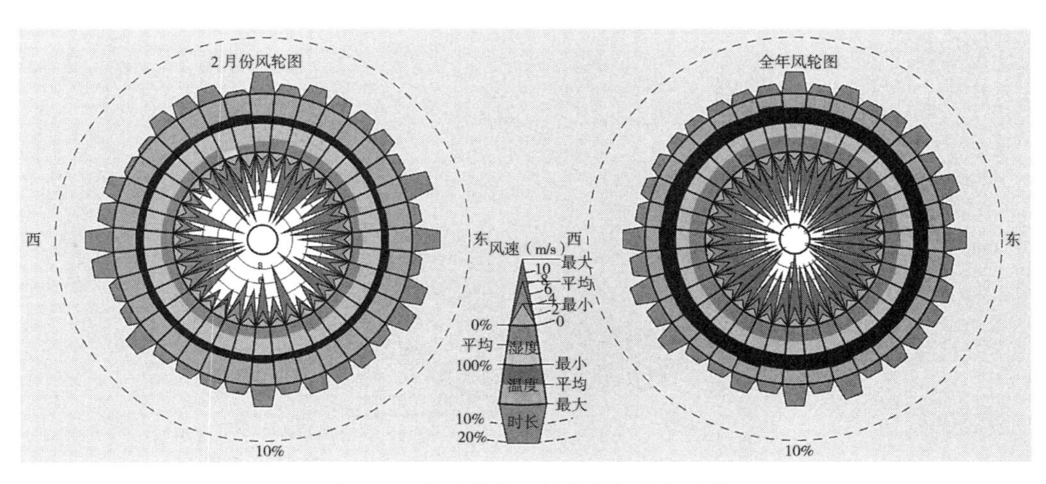


图 5.11　京西爨底下村落盛行风向风量

**表 5.1　　1955—1980 年爨底下与北京城区风速对比（单位：m/s）**

| 月份 | 1 | 2 | 3 | 4 | 5 | 6 | 7 | 8 | 9 | 10 | 11 | 12 | 年均风速 | 最大风速 |
|---|---|---|---|---|---|---|---|---|---|---|---|---|---|---|
| 北京城区（海淀站） | 3.1 | 3 | 2.9 | 3.5 | 3.1 | 2.4 | 1.9 | 1.6 | 2 | 2.1 | 2.5 | 2.6 | 2.6 | 21 |
| 爨底下村（斋堂站） | 1.8 | 1.8 | 2.1 | 2.8 | 2.6 | 1.9 | 1.6 | 1.3 | 1.4 | 1.5 | 1.6 | 1.5 | 1.8 | 14 |

资料来源：北京气象局。

计尽量朝南，且随地形层层抬高，正房的高度高于前面的其他房间 1m，房间的开间小、进深短、层高低，这就使得紧凑的庭院空间不仅节约了用地，也有了充足的采光和良好的通风条件，正房厅堂的视野也非常开阔，常常坐在厅堂就能远观周围的村落山景，可以说是爨底下村落山地合院民居的独特之处。宅院中朝东、朝南的房屋冬暖夏凉，这是北京四合院建筑对朝向的讲究和原则，也是顺应自然气候、充分利用自然能源的传统生态观念的具体体现。山地上层层叠叠、小巧多变的农家小院融于青山之中，不仅提高了院落建筑的布局密度，有效地节约建房土地，还充分利用了地势高差变化，保证每家每户的院落和房间都获得采光通风和视线开阔的优越条件，使居民能在这狭小的山谷村庄里充分享受冬天充足的日照、夏日清凉的东南风，体验开门见山、开窗见景的山村悠闲环境。由于当地冬季盛行西北风，夏季盛行东南季风，村落选址于四面环山的山坳南向缓坡地，如此使得冬天可避开寒风，夏天则可迎风纳凉。民居建筑间上下高差较大，不仅有利于充分采光纳阳、扩大视野，还可有效获取更多的冬季太阳辐射得热。冬季太阳高度角较低，阳光照射进前廊，温暖舒适，居民们常在廊下做家务、聊天（图 5.12）。

图 5.12　爨底下山地合院聚落的环境微气候

在爨底下村的山地合院民居中，各家各户样式不一的影壁也非常有特色，是院落入口空间中集实用功能和装饰寓意于一体的重要设施（图 5.13）。爨底下村的跨山影壁，均用挑檐做影壁顶，壁心上书“福”“寿”等字及梅花等图案，简洁朴素，体现了美好的生活寓意。小户农家也会因陋就简、量力营造，呈现出影壁风格与材料的多样性。这些影壁在古代被称为“萧墙”，虽然从伦理上讲多为民居传统观念的体现，但在实用功能上也体现了一定的生态智慧。

图 5.13　爨底下村形式多样的影壁

由于当地属于大陆性温带季风气候，四季分明，冬春多西北风，因而院门多位于东南角，为了避免大风宣灌形成直通气流，在大门正对的东厢房南墙前修建一堵影壁，在某种程度上起到了防风阻沙的作用，成为门楼的“对景”，也可以阻挡来往路人外来的视线，保护合院内居住环境的隐私，起到“障景”的作用。建筑的入口被认为是“气口”，气流由此进入，再通过庭院进入厅堂，既要聚集一定的气流，又要避免过冷、过热、过强劲的风。而影壁的作用就是对这种气流进行疏导和吐纳，气流绕影壁而行，减缓了“强风”，既形成内外有别的空间缓冲过渡区，也调节了院落内居住环境的微气候。

## 5.2.5 结构——构造独特、满足热工

爨底下山地合院民居的围护结构的独特构造为室内环境提供了良好的热工性能。以下从墙体构造、屋顶、门窗等各部件详细分述。爨底下聚落的居民虽然有门第、等级等观念，但崇尚简朴，尽可能利用当地材料，以小料代替大料等传统的生态经济观念对人们的影响也极为深远。而村中保留完整的山地合院民居中，大部分的屋顶、山墙、山花、檐口、勒脚、窗框、门楼、影壁等建筑构件都按传统样式建造，但又根据时代的演进、居民的实际使用需求和财力物力条件，结合当时的技术和工艺手段进行相应的调整和简化。

### 5.2.5.1 墙体

京西爨底下村落的山地合院民居结构完全依据特定的自然环境、独特的地理条件进行相应调整适应。单体建筑为梁柱支撑体系，承重结构与围护结构分工明确，梁柱等木构架承担了房屋的重量和荷载，墙体用碎砖石砌筑，只起分隔与保温的作用，并不承重。为了适应狭小的山地地形，爨底下民居的单体建筑基本都是小开间小进深，木构架采用三架梁和五架梁，院落组合则依据地势高差纵横灵活布置（图 5.14）。每间的平面布局都是由四根柱网围成，便于自由划分、灵活利用。每间的进深也只有三五米，适应山地、减少用材、保护环境。

图 5.14 爨底下合院民居典型的梁柱木架结构（图片来源：业祖润，《北京民居》）

作为围护结构的砖石墙和门窗不负担整个结构的重量，因此在结构上更为灵活。虽然门头沟地处山区，石材丰富，价格也相对低廉，但明清时期村里建房基本上都是靠人力到山上直接开采再背回来，因此墙体一般在门面用相对昂贵好看的砖石面料或转角承重处用相对坚固的石墙外，墙芯就地取材，用片石、卵石填充，有实力的人家用灰浆抹光墙面，财力不足的人家只能用泥草混合的泥浆抹匀。

对于北京地区合院建筑的墙体建造，有句谚语：“北京城里有三宝，砖头垒墙墙不倒”，说的就是民居建筑墙体的砌筑主要是一大条砖加碎砖尖的方式，非关键部位常用碎砖头或半头砖砌筑，既可以废料利用，又可以节约费用。城里豪门府邸的墙体砌法讲究，主要建筑使用灰色条砖砌筑的墙体，以卧砖十字缝的形式垒砌，“干摆丝缝”的精细砌筑工艺，山墙与后檐墙的下碱、砖檐以及前檐槛墙均使用干摆的砌筑方法，墙体上身则采用丝缝做法。

相比而言，京西村落山地合院民居建筑的墙体只能以更简省的“腹里填馅”方式砌筑，但当地使用的是就地可取的石材与砖石混合的材料（图 5.15）。不论山墙、槛墙还是后檐墙，从上到下都由形状不规则的石块垒砌。砌筑的工艺十分简易，上下层石块间尽量错缝摆放，每层石块间用灰塞满，外侧塞小石块，并敲实。全部石砌的墙体没有明显的上身与下碱之分，同样大小的石块和砌筑方式贯穿于墙体上下。

图 5.15　采用当地山石进行“腹里填馅儿”的墙体做法

爨底下村的山地合院民居，承重结构采用规则的抬梁式木构架，外围护结构虽然多为当地的山石（图 5.16），也采用了这种“外熟里生”的砖石砌筑方法，用真砖实缝或墙面抹灰勾缝，个别也有磨砖对缝，这是典型的北方民居墙体做法，不仅美观大方，还省工省料（表 5.2）。另外还有“糙砖砌筑”的工艺，此种做法既不对砖进行加工，也不强调灰缝的平直细腻，往往显出宽大粗糙的砖缝使整个墙面看起来较为简陋，这种做法仅用于简单院落中的附属用房，或是经济条件很差的院落中。

### 5.2.5.2　屋顶

爨底下村山地合院式住宅的屋顶基本为京西山区村落中常见的硬山形式坡屋顶，房屋起脊一般较大，传统的屋举结构常用起脊坡度为 5 ∶ 3（老三举）或 5 ∶ 2.5

图 5.16　具体的围护结构材料

**表 5.2　　爨底下山地合院民居典型墙体构造**

| 类型 | 材质 | 规格（mm） | 样式 |
|---|---|---|---|
| 石土混合墙 | 大白灰或水泥砂浆 | 10 | 外 / 内；泥土砂浆、土坯、石土混合面、大白灰或水泥砂浆抹灰 |
| | 石土混合面 | 240 | |
| | 土坯 | 200 | |
| | 水泥砂浆 | 20 | |
| 砖土混合墙 | 青砖 | 120 | 外 / 内；泥土砂浆、土坯、清水砖 |
| | 土坯 | 200 | |
| | 泥土砂浆 | 20 | |

注：表中样式图引自李梦沙《北京合院式传统民居节能技术探讨》。

（二五举），但爨底下山地合院民居也做了符合当地气候特色的调整，如老财主家主屋屋脊的起脊高度为房屋进深的 0.25 倍或 0.3 倍，坡度约为 27°~31°。

图 5.17　屋檐瓦面细部

在村落民居建筑中，仰合瓦屋面是使用最多的屋面形式，也是北京民居建筑中使用最普遍的屋面形式。爨底下村古民居的屋面，多用筒瓦屋面、合瓦屋面，屋脊大多用清水脊，两端有翘起的蝎子尾。仰合瓦屋面全部使用板瓦作为底瓦和盖瓦，相邻瓦垄以一反一正的形式叠扣排列。位于檐口的最后一层板瓦为“花边瓦”，瓦头部分 90° 翘起（图 5.17）。这一形式在起到排水、遮雨作用的同时，也具有良好的装饰性，使檐口处瓦面的收尾变得完整美观。此外，棋盘心屋面也是在北京村落民居中使用比较普遍的一种形式，因其造价相对低廉，在山区部分财力、资源有限的百姓民居院落中多有使用，不仅降低了造价，而且减轻了屋面的重量，一定程度上减小了木檩的荷载。除此以外，石板瓦是当地又一种大量使用的屋面材料。石板瓦屋面是采用天然石板薄片作为屋顶表面材料的工艺做法，较多地使用于易于开采石材的山区地带，具有较强的田园风格。

北京其他地方、河北等地的合院民宅常用合瓦屋面，这也是斋堂地区最主要的传统屋面砌法，以适应北方山区雨雪气候的变化。瓦片是传统农村民居的普通民用小青瓦，偶尔也有用筒瓦的，最为常见的屋脊形式做法为合瓦屋面带正脊，脊的种类繁多，常见清水脊带“蝎子尾”的样式。在进行屋面铺瓦的时候，首先铺底瓦，将瓦仰面向上，一块压一块地向上进行安设，工匠有个方便记忆的口诀是“压七露三”，意思是在铺瓦的时候，上方一块应当压住下面一块的 70%，来试图减少渗水的概率。为了防止屋面漏水渗水，在铺瓦之前在望板上打一层较厚的灰背，这个过程被称为“苫背”。苫背分为若干层，主要由麻刀石灰、泥背组成，在其中掺入了大量的麻质纤维，用以加强整个灰背的强度。勾连搭屋顶传统天沟的做法是用青灰铺沟，为方便雨水迅速外排，天沟常设置成较宽的梭子状，且抬高泥鳅背。随着代代修整和装饰的演变，有的民居也使用镀锌铁皮做排水沟，这来自于西方建筑的躺沟做法。传统民居的屋面大部分以青瓦、草泥和望板为主料，按照檩、椽、望板的承重层上加保温层、防水层的构造法处理，外墙面需抹面防雨，农居抹草泥面，考究者还抹白灰面。草泥灰是在泥中掺入破碎的麦壳、草秆等植物纤维材料，用以防水和铺垫瓦片。

屋脊是屋面的重要组成部分，在功能上主要是掩盖瓦面转折处以免雨水渗漏，同时也是民居建筑屋面的重要装饰构件。屋脊包括位于屋面最上方的正脊和位于前后两坡屋面上的垂脊，它们外观朴素简洁，层次分明。根据不同的垒砌形式，正脊可分为清水脊、鞍子脊与合瓦过垄脊3种主要类型；垂脊则有披水排山脊和梢垄两种常见类型。在北京西部山地村落硬山式民居建筑中屋脊样式很多，与城区民居相比，披水排山脊使用较少，带蝎子尾的清水脊则使用更广泛。清水脊可以用于村落民居的正房、厢房倒座房、门楼等建筑上，不使用清水脊的建筑则做简单的过垄脊和梢垄。清水脊是北京民居正脊中工艺最复杂的种类，同时也最具地方特色。清水脊由半圆形面的当沟和3层梯形断面的砖条垒砌而成，主"蝎子尾"，角度在30°~45°。蝎子尾下是布满雕刻的草砖，以及略施雕刻的盘子与圭角。清水脊主要用于院落的宅门、垂花门、影壁和倒座房的屋面，起到突出重点的作用。在村落中清水脊应用很广，并有不同的形式和装饰加以处理，格外多彩。它们更加强调了瓦垄的序列效果，以凹凸有序的天际线，塑造了自然简洁的仰合瓦屋面（图5.18）。

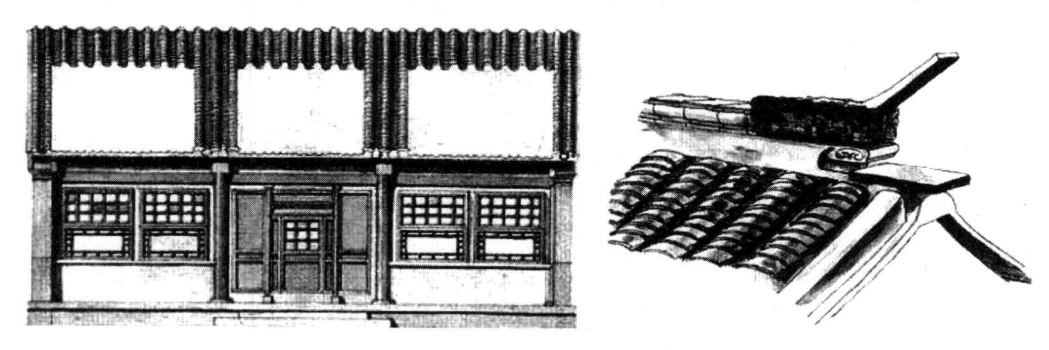

图5.18　山地合院民居正立面和屋脊的形式

爨底下村民居的屋顶构造多采用当地人称为"撑坡"的方式，即以屋架作为屋顶的承重结构，而这种做法与当代对平屋顶结构找坡颇为相似。另外，在爨底下村亦可见用硬山承檩的方式形成的屋顶，屋顶基本上采用有椽做法，这些独特的传统营造技艺除了受建造习惯等因素影响外，显然有传统生态智慧的痕迹（图5.19）。

### 5.2.5.3　门窗

促进通风采光的措施，也包括居室的门窗隔断（图5.20）。爨底下民居房屋正立面的窗户为北京民居中常见的支摘窗，位于房前檐位置，与隔扇门结合使用，并

图 5.19 泥瓦匠们对当地民居屋面翻修、铺青瓦、刷草灰料

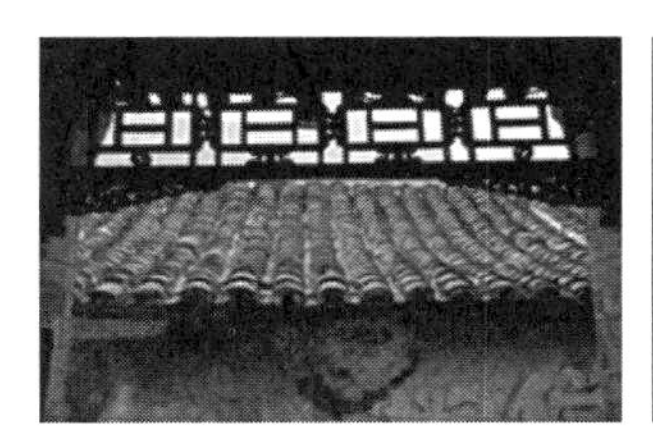

图 5.20 门窗及各种形式的半隔断

在立面高度上相互呼应。支摘窗分为上下两段，上为支窗、下为摘窗。支窗做内外两层，外层为棂条窗，并通过糊纸或安装玻璃的方式堵塞棂条空隙，保证室内温度；内层做纱窗，天热时，可将外层窗支起，凭纱窗通风。摘窗同样为内外两层，外层也为棂条窗，内侧糊纸以遮蔽视线，晚上装起，白天摘下内层做玻璃牖窗。由于摘窗位于建筑后檐墙上，多与院外街道相邻，出于安全与隐私的考虑，通常设置筒子口、边框和仔屉三部分。这种形式的窗形因适应当地的气候而在京西山地民居中获得广泛使用。

### 5.2.5.4 热工性能

当地民居充分利用山区当地的山石、树木、草泥等厚重材料构成实墙，材料的平均厚度达 490mm。通过建筑屋顶、墙体、墙裙、门窗、栏杆等部件砖石与木构合理搭配，以及竹编、茅草等农作材料补充，既朴实，也体现了建筑外观材料的多样化。而这种砖、土、石、木混合的围护结构不仅减少了资源的消耗，增加了围护结构的蓄热性，也成为当地民居的特色之一。此外，土石砖所砌筑的实墙不但防雨能力强，还具有较好的吸水性，除去流失和表面蒸发的液态雨水外，其余还有部分雨水渗透到外围护结构储存起来。参照《建筑物理》中所列举的常见围护结构材料热工参数表，将爨底下山地合院民居建筑环境主要材料及其常用厚度、导热系数和热阻值等热工参数整理如下（表 5.3）。

**表 5.3　爨底下山地合院民居建筑环境主要材料及热工参数**

| 材料名称 | 厚度（mm） | 导热系数 [W/（m · K）] | 热阻值 [$m^2$ · K/W] |
|---|---|---|---|
| 青瓦 | 20 | 0.43 | 0.047 |
| 草泥 | 100 | 0.58 | 0.172 |
| 竹帘子 | 20 | 0.14 | 0.143 |
| 草屑 | 60 | 0.047 | 1.277 |
| 刨花板 | 20 | 0.065 | 0.308 |
| 木望板 | 30 | 0.14 | 0.214 |
| 草泥抹面 | 20 | 0.58 | 0.034 |
| 水泥砂浆 | 20 | 0.93 | 0.022 |
| 碎石或卵石 | 160 | 1.547 | |
| 黏土实心砖墙 | 240 | 0.81 | 0.296 |
| 草泥土 | 20 | 0.698 | |
| 夯实土坯 | 400 | 0.93 | |
| 泡沫材料及多孔聚合物 | 20 | 0.047 | |

注：参照《建筑物理（第四版）》中表 3–6 所列常用材料的热工参数整理。

根据围护结构不同部位不同的用材、厚度、砌筑方式及相应传热系数，结合《农村居住建筑节能设计标准》GB/T 50824 中的规定，整理出北京西部山地村落所属的寒冷地区合院围护结构组成及热工性能分析（表 5.4）。

**表 5.4　爨底下山地合院民居围护结构热工性能**

| 围护结构部位 | 使用材料 | 平均厚度（mm） | 传热系数 [W/（$m^2$ · K）] | 寒冷地区限值 |
|---|---|---|---|---|
| 屋面 | 20mm 厚青瓦 +100mm 厚草泥 +30mm 厚木望板 | 150 | 1.692 | 0.50 |
| 外墙 | 20mm 厚草泥抹面 +400mm 厚传统石土墙 /240mm 厚传统砖土墙 +20mm 厚水泥砂浆抹面 | 440（石土墙）<br>280（砖土墙） | 1.85（石土墙）<br>1.89（砖土墙） | 0.65 |
| 外窗 | 单层木窗<br>双层木窗 | 6（玻璃）<br>100~140（空气层） | 4.7<br>2.5 | 2.8 |
| 外门 | 普通木夹板门 | | 2.7 | 2.5 |

根据上述计算的传热系数与不同气候分区下农村居住建筑外围护结构各部分传热系数相应限值标准比较可知：这些墙体基本上没有设置保温层，仅依靠土石混合墙体结构本身的高蓄热性满足基本保温要求。最早期的民居使用的是当地山石材料混合的毛石墙，毛石 / 卵石的传热系数较大，需要将墙体砌筑到 400mm 厚度才可以满足基本的保暖需求。而后期采用粗加工的砖土墙，其传热系数与毛石墙区别不大，但厚度降低了近一半，节省了大量的用工用料。

同时，在开窗方面尽可能减少热损失，爨底下的山地合院由于地处山区气温较低，坐北朝南的正房南向墙面上一般采用宽大的南窗，窗台低而窗楣高，而其他 3 个面均设置砖墙，北向背阴墙面上只开小窗，有的甚至不开窗，有的房屋后檐墙还与邻居房屋的后檐墙共用。这样的开窗方式使得居室不仅提高了天然采光面积，还能够得到充分的太阳辐射，利于冬季室内环境的蓄热，更提升夜晚的室内温度，改善室内热环境质量，减少冬季供暖能耗（图 5.21）。

而当地的民居中主动式的供暖措施，包括火炕（图 5.22）、可移动式“父子炉”等形式。为了满足冬季局部空间御寒供暖、提升冬季室内环境舒适度，火炕成为家家户户必备的供暖措施。正房两侧均设有炕房，以独立式火炕最为普遍。在邻近室外烧火口加热炕体，炕内设有盘旋环绕的暖道，并将烟气导向烟囱。由于土的蓄热性强，一般火炕的材料都采用当地的砖、土坯、泥土，在傍晚烧火做饭时，火炕通过暖道吸收热量，在晚上人们在炕上睡觉时再慢慢放出热量，起到夜间保暖的作用（图 5.23）。

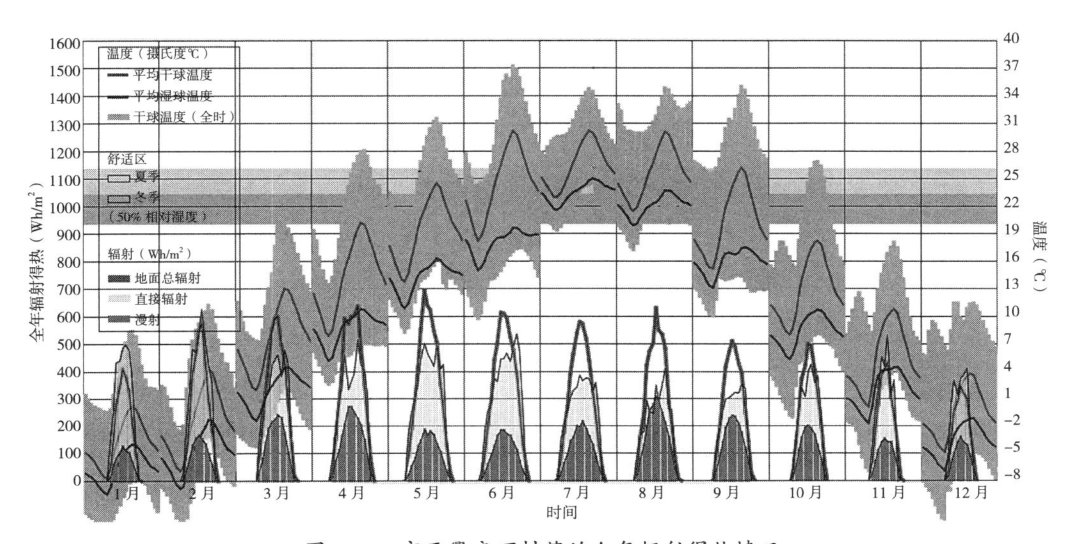


图 5.21　京西爨底下村落的全年辐射得热情况

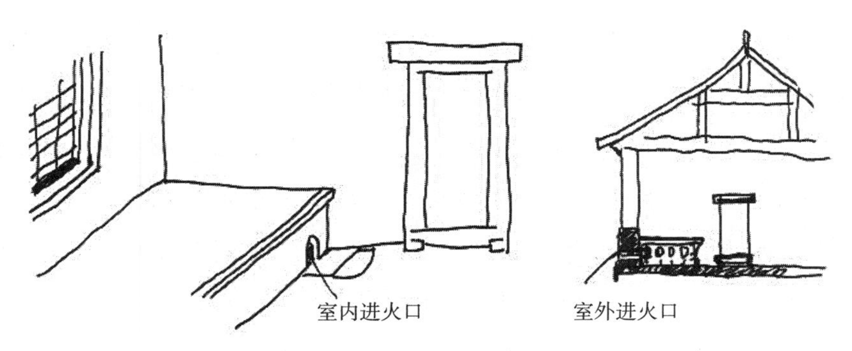


图 5.22　爨底下民居传统火炕供暖方式

图 5.23　传统的火炕供暖方式和现代改良的煤炉

但即便如此，这些供暖措施只是帮助传统村民们达到基本的生活供暖需求，远没有达到《农村居住建筑节能设计标准》GB/T 50824 中寒冷地区围护结构热工性能限值的节能标准。据当地人反映，从 11 月天气转冷开始，村落里的民居由于过于寒冷不适宜居住，游客也非常稀少，墙堡上部的民居缺乏供水，所以居民也纷纷离开，到城市里居住，到来年 4 月天气转暖再回到村里恢复民宿经营。因此，若要满足当代建筑节能要求，在提高环境热舒适性方面，单纯靠增加墙体厚度的方法也浪费材料，应该考虑采用新的实心砖材料或在原有结构上增加墙体保温层，构成复合墙体；同时改善外窗和屋顶保温也可以大大减少供暖负荷。此外，由于老式土炕不够洁净，在室内环境中易产生烟灰污染，土暖炉虽较为干净，但燃煤量较大，因此传统的火炕、火炉已经慢慢退出人们的生活，在当前的村落民居中已经逐渐被空调等电供暖设备替代，说明农村也期待着简单方便和干净舒适的供暖方式。

## 5.2.6　理水——雨洪集排、合理高效

传统村落的选址中，强调“观水”，京西郊的传统山地村落，既重视寻找村落

基地的水系和水源，保证人畜饮用和农田灌溉，也重视排泄山洪，保证居住的安全。北京西部三面环山，属于半温带半湿润的大陆性季风气候，夏季酷热，降雨集中，全年平均降雨量为470~600mm，降雨期较短，降雨量不大但比较集中，容易出现暴雨，因此很多山地村落都需要考虑防洪防涝和排水等因素。而爨底下村在整体村落的雨洪管理体系和各家各户的集排水系统都巧妙依托地形精心设计，并创造了隔廊、沿墙沟等集空间分隔和集排水于一体的独特技艺。

#### 5.2.6.1 整体村落的雨洪管理体系

整个爨底下村落的雨洪管理体系非常发达，周围山形地势原始的天然冲沟、村落山坡地势高差形成的梯台坡度和不规则天然泥石材料铺就的街巷都成为利于雨洪排流的天然条件。由于历史上整个山村曾经被暴雨洪水冲毁过，后来慢慢发展起来的爨底下村对防洪管理格外重视。目前的村址位于两山夹一沟、两峰夹一坡的向阳缓坡上，离坡底的河沟还有一定距离，而且民居院落层层抬高，并有高高的泥筑高墙围护，这样的选择和设计对于防洪是极为有利的。

整体村落的山洪排泄可以分为横向和纵向两种路线。最主要的一条横向路线是村南沟谷的交通、泄洪两用道，主要用于疏解夏季暴雨在两山峡谷中积聚的大股洪水。而纵向的两条排洪路线分别是山村的东西两侧山峰与山村所在的龙头山之间的沟谷，主要用于疏解山上汇集而下的雨洪，防止其从上部冲毁村庄。这两条排洪路线均采用了明暗相结合的混合构成方式，在村外的部分均为明沟排泄，而穿过村落民居建筑中的排洪路线则结合民居建筑设计地下暗排，由此形成大大小小的涵洞构造，为当代提供几百年前的古人以自然材料建造涵洞的实例，极具研究价值。而爨底下村几条排水干线以明沟为主，穿过村落时还设置了几处地下涵洞，主要是为了在百年前降雨量较大时，提高暴雨突袭时的雨水排流能力，较宽的涵洞和明沟可以迅速地将从高处山坡上流下的雨水排走。而村谷低处的排水干线与村中的道路系统结合在一起，成为交通、泄洪两用道，因此，这些道路常常设置成倾斜的路面，而明沟设在道路较低的一侧。这种以沟代路、以路代沟的处理方法，不仅利于快速排除路面积水，而且便于靠近街巷的院落直接将出水排到道路来，充分反映了爨底下人以功能性为主、物尽其用的生态营建智慧（图5.24）。

村落中几乎所有的院落都被抬高，院落的入口处都有几步台阶，固然仍有传统四合院中“门第”思想的影响，但具体来讲更多是从结合地形地貌、防水排流的建造技术角度来考虑的。这种抬高的院落和台阶的高差设计，可以保证雨洪的快速排

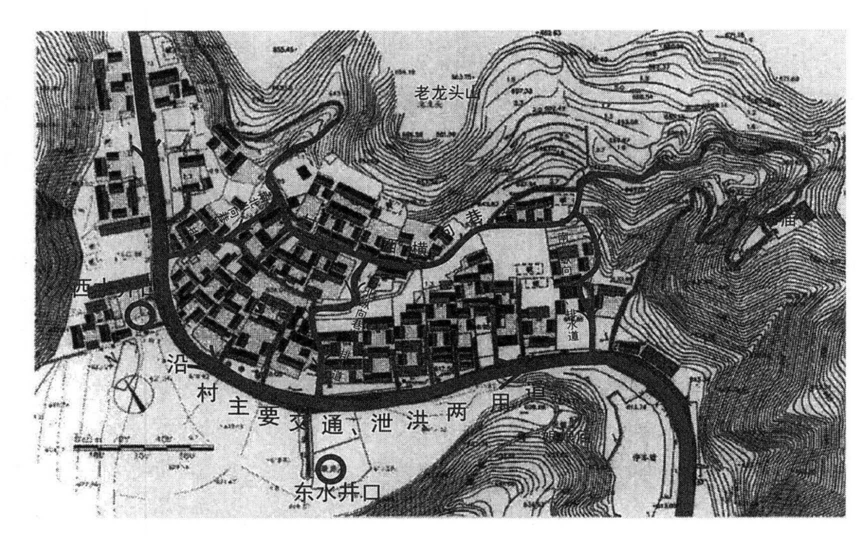


图 5.24　爨底下整体村落的雨洪管理系统

流。此外，院门入口处也设置门槛，高度一般在 300mm 左右，所用的材料有石材也有木材。这些门槛都可以随时拆卸，以供车马进出。当暴雨洪水到来时，将门槛安上，可以避免洪水浸入院内的潜在危险。

在村落的布局中，屋角、街角、挡土墙、台基等的转折弯曲位置有很多圆弧处理，这种弧形外形，不仅符合山形地势、节约空间、方便人行交通，还可以作为有效的防洪构造措施，减少洪水对建筑造成的破坏。在村里人称为“大墙”的 20m 高的挡土墙上，有许多看似“天梯”的间隔一致、排列有序、方向一致的突出石板，据说曾是当年筑台施工时支撑跳板的支点，村民们将其中一部分保留至今，是当地人有意将其作为备用应急交通设施。由于村庄的上层部分与下部的高差较大，在暴雨洪水突然袭击或土匪侵袭时，村下的居民可以利用它迅速撤退到“大墙”上层的村庄部分。

### 5.2.6.2　合院户内的雨水排流系统

爨底下村大到整体村落的雨洪分流，小到家家户户的排水处理，都是非常完善的。每一户山地合院院落的排水组织可以分为户内与户外两个部分，建筑内外的雨水排流系统为“屋面雨水—排水设施（竖水管、沿墙沟等）—排入内院暗沟—院外道路或明沟”，雨水汇集到院落后依地势排出合院。户内部分主要为屋面排水方向、院内地面起坡方向、涵洞、出水口。户外部分主要为相邻院落的山墙处理、相邻院落的檐口处理、出水口与区域排水干线的处理（图 5.25）。

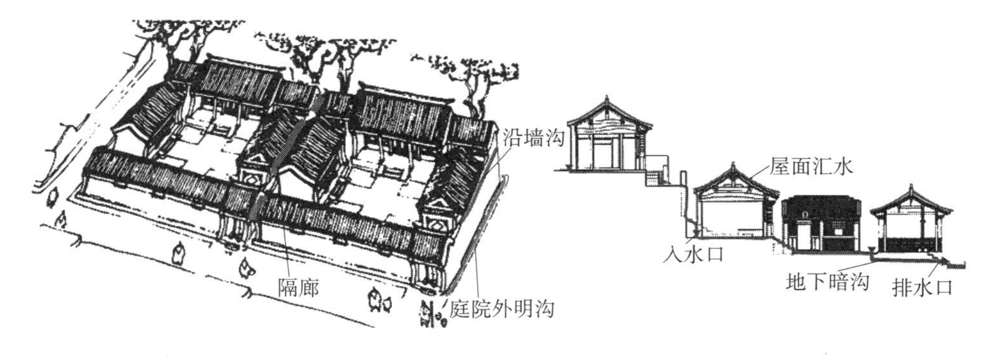


图 5.25 爨底下山地合院内的雨水排流系统

整个合院聚落依山而建，每家每户的院落结合基地高差建造，基面设计北高南低的微小倾斜，以形成天然的排水坡度。积水从北侧正房后的高处沿两侧石梯明沟顺流而下，汇入院落内的暗沟，最后从跨院下的出水口排出庭院之外。正房、耳房在与房后护坡之间设有排水明沟，将基地高处的积水通过暗沟引向后院，再通过厢房下的暗沟排向跨院，进而通过宅门暗沟排出，从竖向上形成5个不同的跌级落差。整套合院内的雨洪排流系统借助地势高差，因势利导，造价低廉又设计巧妙。

除了随坡就势建造合院，院落内部的地面也不是完全平整的，院内的设计也会遵循北方四合院地势西北高、东南低的习俗，整体保持约1%的自然排水坡度。由于墙裙为石材垒砌，没有排水沟处理，屋檐雨水直接排向院落内的石材地面。屋顶雨水和院内地表径流，汇入栽种植物的土地或甬道的暗沟，雨水沿沟至东南角排出院外。雨水要从大门东侧“青龙”位置的涵洞或出水口排出去，排出院后要向西流，院落内部最低的地平面要高于户外胡同的地面，便于排水，禁忌院子低于街巷，形成“倒吃水”。

院落地面选用采自当地山区的石块铺设，既坚固耐久，又能得到雨水的自然冲洗。排水口和地下暗沟一般也是因地制宜地用地方材料建造的，多用小块石料，也有用砖砌筑而成的。暗沟为石材搭建、铺砌，预防渗透、垮塌。院落内暗沟的口径一般较小，用材则以小块石板为主，位置一般也比较隐蔽，很难发现。但是村落内用于公共排洪的涵洞，口径较大，而且多用石板砌成。院落内出水口的口径一般也较小，多位于院落的东南角落或是门楼的一侧。由于用材比较随意，出水口的形状也较不规则，除少数接近于矩形外，多数为不规则多边形。

房屋建筑使用北京地区民居常见的硬山顶，屋面均为双坡瓦屋顶，出檐较浅，屋面排水自由，坡度适中，屋面的抛物线或双曲线的特性可以迅速排水。一般的屋面排水方向是朝向院落内部，符合“肥水不外流”的传统观念。排放到庭院外的雨水常见有两种方式，一种是从跨院依地形高差排放到院外的石板路上；另一种是从宅门柱桩处排向公用过廊处的明沟。用鹅卵石、石板、石块铺就的台阶巷道也是排水通道，就地取材，层层压叠，自上而下。雨水从山上经过村庄各户各院顺流而下，最终汇聚至村庄低处的主要排洪河道，形成蓄水灌溉（图 5.26）。

图 5.26　院落内的雨水排流口和排水沟

### 5.2.6.3　相邻院落间的排水技艺——隔廊

“隔廊”是京西的山地合院民居中一种极为独特的防水、排水构造做法，主要用于相邻院落或隔墙房屋间的防水、排水甚至是隔声处理。具体是在相邻建筑两山墙间或是两檐口间铺设一行“凹瓦”，若间隔比较大，可以铺设多行凹瓦，墙顶层层铺设瓦片，起导流作用，从而在这种接合部形成集防水、排水于一体的过渡沟。这种“隔廊”的存在，对于两院之间共墙的建筑，可以有效防止或减弱雨水对于墙体的冲刷；对于不共墙的建筑，则可以避免建筑间存在潮湿的死角，有效防止或减弱因雨水在两边墙体夹缝空间中的积聚而造成的积水潮湿问题。另外，这种“隔廊”的存在，可以有效地减少相邻住户之间的相互干扰（图 5.27）。

### 5.2.6.4　单体建筑自身的排水技艺——沿墙沟

沿墙沟是京西山地合院民居中一种极为独特的排水技艺，具体是在建筑物的檐口下方，沿着建筑物的外墙，成一定坡度地砌筑一行“凹瓦”（图 5.28）。这种沿墙沟是为了使从檐口下落的雨水迅速从建筑附近排走，并有目的地将其排向区域的排水干线，防止雨水对建筑的基础造成不良影响。沿墙沟属于单体建筑自身防水、排

图 5.27 相邻院落建筑间的排水隔廊

图 5.28 京西传统山地村落民居的沿墙排水沟

水的有效做法，在爨底下村及周边京西山村的民居建筑中出现这种做法，与当地村落常年雨水丰富、必须防止山体滑坡及防止山地合院承台的土壤随雨水流失有很大的关系。

在雨洪管理方面，爨底下村落山地合院依山就势、因势利导，采用明沟、暗沟相结合，满铺石板层层跌落，形成复杂、合理的排水体系，由此可保持民居建筑环境干燥舒适、村落环境干净如洗，加上各种垒石护坡，使整个聚落多年免受山洪的侵害，得以至今保存完好。

总体而言，整个爨底下村落的建筑环境生态系统是一个完整的生态适应系统，在结合地理、适应气候、民居灵活组合布局、地方材料使用、结构及性能、雨水管理体系等各方面都体现了良好的生态哲学。其在营建过程中不仅强调利用、节约、培育相结合，合理有度地利用生态资源，珍视周围环境中的山山水水、土地林木、日照空气，在民居建造中还遵循顺应地势错落布局、因地制宜就地取材、适应气候灵活调节、家族宗法和谐相生的生态营建思想。整个村落形态各异的山地合院民居从沟谷平缓地带顺山就势伸展至北侧龙头山的山坡岩壁，与地形巧妙结合，或层台累进，或形如巨碉，或平顺展开，空间紧凑、尺度宜人、形态灵活、随机应变。院落内部环境营造手法各异、小巧灵活，与周围山水格局观照相应。即使局部的自然环境不利于建造民居，也能够通过改造地势分层筑台、创建雨洪排流系统等局部调整策略来适应自然环境并采取相应措施加以补偿。充分体现了我国几千年依托农业经济、宗法社会、文化观念形成的朴素观念，更是村落人们生存发展、繁衍生息的必然原则。同时也反映了当地的自然地理条件制约、农耕经济财力状况、传统营建民居技艺和地方伦理文化，也间接体现了“天人合一”“师法自然”“达则兼济天下、穷则独善其身”和“比德”思想的儒、释、道互补的伦理禅境和朴素自然的人生哲学，以及物尽其用、朴素简省、格物致知的生态智慧。

## 5.3 生态功能表征实证——以北京门头沟爨底下典型民居为例

基于上文以北京西部爨底下聚落及其民居的具体营造经验为例对传统民居建筑环境生态系统的要素结构体系进行的详细分析，本节进一步选取该村落的财主大院作为典型民居代表探讨这些生态要素影响下相应的具体舒适性表征，包括热环境、湿环境、光环境、风环境等环境物理舒适度指标，并以实地测试与计算机模拟结合的方式进行量化实证。

### 5.3.1 爨底下典型民居概况

本书选取的典型民居研究对象为财主大院。财主大院为村中等级最高的两进四合院（图 5.29），坐北朝南、层层抬高，严格遵照传统的等级排序，依次为北侧老财主居住的五开间大正房、南侧两个并排标准四合院内的三开间小正房、左右厢房、倒座、耳房和罩房。单体建筑均为抬梁式构架体系，北侧正房为村中唯一最大的五开间正房，是村中最高的房屋，恰好位于以龙头山为中心的南北轴线的制高点上，其地面高度海拔为650m，而村下的公路海拔高度仅为623m。由于地形关系，此院仅设有五开间正房与西侧耳房一字形排列，“间”宽2.4m，整个檐高约2.8m，廊前设台阶五级，檐口高度有3.7~3.9m，台阶下有2m左右的窄院。北面正房左右接出耳房的布局称为“纱帽翅”，由尊者长辈居住。前面一进的正房为三开间，左右厢房均为两间，间宽2m，檐高2.4m；倒座的间宽、高度、进深均小于正房，后檐墙不开窗或仅开两个小高窗朝向南边的巷道；耳房、罩房的檐口则更低，形状因地势而变。院落的布局和房屋的排列均尊奉传统“伦礼”观念，五开间的正房为家中长辈、老人居住，前面各院则为家中兄弟分长幼使用，呈现主次、高低、长幼的次序，而这种家族合院居住方式，也体现了“兄弟睦，家之肥”“子孙贤，族将大”的传统宗族伦理观念。而更有趣的是，在这组合院空间中，不仅有亲情，居民与羊、猫、狗等动物也格外亲密，五开间后院的老财主还专门为猫在南墙窗下根设置自由出入室内外的洞口，为狗在台阶下设置狗窝。西侧的耳房巧用地形高差建贮藏地窖，成为储存食物的天然冰箱。前面的两个小院落中还有灵活组装可拆卸式的荆笆棚，棚高2m，夏天可乘凉，秋天可晒粮，处处充满安适的生活气息和物尽其用的生态智慧（图5.30、图5.31）。

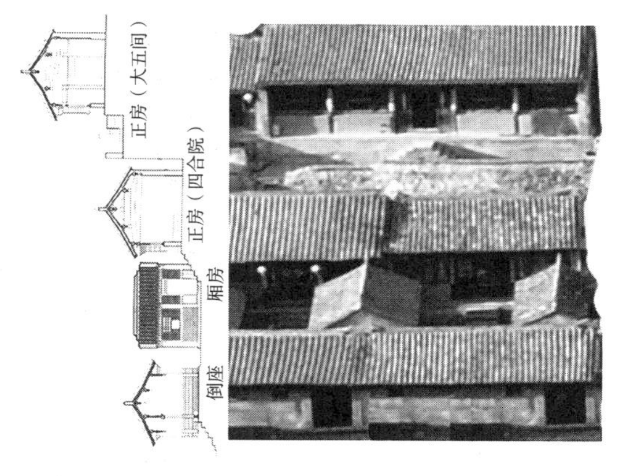

图5.29 爨底下财主院的二进院落布局

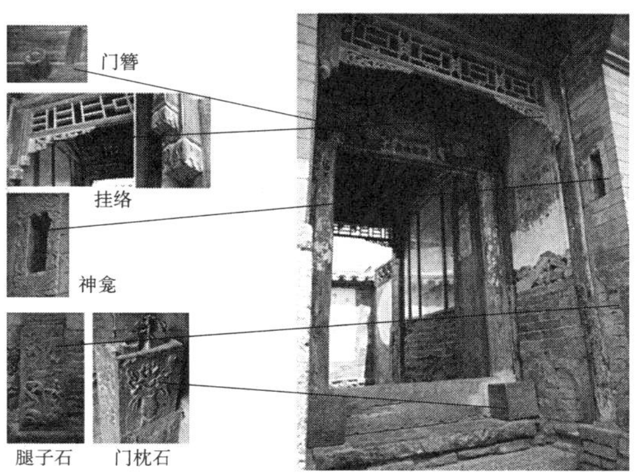

图5.30 左：财主院大五间前廊的人性化空间；右：广亮门的结构和细部

图 5.31 财主大院前后院空间及室内布局

## 5.3.2 测试及模拟方案说明

笔者于 2015—2018 年先后在爨底下村开展现场调研并对其建筑物理环境进行了实测，在此基础上采用计算机模拟的方法，进一步对爨底下村山地合院民居的建筑物理环境进行深入对比及研究。由于北京在全国气候分区中属于寒冷地区，在建筑热工中更侧重于冬季的防寒保暖，而冬季最冷月为 1 月、2 月。因此选择冬季 2 月作为典型季节对爨底下村山地合院民居的室内热环境状况进行研究，并以村内等级最高的二进四合院财主院作为典型代表开展实测，在其主要房间及室外院落选择测点，对其室内外温度、相对湿度、采光照度和风速进行连续测试（表 5.5、图 5.32）。首先是对的财主院大五间的室内外温度、相对湿度、风速和采光照度进行重点测试，测试点分别布置于屋檐门廊台阶处、正堂和东侧房间 3 个空间的中心点。其次，选择财主大院内一个完整的小四合院作为典型合院空间进行室内外热环境的持续测试，测试指标包括温度、相对湿度，测试点分别布置于北侧正房、西厢房、倒座和院落 4 个空间的中心点。

**表 5.5　　实测方式说明**

| 测试指标 | 仪器 | 采样方式 |
| --- | --- | --- |
| 室内外温度 | 温湿度记录仪 | 昼夜连续自动记录，间隔 20min |
| 室内外相对湿度 | 温湿度记录仪 | 昼夜连续自动记录，间隔 20min |
| 室内外风速 | 热线风速仪 | 白天人工记录，间隔 20min |
| 室内采光照度 | 照度计 | 白天人工记录，间隔 20min |

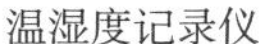

温湿度记录仪　　照度仪　　热线风速仪

图 5.32　实测仪器

测试时间 2017 年 2 月 10 日—12 日，天气晴朗，测量仪器为温湿度记录仪、照度仪和热线风速仪，测试方式为采用温湿度记录仪进行昼夜连续自动记录，其他仪器均为白天人工记录测定，每个指标的测试时间间隔都为 20min。由于不同的院落形制和空间尺度对于院落风场、日照情况以及室内采光情况影响不同，因此在后续模拟中也增加了对院落中央、宅院外巷道的采光和风速数据的模拟对比分析。实测及模拟的目的主要是分析在不使用主动式空调设备的情况下，传统建筑室内环境是否满足人体热舒适的要求。由于只在冬季短时期内对典型民居个别传统建筑室内外环境进行单次测试，缺乏全年典型季节的数据及与村落其他类型的民居样本的对比，同时，在场测试工具匮乏，作业时间较为紧张，测试内容仅包括室内外的温湿度、风速等，所涵盖的指标数据和样本均不够全面，因此，本测试的结果仅作为相对的个案参考。

在现场实测的基础上，利用计算机软件上建模（图 5.33）并模拟该典型民居的日照、通风、采光等生态舒适表征，并与实测结果进行对比分析。具体的模拟方案包括：

日照环境模拟：采用 Ecotect 模拟软件对爨底下村典型的二进山地四合院财主

图 5.33　财主院建筑空间 3D 模型

院全年典型季节的日照及阴影遮挡情况进行模拟。选择夏至日（6 月 21 日）和冬至日（12 月 21 日）作为典型时日进行全天候轨迹模拟。

风环境模拟：采用 Ecotect 第三方 Winair 插件对爨底下村典型山地合院的风环境进行模拟分析。

光环境模拟：采用 Ecotect 软件对财主院典型空间的室内外光环境模拟。

### 5.3.3 生态舒适表征分析——大五间

由于财主院大五间是村中民居等级最高、唯一的五开间的建筑，其坐落于村落中轴线的制高点，地基比前面院落高出将近 6m，在采光、通风、视野等方面的生态舒适表征上具有典型的代表性。因此，首先选取该建筑进行热湿环境、风环境和光环境等环境舒适性表征的重点测试。

对财主院大五间的测试点分别布置于屋檐门廊台阶处、正堂和东侧房间 3 个空间的中心点（图 5.34）。测试时间为冬季下午最暖时段，从 13 时持续至 19 时，测试的数据包括室内外温度、相对湿度、风速和采光照度。需要说明的是，该屋已久不住人，长期开放供访客参观，屋内无任何附加供暖措施，侧房虽有火炕，但并未使用，整个屋子的防寒保温仅依靠围护结构本身的性能。大门保持打开状态，窗户为关闭状态，有双层纸糊，围护结构包括砖石混合墙体、木架结构及隔断、泥瓦望板屋面，无保温处理。由于测试期间正值冬季，几乎没有访客，对实测数据影响较小，因此也为笔者提供了研究无人为因素干扰的建筑物理环境性能的良好契机。

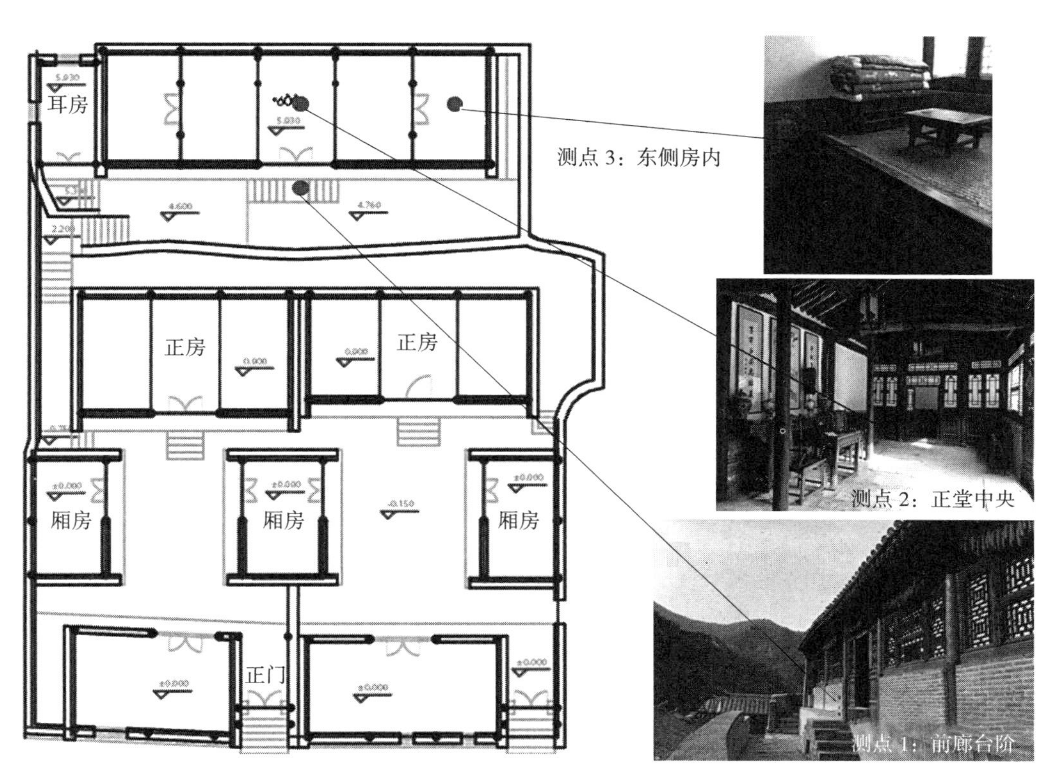


图 5.34　对大五间的测点布置

#### 5.3.3.1 热湿环境

对财主院大五间的温度测试（图 5.35）显示，门廊台阶处的温度最高，最高温度 10.7℃，最低温度 3.2℃，接近于室外环境温度，此处从最高温至最低温的下降速度也最快；门内厅堂中央的温度次之，最高达 9.8℃，最低为 3.5℃；而侧房的温度最低，最高温度 8.7℃，最低为 3.2℃。下午最暖阶段 14:00—16:00 的室内外温度都为最高，厅堂室内温度比室外低 1℃左右，侧房室内温度比室外低 4℃左右。总体而言，室内空间和室外环境的温度变化趋势吻合，特别是 18 点太阳落山后，室内外温度都急剧下降并开始接近，室内的温度下降相对缓和，至夜间，室内温度才高于室外温度。由此可知，爨底下合院民居使用当地天然材料的围护结构性能良好，基本符合居民冬季基本生存的御寒保暖需求。但冬季若仅依靠民居建筑自身围护结构来调节室内热环境而不采用采暖设备，室内温度最高只能达到 8~10℃，远未达到《农村居住建筑节能设计标准》GB/T 50824—2013——该地区在无空调工况下，冬季室内适宜热环境设计 19~22℃的基准温度舒适状态。如笔者在测试期间一直身着羽绒服仍感觉非常寒冷，一方面由于大门一直开启导致室内热损失迅速，但另一方面也说明仍需依靠人工取暖设施或进一步提高围护结构的保温性能才能提高室内环境的舒适度。

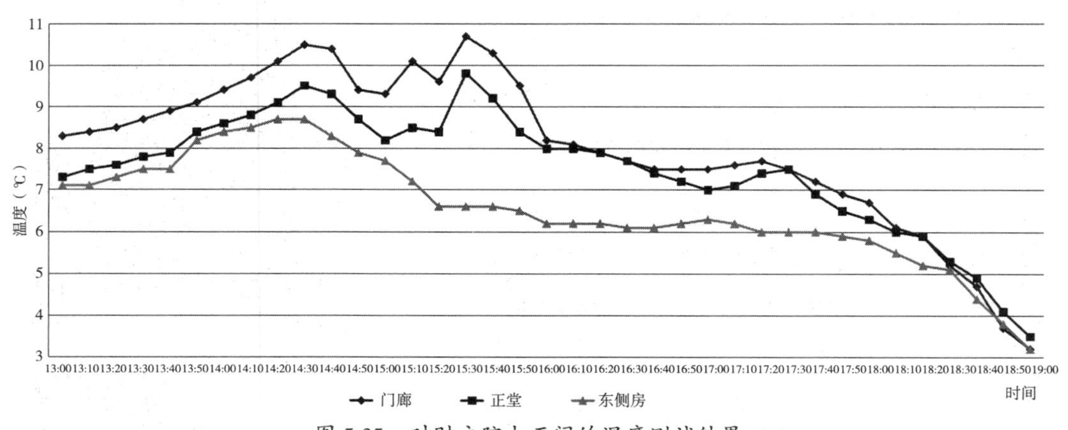

图 5.35　对财主院大五间的温度测试结果

由于大五间的室内隔断较少，整体空间比较通透，各部分室内相对湿度趋于一致，因此截取正堂的相对湿度数据代表整体室内空间的相对湿度表现（图 5.36）。数据显示，下午时间段由于气温偏高，相对湿度比夜间偏低，最低湿度在 38% 以

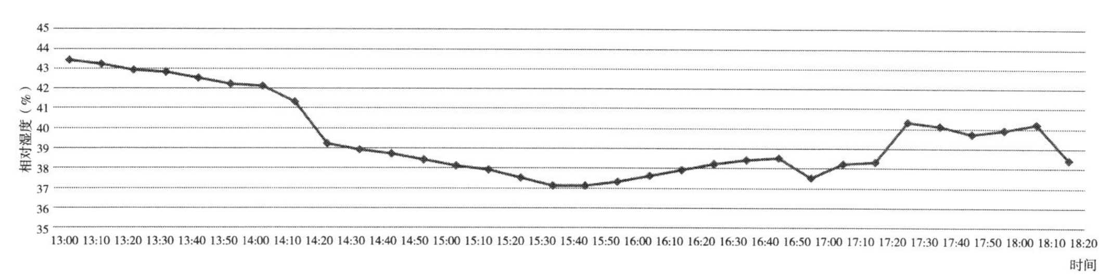

图 5.36 对财主院大五间正堂的室内相对湿度测试结果

下，但整体湿环境仍在人体舒适度标准的相对湿度 30%~70% 范围内，说明爨底下村冬季的气候不算太干燥。

### 5.3.3.2 风环境

对财主院大五间的风速测试显示（图 5.37），门廊台阶处的风速与室外风速相当，最高为 2.8m/s；而大门内厅堂中央的风速稍低，最高只有约 1.5m/s；两侧房间里的风速则基本上保持在 0~0.05m/s，多为无风状态。说明冬季爨底下山地合院民居的避风环境非常良好，室外南面的院落为微风，厅堂为柔风，符合 0.1~0.7m/s 的人体舒适风速指标。但侧房几乎无风，若室内隔断较多，则不利于通风。冬季主要是抵御西北方向的寒风，坐北朝南的朝向、室内北墙不开窗、室内隔断较少的设计以及背靠龙头山的天然优势都有利于抵御冬季西北寒风。

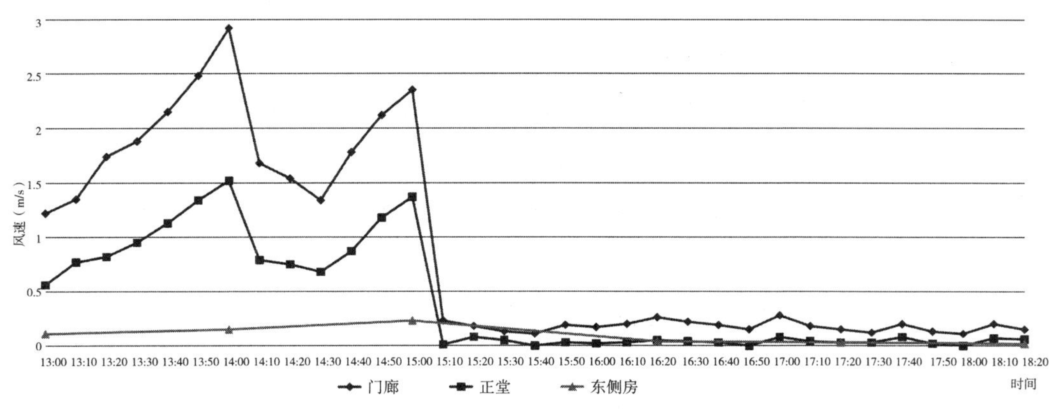

图 5.37 对财主院大五间的风速测试结果

### 5.3.3.3 光环境

财主院大五间的五开间也遵从一明两暗的布局，中间 3 个开间连通成为大的厅

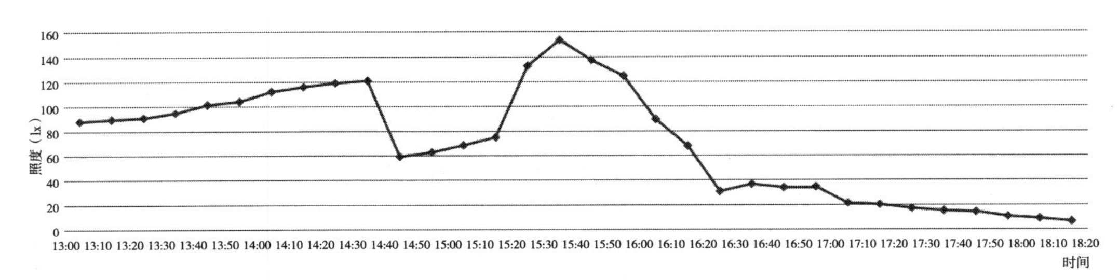


图 5.38　对财主院大五间正堂的采光照度测试结果

堂，大门开敞，两边隔窗朝南向。东西两侧开间为卧房，房门朝厅堂开，只有南侧有窗，因此整体空间的采光分布不均匀，中间厅堂敞亮通透，两侧卧房内较为阴暗，进深越大，采光越弱。以采光条件最好的正堂区域为例，采光照度测试显示（图 5.38），晴天阳光充足时，正堂内的光照环境良好，下午大部分时间的照度都在 50lx 以上，光凭天然采光即可满足人们在生活中的采光需求。但是在冬季山区，太阳落山较早，16：30 以后光线就开始减弱，需要增加人工光源。

在促进采光通风的生态营建措施方面，爨底下山地合院民居有很多独到的经验。在传统民居建筑环境中，为了使主要建筑的室内空间采光充足，皆为坐北朝南布局；爨底下山地合院民居巧妙利用山坡地形的地势高差提升正房地基，又抬高正房室内净高，使整体室内空间和室外庭院都获得良好的采光和通风条件；有些建筑还特意抬高前檐口高度，就是通过制造前后檐口高差这种简单低技术的方式促进采光通风。北京地区地处北纬 40° 左右，夏至日中午太阳高度角为 73°30′ 左右，冬至日中午太阳高度角为 26°30′ 左右，若前檐口高 3m，计算可得，夏至日中午，阳光可以照进檐内 1.7m 左右的距离，由门窗照进屋内的距离约只有 0.7m，这样有利于遮挡夏季强烈的阳光；冬至日中午，阳光可以照进檐内 4m 多的距离，由门窗照进屋内的距离则深达 3m 左右，其余时间则照得更深，有利于增加冬季室内采光，提高室内温度。

## 5.3.4　生态舒适表征对比——四合院

进一步选择财主院内的左下院作为一个完整合院单体进行温湿度 48h 连续测试，测试点分别位于北侧正房（北）、厢房（西）、倒座（南）和院落（中）4 个典型空间的中心点。需要说明的是，左下院是完整规矩的四合院格局，有人居住和日常打理，每个房间都配备了暖管，通过自家烧的煤锅炉统一供暖。测试期间北侧正房、西厢房的供暖设备保持打开，倒座房的供暖设备关闭（图 5.39）。

图 5.39　对左下院的测点布置及说明

### 5.3.4.1　热湿环境对比

从四合院 4 个测点的 48h 温度连续测试结果对比显示（图 5.40），测点 4 的温度与室外环境温度基本接近，昼夜温差幅度较大，白天室外温度持续上升，到 15 时左右达到最暖时段，最高温度约有 9.5℃，太阳下山后室外温度逐渐下降，直到凌晨达到最低点，夜间最低温度在 –4℃左右。相比而言，室内各个房间的温度都比较高，不管有无供暖，都基本保持在稳定的幅度。其中，正房的温度最高，保持在 10~18℃，最高达 17.2℃；其次是西厢房，温度维持在 9.8℃ ~16℃；倒座的温度最

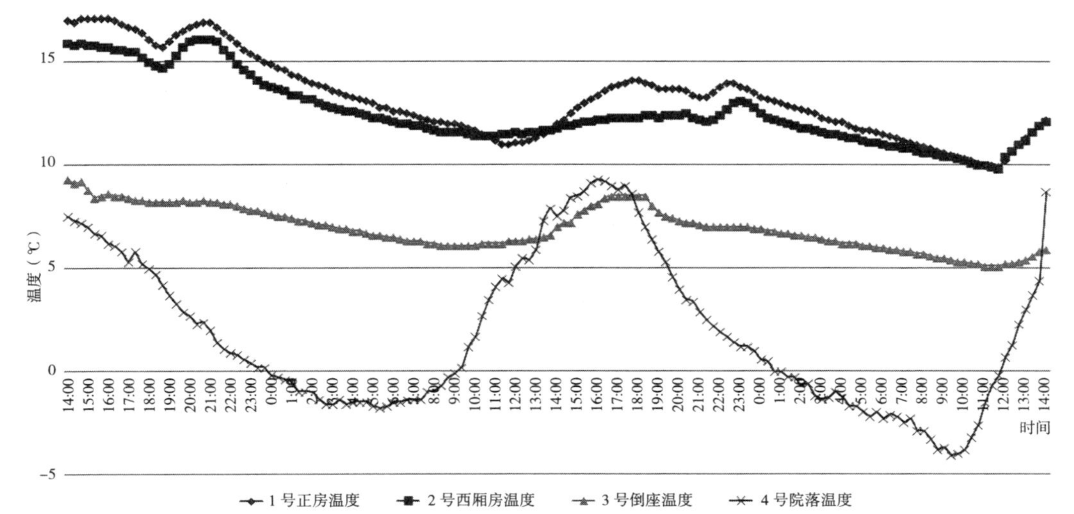


图 5.40　爨底下山地四合院的温度测试结果

低，不到10℃，夜间最冷时温度只有4.9℃。同一个四合院落里不同房间的热工性能表征呈现出差异化的原因固然是多方面的。首先最直接的原因是有无供暖，其次是房间的位置和朝向。即便拥有等量的人工供暖供给，北侧朝南的正房由于太阳辐射得热较高，因而室内温度比西厢房高。此外，围护结构的保温性能和密闭性处理也很重要，倒座房由于无供暖，其热工性能只能依靠围护结构，在冬季最冷月连续两天的实测中，室内环境的温度都能保持相对稳定，比白天室外温度还高出许多，说明依据传统的围护结构营建做法，也可以满足基本的生存生活需求，若加上基本的人工供暖措施，可以相应提高室内环境热舒适度。

从四合院4个测点的48h相对湿度连续测试结果对比显示（图5.41），首先测试点4院落中央的相对湿度变化幅度较大，显示了室外相对湿度的昼夜变化趋势。室外相对湿度有规律地上升回落，夜间到凌晨之间室外相对湿度最大，最高达52%，白天太阳出来温度上升后，室外相对湿度开始回落，到下午最暖时段降幅更大，17时左右达到最低，不到20%，说明此时段温度偏低，环境也比较干燥。室内相对湿度的变化则相对稳定，落差幅度较小。其中，测点1北侧正房的室内相对湿度保持在相对稳定的状态，大部分时段基本维持在40%~46%；测点2西厢房的室内相对湿度与正房相似，大部分时段基本维持在38%~48%，有微弱下降趋势，有可能是因为前几个小时屋内有人活动、用水等产生的影响。测点3倒座房的室内相对湿度比正房、西厢房稍低，但也保持在35%上下的相对稳定状态。说明四合院所有房间的室内相对湿度指标都保持在30%~70%人体舒适度标准范围内，但

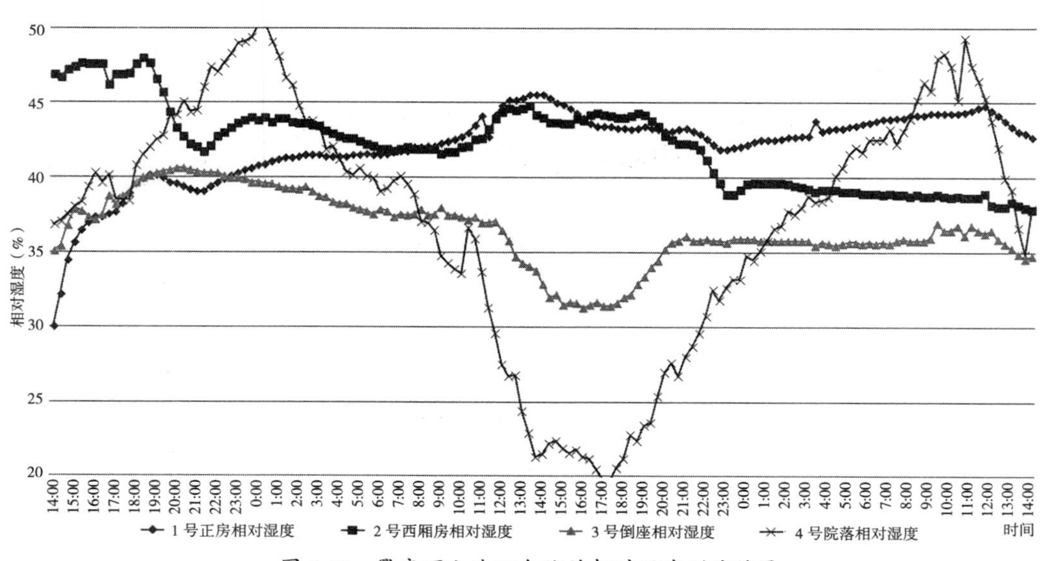


图5.41　爨底下山地四合院的相对湿度测试结果

相对而言正房与西厢房的围护结构气密性比较好，倒座房的室内环境气密性不够理想。

### 5.3.4.2 日照及阴影对比

日照轨迹模拟的日照及阴影模拟工具，选择夏至日和冬至日作为典型时日，财主院的日照及阴影遮挡情况进行全天候轨迹模拟（图 5.42~ 图 5.44）。

由日照轨迹图可知，夏至日午时太阳位置较高，基本上对合院民居形成顶部直射的轨迹。而大出檐的屋顶发挥了极大的遮阳防晒作用，保证了屋面窗台大部分都

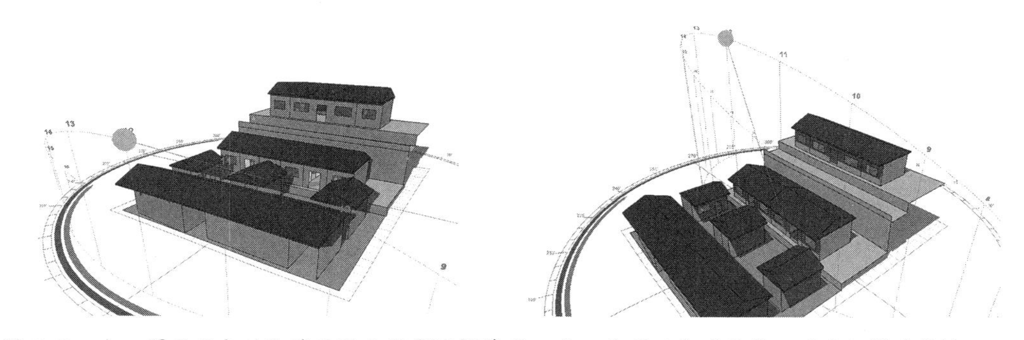

图 5.42 左：夏至日午时院落日照及阴影遮挡情况；右：冬至日午时院落日照及阴影遮挡情况

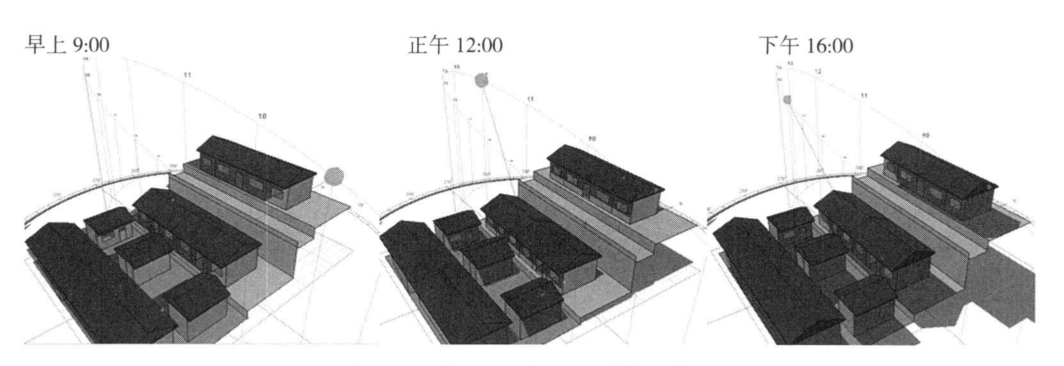


图 5.43 夏至日日照及阴影变化轨迹

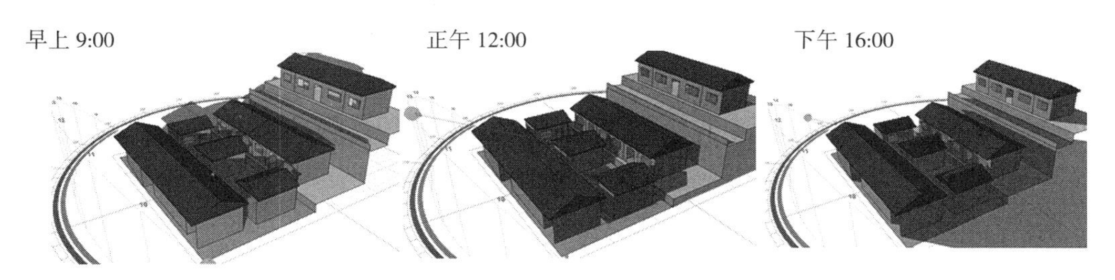


图 5.44 冬至日日照及阴影变化轨迹

处于阴影遮挡范围内。因此夏季合院整体室内外环境的温度不至于过高，较为凉爽舒适。相比而言，冬至日午时太阳高度角的位置比较低，对合院民居的日晒则是斜射的轨迹。依据地势高差的原因，北侧大五间的前面无任何建筑物遮挡，因此得到了最大幅度的太阳直接辐射，整个居室内的辐射得热效果、采光效果极佳，因此相对温暖敞亮。前面的四合院落中，北侧正房的日照状况也较佳，庭院由于有南侧倒座的遮挡，只获得局部日照，东西厢房也是只获得局部时段的日照辐射，倒座由于其自身位置、门窗的设计等原因获得的日照最弱，因此辐射得热情况和采光环境都不理想。

根据夏至日的全天日照及阴影变化轨迹，对比早上 9:00、正午 12:00、下午 16:00 3 个不同时段，早上 9:00 各建筑的东面受太阳辐射最多，西厢房直接接受日晒，但早上的大气温度不会太高，因此整体舒适良好。正午 12:00 太阳从上方直射，屋顶及屋檐都发挥了极大的遮挡作用，保证了室内环境不至于辐射过热。下午 16:00 大气温度处于最高时段，东厢房直接接受日晒，温度偏高，不利于居住。

根据冬至日的全天日照及阴影变化轨迹，对比早上 9:00、正午 12:00、下午 16:00 3 个不同时段，早上 9:00 太阳照射较弱，大气温度普遍较低，因此整体环境偏冷。正午 12:00 太阳从南向斜射而来，坐北朝南的正房获得了充分的日照辐射，因此居室环境最佳。下午 16:00 大气温度达到一天中最高时段，但是太阳辐射逐渐减弱，因此整体的室内外温度开始逐渐降低，体感转冷。

大五间及前面院落的正房前均设有 60cm 左右的檐廊，屋檐的出挑较深，在夏日起到一定的遮挡烈日的作用。不管是冬至日或夏至日，地势较高的北侧大五间的日照遮阳情况都达到最佳，冬季获得最大幅度日照、夏季获得最大幅度遮阳（图 5.45）。

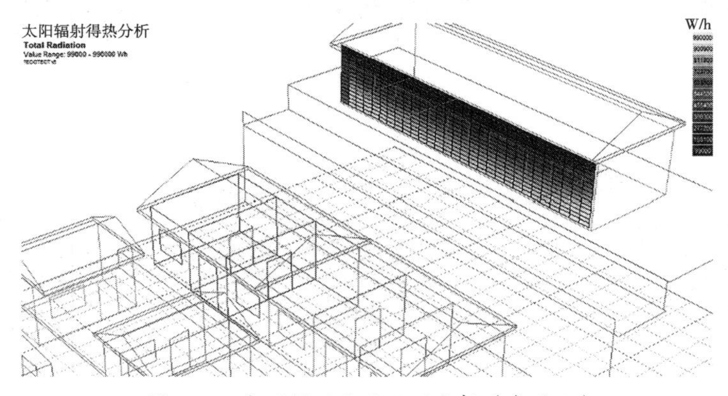


图 5.45　大五间正立面日晒分析（冬至日）

根据院落日照情况，建议选择东西次间进行居住；在仅设置某一方位厢房情况下，仅考虑日照遮挡，建议选择建造西厢房；通过院落日照模拟，发现院落内的日照阴影区仅与倒座房或者南外墙的高度有关，与其使用功能并无关系，所以在建造倒座房时，建议在满足其基本使用功能的前提下，尽量将其层高降低。

原国家建委曾发文规定"房屋间距各地区原则上按当地冬至日住宅底层日照不少于 1h 的要求计算房屋间距。"而爨底下山地合院由于有上下高差的优势，因而获得了更多的日照时段。由于爨底下村处于气候寒冷地区，太阳高度角小，而山区里冬季日照资源也比较缺乏，对采光纳阳的需求较高，因此合院的院落面积比南方一般的天井院大得多，房屋之间互不遮挡，不仅可以最大程度纳阳采光，还可以抵御冬季寒冷的西北风侵袭。为了吸纳更多日照，民居院墙高度也不超过屋脊高度，避免院墙过高而遮挡阳光。但其院落的开间进深比又与城区标准四合院方正的比例有所不同，总体在南北向更为纵长，有的甚至超过 1 ∶ 2，东西厢房间距较小，这样一方面可以节约用地，另一方面可以有效缓解夏日西晒、冬日寒风的问题。相比而言，南方的天井院更多的是横长形，即东西开间大，南北进深小，目的是使坐北朝南的正房获得更多的日照，而东西房形成良好的通风并减少太阳辐射。传统民居建筑中的院落空间是组织复杂功能与调节环境的基本语言，承载着人们的各种生活生产行为，接受自然的阳光雨露，纳景观于建筑，融建筑于环境，体现了中国传统建筑朴素的生态观。可见地理气候不同，应对环境的策略也有所差异，但是前人在传统民居的营造上对太阳、风光雨水等自然资源巧妙利用的智慧却是无穷无尽的。

#### 5.3.4.3 采光及光环境对比

光环境模拟：采用 Ecotect 软件，选取冬至日 8：00—16：00，模拟财主院前后具有高差的典型空间室内外天然采光环境。北京地处第三光气候分区，室外临界照度值为：6500lx，采用 CIE 全阴天模式。由大五间的冬至日室内光环境分析可知（图 5.46），厅堂的开敞区域由于大门保持开启，中间没有隔断，南墙两侧又有较大的透明窗体，获得的光环境最好，两侧房间由于有门窗隔断采光较弱。

由正四合院落的室内外采光梯度分析（图 5.47）可知，大五间正房的天然采光环境最为优良。最大原因是大五间有 5.9m 的地势高差，地基比前面建筑还高，因此前面向阳处无任何遮挡。此外，大五间南向立面的开窗面积大，获得太阳直接辐射的面积最广，且室内通透宽敞，隔断很少，因此整体的采光环境良好。室内进深有 4m，间宽 2.8m，而南面向阳墙面上开启较大的窗口，"窗墙比"较大，因而窗口

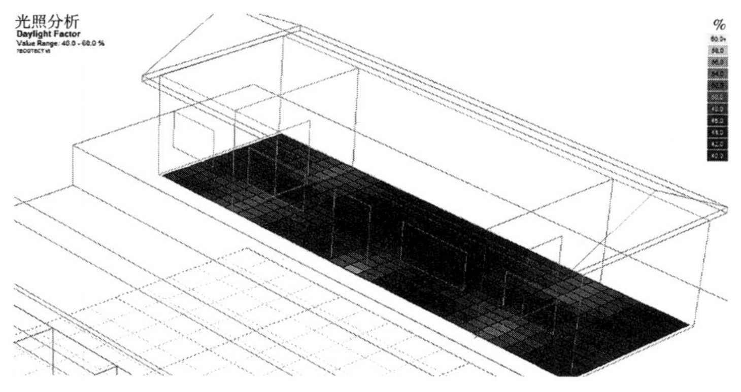


图 5.46　大五间室内采光分析（冬至日）

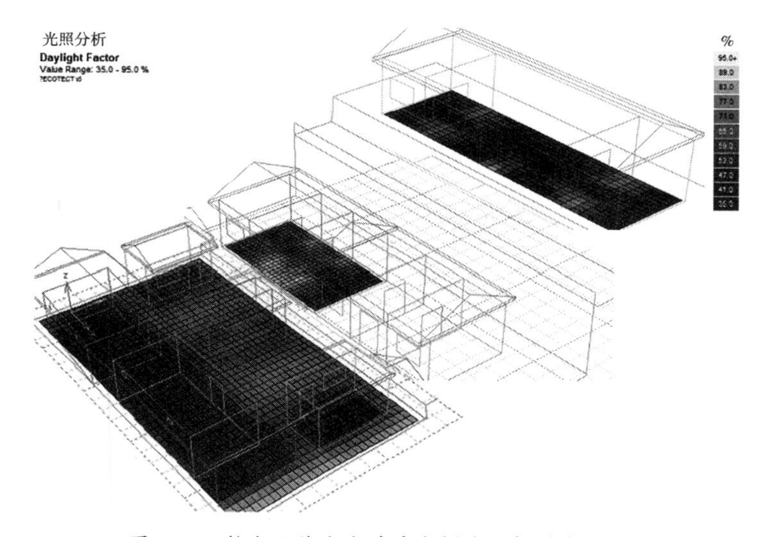


图 5.47　整个院落室内外采光梯度分析（冬至日）

下区域的采光系数最高，为 15% 左右，光线向室内延伸，厅堂室内能够获得足够的自然采光；侧房内离窗口最远的室内角落也能获得一定程度的自然采光。东西厢房由于日照不均匀，采光状况不佳；倒座由于开窗较小，门面朝北，光环境也非常差。《农村居住建筑节能设计标准》GB/T 50824—2013 中提出，为了充分利用自然采光，房间窗地比不小于 1/7，窗洞口上沿距离地面高度不宜低于 2m，单面采光房间的进深不宜超过 6m。因此整个厢房若超过 6m 的进深，采光系数只能维持在 2% 左右。所以要想改善厢房的室内环境，可以通过增加开窗、加大窗地比或减小进深等方式来调整。

#### 5.3.4.4　通风及风环境对比

风环境模拟：以 Ecotect Winair 模拟软件为工具对爨底下山地合院典型院落形

制的风速场和北京地区冬季主导风为西北风，夏季主导风为东南风，该村落还处于京西山谷地带，有山谷风的混合作用。

通过总结分析 1960—1990 年北京地区气象数据，得出平均风速约为 3.4m/s。模拟的建筑布置均为坐北朝南，同时考虑到北京冬季的盛行风为西北风，加上爨底下村东西向的山谷风，因此，在模拟过程中选取冬至日西北风工况；此外，由于冬季为了减少热损失开窗较少，所以在模拟中不考虑外窗对风环境的影响。

由财主院大五间的室内与前面四合院落的室外风场对比（图 5.48）可知，夏至日假定在室外 22℃、室内 20℃、东南风 4m/s 的工况下，大五间的风环境较为舒适，室内风速处在 2.4m/s 的微风舒适区，前面四合院的庭院和东南侧的门洞则处于风场较大区域，风速达到 3.3m/s 以上，东西厢房和倒座基本处于静风状态。冬至日假定在室外 6℃、室内 8℃、西北风 4m/s 的工况下，大五间的风场较弱，保持在 0.8m/s 以下的弱风，前面四合院的庭院和门洞的风场相对较高，最高风速达到 3m/s。但是由于有背靠龙头山的天然屏障，即便西北风再大，整体的院落室内外所受的风力和风速都不会太大。而院落外面东西向的巷道则成为受风的主要区域。

因此，通过山地四合院模拟分析其室内外的风环境状况，可以检查是否因周围及院落风速过大而造成建筑迎风面风速过高，加重冬季围护结构的冷风渗漏，进而

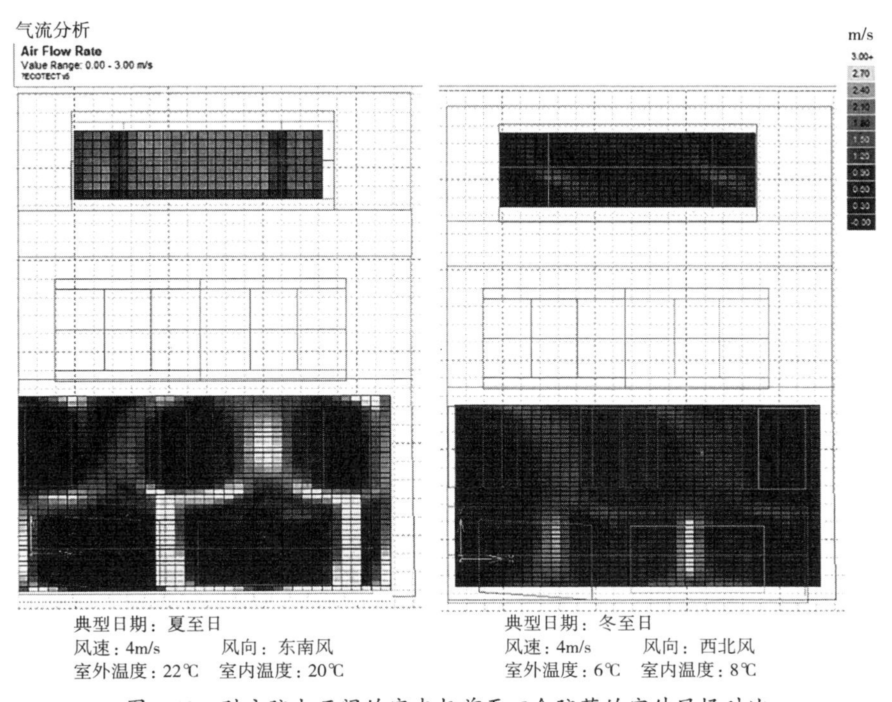


图 5.48　财主院大五间的室内与前面四合院落的室外风场对比

影响室内的舒适情况及采暖负荷。对于风环境来说，院落越开阔，院落风场分布越均匀。为增强冬季室内环境热舒适度，同时避免额外增加保温采暖费用，需要在建筑西面及北面加强防风和保温措施，院落的东北、西南角均需要做重点保温，尽量避免形成西北角和东南角与盛行风平行的气流通道。

### 5.3.5 实测及模拟结果评析

基于上述热环境、光环境、风环境等实测及模拟数据的比较评价，爨底下传统合院民居的实测数据和模拟结果呈现正向一致，但是由于山地因素及山区局部气候的影响，也出现很多与城区合院不同的差异化表征，证明了这样独特的建筑类型只能根据实地测量具体情况衡量其生态舒适性能。对爨底下典型民居实测模拟的量化实验过程充分说明，只有通过现场实际测量、实验室检验修正和软件模拟三者合一并反复印证对比，才能得出研究传统民居建筑环境生态系统的可靠数据和客观结论。由于历史数据难以获取，场地状况复杂，建筑结构不清晰等都是原因，对传统民居建筑的物理环境分析必须将实测和模拟相结合。

从温度横向比较上看，大五间和四合院正房、厢房、倒座各个不同位置房间的热工性能呈现出差异化的表征，其原因是多方面的：有无供暖是直接原因；房间位置和朝向也对热工环境产生影响；门窗开启的位置和大小直接影响到太阳辐射得热量的大小；频繁地开关门也会造成室内热量的流失而影响室内热环境。

从相对湿度横向比较上看，在下午最暖时段，室外温度达到最高、室外相对湿度降到最低时，倒座房的室内相对湿度也略有降低，说明倒座房的室内环境气密性不够理想。而正房与西厢房围护结构气密性比较好，由于有持续供暖，室内温度较高，但室内相对湿度也较高。值得肯定的是，在冬季偏干冷的季节里，即便室外相对湿度变化幅度较大，四合院内所有房间的室内相对湿度指标都保持在 30%~70% 人体舒适度标准范围内，不至于太干，也不至于太湿，可能与周围的山林局部气候及建筑本身围护结构的密闭性有极大关系。

从采光和通风横向比较上看，爨底下山地合院民居整体室内空间和室外庭院都获得良好的采光和通风条件，这与正房地势高差的巧妙利用，以及前檐口高度特意抬高等做法不无关系。同时室内布局通透敞亮，进深小，利于通风换气，也利于天然采光。

由以上的实证结果可管窥，传统民居建筑环境的营造中有很多根据自然气候条件的变化来设置建筑朝向、建筑间距、日照时间和辐射得热及遮阳阴影等的生态营造智慧。爨底下山地聚落通过聚落周围的山水格局环境、聚落本身的空间结构、街巷及民居环境的形态组合、合院民居个体单元形态构成的生态自适应系统，来调整传统民居的室内外温湿度、太阳辐射、照度、风速、风向变化等，从而对传统居住环境舒适性产生极大的促进作用。

爨底下村处于北方寒冷气候区，冬季主要考虑防寒保暖，对空气流通要求不高。财主院位于村落中轴线最高点，坐北朝南，特别是其建筑等级最高的大五间，地基比前面的四合院落还高，立面上正中为开敞的大门，两侧的窗墙比也比较大，同时室内明三间的布局通透敞亮，进深小，利于通风换气，也利于天然采光。在这样的民居建筑环境中，依靠围护结构的空气渗透和门窗偶尔开启就能保证基本通风，但是反过来又影响室内温度波动。建筑的布局将会直接影响室内热环境状况，而人体舒适度又主要是在室内体现，因此如太阳高度角和常年主导风向等外部自然因素都应该综合考虑在内。门窗的形式、密度和大小也会对室内通风、采光及保温隔热等产生影响。门窗开启形式以“三封一敞”为主，东北西三面都不开窗或仅开小窗，只在南面开门窗，后墙不开窗，也成为冬季抵御西北寒风的重要屏障。正房南向立面的窗墙比很大，在冬季可以吸收更多的太阳辐射和天然采光，而夏季还兼顾通风纳凉，因此窗的形式多为双层支摘窗，夏季可以摘掉或支上窗扇，从而保持室内外的空气流通，获得更良好的自然通风环境。而倒座的南向墙面只在顶部开两个小窗，窗墙比小，室外空气经过南北向窗口流通受阻，因而室内通风状况较差。因此传统民居室内院落、门、窗、洞等空间要素位置及大小的组合都对室内风热环境存在较大影响。

此外，建筑开口的位置、大小、相互之间的关系、建筑部件位置等，都是影响建筑内部气流分布的因素，必须精细地安排风压或热压，才可以最大限度利用自然通风。受此启发，在这些原有被动系统中添加通气孔，例如财主院大五间专门设置的猫洞狗洞，在一定程度上也起到了促进室内自然通风、减小空气龄的作用，形成一些既巧妙有趣又有实用功能的设计。此外，不同季节对风的引导策略也不相同。夏季积极利用南向风压通风，促进气流在水平方向流通，及时将多余的热量排出，避免室内温度过高。冬季应主要利用热压通风，尽量减少风压通风。冬季室内外的巨大温差为热压通风提供了良好条件，应积极利用热压拔风作用，促进气流能量在垂直方向的运动流通，减少冷空气干扰，降低热损失。

可见，对传统民居建筑中的与采光、通风相关的开口要素的大小、形状、位置、间距及进深等进行适宜化控制，并且能够调节风、光、热等气候要素的输入输出量、角度与时间，有助于优化传统民居建筑环境与自然气候的关系。

# 第6章

# 结 语

## 6.1 传统民居建筑环境生态营造的传承利用评述

以史为鉴，可以知兴替。世界不同地域的人们在应对自然、地理环境满足生存、生活空间需求的营造过程中积累了很多丰富多样的生态智慧和营造策略。在营造传统民居建筑环境的过程中，人们考虑得最多的也许不是“构图”“比例”“韵律”，而是遵循设计结合自然地形、采用地方材料、适应地方气候、符合经济适用、延续传统文化等生态智慧。正如路易斯·康曾说起他在非洲的经历，“我看到很多土人的茅屋，他们完全一样，也都很好用，在那里也没有建筑师。我很感动，人类竟可以如此聪明地解决太阳、风雨的问题。”这种生于斯、长于斯的建筑环境，必然蕴含了很多朴素的科学原理，也最符合人们传统的审美习惯。因此，辨证而言，传统民居建筑环境的生态营造经验不仅是尊重、顺应和保护自然，更重要的是对自然进行的开拓、适应、反馈、整合的生态控制过程。

传统民居建筑环境生态营造智慧在当代社会的传承利用，真实体现了传统聚落人居环境系统在全球社会经济和城市化背景中发展变迁的缩影，反映了在现代化进程中传统聚落和现代社会及自然环境之间复杂交织的关系。世界各地的传统民居聚落在自然气候、地形地貌、资源禀赋、经济社会、生活方式、民族文化等方面都存在显而易见的差异，但是他们对于生态环境的理解和运用也有很多共通之处，并且很多从远古流传至今的民居聚落及其营造技艺在随着历史的发展进行相应的演变进化过程中，也存在很多值得追寻的相似规律路径。差异化引发多样性，相似性带来和谐共生，传统民居建筑环境生态系统就是相似性和差异性的对立统一体。不管是意大利的马泰拉石窟城及阿尔贝罗贝洛，抑或是诸如我国北京的爨底下村这样千千万万的传统聚落，它们对传统民居建筑环境生态营造研究的突出价值在于，在历史发展的长河中，它们不但能够在工业革命和现代科技的冲击下保持自身空间结构的完整性和生态营造技艺的延续性，还能充分融入现代经济社会的发展并实现聚落的复兴和价值的传承，给予现代生态可持续设计重要的启示和借鉴。

然而，传统民居建筑环境生态营造智慧在当代社会的传承利用，也充满了曲折和挑战。不管是马泰拉石窟，还是我国黄土高原的窑洞民居，抑或是阿尔贝罗贝洛的特鲁洛圆顶石屋，即便他们具有冬暖夏凉、就地取材、节能降耗、与自然融合等多种生态特性，是典型的与环境“共生”的乡土建筑，但因其空间局促、形态单一、通风不良、阴暗潮湿，室内空气质量比较差，加之其建立在较为原始生产力水平之上的材料加工和粗糙建造方式，以至于人们把传统窑居视为贫穷、落后的象征，将这些洞穴或“生土掩体”淘汰。美国学者 A · P · 托西（Anne Parmly Toxey，2006）曾以意大利马泰拉石窟城的社会转型发展为例，探讨传统乡土聚落在现代经济社会中的独特转型之路[①]。她的研究证明了传统保护所起的作用绝不仅仅是被动的、仅限于考古研究的行为，反而和现代改革一样，对当地的社会和经济发展起到了强有力的推进作用。例如马泰拉这样一座千年石窟聚落，由于这些从古至今保存完好的独特聚落空间格局而被世人认可、珍视，誉为“时间凝固之城”“欧洲文化之城”，并积极推动保护措施。但是，当地人却不置可否，在他们的观念里，这些阴暗潮湿、拥挤窄小的石窟是落后贫穷的象征，是一块羞耻的伤疤，被问及是否有祖先曾住在石窟里时，他们甚至不愿意回答，认为这样的问题是一种冒犯，他们宁可沉浸在20世纪50年代以来新政府为其打造的现代温床里，挣工资、住新房，不再回忆老一辈在石窟民居里的辛酸生活，甚至厌恶先辈们的穴居印记（devalue their pasts）。直到旅游业渐渐兴盛，纷至沓来的世界各地游客就是为了一睹这些传统民居的独特性，当地人从餐馆和住宿服务中得到甜头后，才渐渐认可了保护这些祖先遗产的重要性。可见，现代城市化进程在一定程度上给传统建筑带来了冲击，但也带来了机遇。不管是深山里的乡土聚落，还是城市边缘的很多地方，都有很多没有建筑师的建筑或者自发自建的临时住宅，根据生活需要，在经济状况约束下，只能以最原始低技术、简单材料和祖辈流传下来的营造知识技能来建造自己的容身之所，而这些往往都是传统民居建筑环境最原始生态营建经验的体现，也是所谓的正统现代建筑大潮中一股清溪，体现了多样的身份识别、特定的意义价值和精神需求。

---

① 美国学者Anne Parmly Toxey在芝加哥大学伯克利分校2006年完成的博士论文*Tides of Politics Traced in Stone*：*Modernization*、*Preservation*、*and Residues of Change*中曾探讨过马泰拉石窟的现代转型路径。

因此，如何在现代科技、经济社会和设计理论的研究中，将这些优秀传统民居聚落的生态营建策略有机结合并可持续地发展下去，是亟待思考的重要问题。本书从聚落微观的居住空间模式变迁到区域宏观的空间格局演进，来剖析传统民居建筑环境生态营造系统、空间、人口演进的动力因素，以及由此引发的聚落空间结构的演变以及新的人地关系特征，以期为传统民居建筑环境生态营造智慧的当代传承利用策略提供绵薄的思路参考。

## 6.2 传统民居建筑环境生态营造的能效价值评述

传统民居建筑环境是一种既有建筑环境，只有科学理性地评价其生态品质，才能深刻认知其生态价值乃至人文综合价值。本书在结合研究历史重叠性和当代空白点的基础上，通过国内外具体传统人居聚落案例的实地建筑物理量化测试，开展对传统民居建筑环境生态营造系统的结构要素、生态功能策略及其演化性质的研究，寻求传统民居建筑环境生态营造系统的一般机理与演化规律，试图建立传统民居营造技艺与居住环境生态品质程度之间的关系模型。尤其是以“解剖麻雀、抓点带面”的方式，以北京西部爨底下山地合院聚落为例阐述传统民居建筑环境的生态要素—结构—功能体系，并以爨底下典型的山地合院民居财主院的室内外环境功能实测和模拟为例阐述这些生态要素结构的具体环境功能表征，来详细解构传统民居建筑环境生态系统的本质属性，初步检验了传统民居建筑环境生态系统的效率优势和对提高环境舒适度的价值。在时空序列的发展过程中，传统民居聚落的建筑环境生态系统是一个完整的自组织体系，生态要素结构层次丰富，环境舒适表征效用合理。同时任何一个聚落的生态营造系统本身绝不是孤立、静止的个案，而在全球千千万万的人居环境聚落中都能找到相似的原型。

传统民居建筑环境生态营造系统的本质属性，体现为系统内部各要素结构之间相对稳定的连接方式、组织秩序及时空关系的内在表现形式，及其与外部环境相互联系作用表现出来的性质、能力和功效等外在功能表征。系统内各个要素结构及其功能表征有机整合、严密配合、各司其职、各得其所、相辅相成、互惠互利，从而使整个生态系统在时空序列的发展过程中持久协调运行。像在北京西部爨底下山地合院聚落及财主院这样的典型民居营造中，能够因地制宜地选择合理的建筑布局、空间组合、材料工艺等，以及在能源有限的环境中，形成了顺应天时地势、就地取材、排洪抗灾等动态适应的生态营造经验，来适应当地独特的地理气候条件。这些依据生态被动式策略所创造的居住环境虽然无法达到现代住宅的舒适标准，却是建立在当时当地资源环境和技术条件都非常有限的客观基础上的适宜折中方法，生态代价极低，也能巧妙地满足了人们基本的生存生活需要。其生态系统要素结构、功能表征在部分差异的基础上以整体方式体现出的同一性代表了系统的整体性，诸要素组织在地位、作用、结构、功能及其结合关系上表现出等级层次性，在外界作用下开放系统能够随时应变、自我调节，在结构、功能、秩序上保持了一定的自我稳定能力。

即便传统环境营造伦理需求和现代科学标准之间存在矛盾之处，传统生态营建经验的现代传承与优化在一定程度上也是综合调适的过程。随着设计的规模尺度以及所处地域范围的不断扩展，地域与国际、落后地区与发达地区、乡村与城市、低技与高技的传统界限变得越来越难以清晰剥离。

鉴于乡村民居建筑环境的未来发展或将面临减碳降耗、品质舒适、富于人文底蕴以及造价成本控制等多目标驱动，在前述验证传统营造技艺与环境生态能效间存在耦合交互关系的模型基础上，未来应进一步将传统被动式技艺与当代零碳建筑技术有效结合，建立基于传统营造技艺再利用的多目标优化设计模型，重塑乡村人文底蕴并以最小的能量消耗提升环境舒适度。同时围绕生态能效测度的研究目标，在各研究阶段纳入集成建筑环境现场实测方法、规范定量数据采集过程并结合案例进行实证推导。并通过集成数字技术模拟方法对传统民居建筑环境进行性能仿真模拟，以进一步验证乡村传统民居营造技艺与环境生态能效关键因子数据间的互动关系及其显著程度。当代设计师能做的就是，积极参与推动当代独特的地域文化与全球化普适价值之间的互动与融合的关系，以更加开阔的社会视野、从不同的地域文化和知识领域中汲取灵感、为改善人类赖以生存的物质环境探索更有普适价值的解决方案。对传统民居建筑环境生态营造经验原型进行尺度结构、空间模式、功能表征等方面的演绎，然后加入社会、文化、经济等多种城市环境影响要素，在诸多要素的碰撞之中寻求各种可能的平衡点和解决方案，并结合新的建筑形式、空间要求和技术材料探索一条符合当代需求的可持续设计道路。

然而，“怎样（how）”的命题是一个大命题，本章的篇幅乃至全书的研究都不足以提供任何一个可以具体照搬的清晰样板。传统民居建筑环境的生态系统与外界自然环境是紧密联系的，而外界环境的变化往往潜移默化地影响了传统系统的特性，人在其中也无法完全确定控制环境和对象。因此对于传统民居建筑环境生态系统的最优控制就是促使其形成自适应、自学习的系统，通过复杂系统本身的自我调节运转，逐步积累经验，最终达到最优的状态，这也正是自组织系统的核心能力。

## 6.3 传统民居建筑环境生态营造智慧的研究展望

### 6.3.1 要点总结

首先，将传统民居建筑环境生态系统视为一种自组织体系。这种自组织本身具有开放性的系统，要素之间的结构和功能都具有层次性，彼此依存且具有非线性的相互作用。传统民居建筑环境生态系统的要素包括具体的聚落空间、周围环境的山水格局、聚落本身的空间结构、民居环境的形态组合、民居单元内的具体构成、街巷等联系的公共空间，以及各自独特的如相地择址术、雨水收集体系、围护结构独特营造技艺等。

其次，每一个独特的人居环境聚落在其营建变迁的过程中都具有生态适应性的能力。本书侧重从表征形态适应及由此而演化来的策略适应来分析这些传统民居建筑环境的生态经验。传统人居环境聚落是善于学习、富于创造的组织系统，在与自然对抗的过程中学会与自然对话、融合并产生能量、物质、信息的持续正交换，是一种熵减形态的耗散结构，正是这种传统低熵组织的演化和变迁才凸显出无限的生命张力和文化多样性。传统民居建筑环境的自组织在与环境的长期相互作用中，为了高效地从环境中获得生存所需的物质与能量并规避各种不利因素，确保自身的正常生长、存续和繁衍，需要不断地在形态、生理、行为等各个方面进行调整以适应自然生态环境。这些表型适应、进化适应、行为适应和生理适应等不同类型的生态适应均是在长期自然选择过程中形成的，个体组织随着周围环境生态因子变化和社会环境变革而改变调整自身形态、结构和生理特性，以便于适应环境、求得生存和发展。

同时，这些人居环境系统在空间上都表现出了一定的规律秩序和层次性，且彼此之间的实践具有一定的相似性。这种相似性体现在形态、结构、功能、存在方式、演化过程中均具有共同特征或体现出有细微差异的共性。虽然世界各个地区不同聚落传统民居建筑环境在要素排列秩序、水平分布、立体构系、组织形式、时空布局等方面，存在变幻丰富的面貌和多样性的表现，如鲁道夫斯基提到的从非洲原始部落的小型谷仓到苏丹多贡部落（Dogon）的崖居等诸多"没有建筑师的建筑"，又如本书中京西爨底下村、意大利南部马泰拉和阿尔贝罗贝洛等乡土聚落案例，都呈现出多样化的面貌，但总体而言，这些生态营建智慧也具有很多相似一致性。例如，虽然分别处于世界不同的区域，但几乎所有的传统民居建筑环境中都建造了大量的雨水设施和集排体系，只是有的侧重于减排雨洪，在与自然的调适过程中求得生存空间；有的侧重于收集雨水，靠天吃饭、悉心接受上天的馈赠。例如，马泰拉石窟的向内倾斜度设计和我国传统建筑营造中的"过白"有相似之处，都是依据太阳高度角的变化设计房屋的面宽进深比例；阿尔贝罗贝洛圆顶石屋的屋顶收分技法和我国秦汉时期早就出现的砖石叠涩结构也如出一辙。即便处于同一地区，采用的营建技艺不同，却也达到了相近的效果。例如意大利南部的马泰拉石窟和阿尔贝罗贝洛的圆顶石屋聚落，两地相距不过几十千米，但在应对夏季干热、冬季多雨的地中海气候和有限的地理资源环境中却采用了不同的建筑环境空间形态，围护结构材料和营建技艺也有很大差异，然而这些环境营造技艺却带来了同样高效的生态能效和热工性能，虽然夏季室外温度较高，昼夜温差幅度也比较大，但是两者的室内环境温度都达到相应的适宜阈值。

此外，传统民居建筑环境系统的生态控制包括竞争胜汰、适应共生、循环再生三方面主要原则，而竞争、共生和自生机制的完美结合，可以促进传统民居建筑环境生态系统的发展从"外部最优控制"转向"内部适应性调节"，引导其在现代可持续传承与发展中从优化走向进化的适宜策略。在竞争胜汰、适应共生、循环再生的传统民居建筑环境系统生态控制原则，以及适应自然、巧借自然、节制简省、节能降耗、循环再用、符合伦理和文脉等生态适应策略影响下，在当时当地的技术条件下，通过自然通风、采光纳阳、集约化利用空间、利用水和自然资源调节微气候等具体措施达到最大程度的生存空间满足和室内环境舒适度。透过传统聚落之间的差异化表象，探寻生态营建系统的本体属性或控制策略。可以这样说，从人与自然的关系发展上，首先要"顺应自然"，然后才能"认识自然"，在正确"认识自然"的基础上，才能科学地"改造自然"，在改造与被改造的过程中，才能逐渐学会"与自然融合共生"。而在时空序列中，传统民居聚落的生态控制过程体现的绝不仅是原始朴素的生态自然观，更是开拓、适应、反馈、整合等科学理性的人居环境适应过程。

其中包含了适应自然地理和气候条件，巧借自然可再生资源以促进通风、采光、纳阳、遮阴等；节制俭省的结构技艺和用材，充分集约利用土地资源，拓展多功能利用空间，并通过传统低技术方式来调节局部环境微气候，营造精致复杂的集排水系统加以循环利用，同时在人文伦理层面上沿袭传统的工匠精神和参与互助的营建体系等这样一系列系统化的生态营建智慧和适应策略。这些生态性策略都是传统民居建筑环境各层次具体要素表征之间相互联系和彼此作用所体现出来的特征、能力和行为模式的提炼，也为当代基于传统生态经验的设计实践提供策略参考。

最后，传统民居建筑环境生态系统的发展，将逐渐从建筑环境物理空间实体的格物走向人与自然生态关系的致知，从物理属性的数量测度走向系统属性的关系测度，从控制性优化走向适应性进化。在传统民居建筑环境生态系统的当代优化方面，很多国家都不乏对于传统生态营造经验的实验探索，包括很多设计大师的实践中也都运用了很多具有地方化、人情味的低技术营造技艺和传统天然材料，这种延续和传承正是传统生态营建经验的当代优化实践，不仅印证了传统经验本身的价值，也为现代生态可持续设计的发展提供了原型参考。根植于传统民居建筑环境的生态营建智慧，现代生态文明是人类生态系统的承载力、应变力、生命力和整合力的综合，也是开拓、适应、反馈、整合的生态控制精神在人类文明中持续贯穿的体现。现代可持续设计体系也是通过模仿自然生态系统的整体、协同、循环、自生原理，分析、设计、规划和调控人居环境生态系统的结构要素、建造工艺、信息反馈关系及控制机制，连通物质、能量、信息流，开拓未被有效利用的生态位，达到人与自然和谐共赢的目的。不论是传统民居建筑环境生态营造理论，还是现代可持续设计理念，都强调建筑环境中人的能动因素以及整个社会系统的协调力量，因此高效节能环保、资源有效合理流动的生态可持续设计不仅是传统民居建筑环境生态营建系统走向高级优化的必由之路，也是未来发展的大趋势。传统民居建筑环境的生态营造共性策略可以成为当代可持续设计的新思维，指导符合当代社会需求的建筑环境设计和产品开发，成为新时代创新设计的切入点和动力源泉。

### 6.3.2 价值创新

内容上，引入了系统学、生态学和人居环境科学等理论视角，将传统建筑环境的生态系统视为一个开放性的耗散结构自组织系统，结合国内外具体传统人居聚落案例实地考察和建筑物理量化手段，通过对建筑环境系统的结构要素、生态功能策略、演化性质及其在现代的延续传承的研究，寻求传统建筑环境生态系统的一般机理与演化规律，并为当代建筑环境可持续生态设计提供参考。

方法上，采用定性与定量相结合，通过中外实地案例考察与分析比较、量化实测模拟等多元手段进行系统科学的量化创新研究。本书在对以传统聚落民居为具体代表的传统民居建筑环境生态营造智慧层层剖析的基础上，通过仪器实测和计算机软件模拟量化的方式衡量传统建筑物理环境品质，为传统民居建筑环境的研究提供了一个直观的参照和客观的判断。以技术量化的方式实证传统民居建筑环境的生态价值，有别于以往从文化、社会等理论方面的论证模式，而是理论研究与案例实践、传统技艺与现代科技、理想方案与现实样本等多维度、多层次的对比与结合。建筑物理工程技术的实测工作对揭示传统民居建筑环境热工能效原理具有重要的参考价值，验证、丰富并在一定程度上修正了以往对传统民居建筑环境性能的主观感受和定性认识。建筑室内环境的热舒适程度主要是由室内外空气温度、相对湿度、空气流速、平均辐射温度等物理因素决定的。大部分以实测和模拟为手段研究传统民居建筑环境品质的案例结果都证明了，即便没有增加机械设备辅助的传统被动技术，传统民居建筑环境的空间热工性能效果也足以达到基本的舒适性要求。而从本书前述的多个实测模拟案例的量化分析评价来看，这些传统民居建筑环境营造更体现了一种结合了地方气候、人文风俗，展现人类生命力的设计，蕴含着丰富的生态哲学智慧。虽然传统民居建筑环境确有个别无法满足现代生活舒适性要求之处，如需要改善保温墙体热工性能、提高通风系统换气质量、提高构件围合空间的效率等方面，但是通过结合现代技术，提出进一步改善和优化策略，对传统民居建筑环境及其营造技艺的更新利用具有非常实用的价值，对其他类型建筑空间低技术化设计也有一定借鉴意义。

### 6.3.3 未来展望

对传统建筑环境生态营造智慧的系统研究浩瀚复杂，本书只是冰山一角。研究过程中，受制于传统民居建筑环境样本的甄别与分类，只选取了有限的传统聚落中的典型民居进行模拟实测，加上量化实测的技术方案也并不统一，所出的数据只能作为初步的研究成果，提供一个可供参考的有意义的探索。因为民居的生态性是复杂多样的，本书所选的民居类型有一部分也是通过文献资料获得的信息，并没有全部实际现场测量过，因此最后的模拟与分析结果难免会有误差，只能作为传统民居建筑环境生态适应性研究的参考内容。

然而，值得说明的是，研究传统，是为了服务当下。本书所研究的课题仍然具有非常大的挑战性与可持续性，具有继续研究的价值。研究传统民居建筑环境的生态经验，不是要去争论哪些传统形式才是最原始生态、最纯粹的，而是需要在当代的语境中，不论是在偏远的传统村落，还是在热闹的市集、在城市的老城区和新建区，寻找并接纳传统民居建筑环境最广泛的动态、包容、模糊、多元的传统形式及其变体。C·诺伯格·舒尔茨曾经说过，传统民居建筑环境不是现实条件和需求的直接反应，而是具有区分身份标识系统的各种属性。和各种宏大叙事的纪念性建筑一样，乡土聚落的传统民居建筑环境也有深厚的根基，体现同样的身份识别功能，也都在公共生活中表达了某些特定的意义、价值和精神需求。

传统民居建筑环境生态营造智慧与现代可持续设计思想是一脉相承的，同时，传统民居建筑环境的生态经验也是现代设计的来源和基础。要了解传统与现代之间的逻辑及其在建筑环境中的历史延续性和影响力，重要的是要先了解传统本身最重要的方面，即传统就是经验。但那些住在传统村落里的人们，也在现在时态的语境里。因此需把“传统”视为动态性的语汇，作为现代语境里的存在物，通过反映过去的面貌、转译历史在人们心中的地位并凸显未来发展的方向而存在于当前人们的生活中。传统在过去和现在间起到中间过渡调停的作用，在于传统以动态存在的方式来诠释过去的价值并将其加以利用来服务现在，而这样的中介作用也将会继续影响现在和未来的发展。因此这种传统不是单一的，而是丰富多彩的。每个历史地区及其周边环境都应该被视为一个相关联的整体来考虑，而这个整体系统的平衡和特性主要取决于构成该整体的各个部分元素以及人类活动与建筑物、空间结构和周围环境的融合情况，因此任何构成整体的元素，不管多么普通，都具有不容忽视的价值。延续采纳这些传统民居建筑环境的生态经验并不会抑制现代可持续设计的发展变革，反而会成为创新设计的动力。而这些创新设计，不仅包括对传统形式、天然材料等物质形态层面的创新，也包括在这些物质形式之上的传统人文精神和伦理观念的复兴与延续，以及这些物质边缘之外的社会制度、管理机制等方面的创新。正如乔治·奥威尔所言，“谁若掌握了过去，就掌握了未来。”

# 参考文献


[1] 刘敦桢 . 中国古代建筑史 [M]. 北京：中国建筑工业出版社，1984.

[2] 田自秉 . 中国工艺美术史 [M]. 上海：东方出版中心，1985.

[3] 吴良镛 . 广义建筑学 [M]. 北京：清华大学出版社，1989.

[4] 吴良镛 . 人居环境科学导论 [M]. 北京：中国建筑工业出版社，2001.

[5] 刘加平 . 建筑物理 [M]. 北京：中国建筑工业出版社，2000.

[6] 张夫也 . 外国工艺美术史 [M]. 北京：中央编译出版社，2003.

[7] 朱颖心，等 . 建筑环境学 [M]. 北京：中国建筑工业出版社，2005.

[8] 陈志华 . 外国造园艺术 [M]. 郑州：河南科学技术出版社，2010.

[9] 陆元鼎 . 中国民居建筑 [M]. 广州：华南理工大学出版社，2003.

[10] 刘致平 . 中国居住建筑简史 [M]. 北京：中国建筑工业出版社，2000.

[11] 马炳坚 . 北京四合院建筑 [M]. 天津：天津大学出版社，1999.

[12] 钱学森，等 . 论系统工程 [M]. 长沙：湖南科学技术出版社，1982.

[13] 吴彤 . 自组织方法论研究 [M]. 北京：清华大学出版社，2001.

[14] 李士勇，等 . 复杂系统到复杂适应性系统 [M]. 哈尔滨：哈尔滨工业大学出版社，2006.

[15] 乌杰 . 系统哲学 [M]. 北京：人民出版社，2008.

[16] 魏宏森，曾国屏 . 系统论：系统科学哲学 [M]. 北京：世界图书出版社，2009.

[17] 王琥 . 中国传统设计研究：思想篇 [M]. 南京：江苏美术出版社，2010.

[18] 王琥 . 中国传统设计研究：技术篇 [M]. 南京：江苏美术出版社，2010.

[19] 李浈 . 中国传统建筑形制与工艺 [M]. 上海：同济大学出版社，2010.

[20] 单德启 . 从传统民居到地区建筑 [M]. 北京：中国建材工业出版社，2004.

[21] 李晓峰 . 乡土建筑 [M]. 北京：中国建筑工业出版社，2005.

[22] 荆其敏，张丽安 . 中国传统民居 [M]. 北京：中国电力出版社，2007.

[23] 朱永春，黄道梓 . 中国传统民居营造与技术 [M]. 广州：华南理工大学出版社，2002.

[24] 王如松 . 高效 · 和谐：城市生态调控原则与方法 [M]. 长沙：湖南教育出版社，1988.

[25] 夏云，夏葵，施燕 . 生态与可持续建筑 [M]. 北京：中国建筑工业出版社，2001.

[26] 李海英，等 . 生态建筑节能技术及案例分析 [M]. 北京：中国电力出版社，2007.

[27] 刘先觉，等 . 生态建筑学 [M]. 北京：中国建筑工业出版社，2009.

[28] 杨维菊 . 绿色建筑设计与技术 [M]. 南京：东南大学出版社，2011.

[29] 周浩明 . 可持续室内环境设计理论 [M]. 北京：中国建筑工业出版社，2011.

[30] 刘加平，等 . 绿色建筑——西部践行 [M]. 北京：中国建筑工业出版社，2015.

[31] 汤国华 . 岭南湿热气候与传统建筑 [M]. 北京：中国建筑工业出版社，2005.

[32] 鲁杰，等 . 中国传统建筑艺术大观（屋顶卷）[M]. 成都：四川人民出版社，2000.

[33] 清华大学美术学院环艺系艺术设计可持续发展研究课题组 . 设计艺术的环境生态学——21 世纪中国艺术设计发展战略报告 [M]. 北京：中国建筑工业出版社，2007.

[34] 中国建筑文化中心 . 世界绿色建筑——热环境解决方案 [M]. 南京：江苏人民出版社，2012.

[35] 西恩・莫克松 . 可持续的室内设计 [M]. 周浩明，张帆，农丽媚，译 . 武汉：华中科技大学出版社，2014.

[36] 郑曙旸，聂影，周艳阳，等 . 设计学之中国路 [M]. 北京：清华大学出版社，2014.

[37] 罗・麦金托什 . 生态学概念和理论的发展 [M]. 徐嵩龄，译 . 北京：中国科学技术出版社，1992.

[38] I・麦克哈格 . 设计结合自然 [M]. 芮经纬，译 . 倪文彦，校 . 北京：中国建筑工业出版社，1992.

[39] F・L・赖特 . 建筑的未来 [M]. 翁致祥，译 . 北京：中国建筑工业出版社，1992.

[40] 阿莫斯 . 拉普卜特 . 建成环境的意义——非言语表达方法 [M]. 黄兰谷，译 . 北京：中国建筑工业出版社，2003.

[41] Arian Mostaedi. 低技术策略的住宅 [M]. 韩林飞，刘虹超，译 . 北京：机械工业出版社，2005.

[42] 琳恩・伊丽莎白，卡萨德勒・亚当斯 . 新乡土建筑——当代天然建造方法 [M]. 吴春苑，译 . 北京：机械工业出版社，2005.

[43] 汉诺・沃特・克鲁夫特 . 建筑理论史：从维特鲁威到现在 [M]. 王贵祥，译 . 北京：中国建筑工业出版社，2005.

[44] 伯纳德・鲁道夫斯基 . 没有建筑师的建筑：简明非正统建筑导论 [M]. 高军，译 . 邹德侬，审校 . 天津：天津大学出版社，2011.

[45] 爱德华兹 . 可持续性建筑 [M]. 周玉鹏，等，译 . 北京：中国建筑工业出版社，2003.

[46] 杨经文 . 生态设计手册 [M]. 黄献明，等译 . 北京：中国建筑工业出版社，2014.

[47] 艾伦・阿特舒勒，大卫・吕贝罗福 . 巨型项目：城市公共投资变迁政治学 [M]. 何艳玲，程宇，译 . 上海：上海格致出版社，2013.

[48] 扬・盖尔著 . 交往与空间 [M]. 何人可，译 . 北京：中国建筑工业出版社，2002.

[49] 刘易斯・芒福德 . 技术与文明 [M]. 北京：中国建筑工业出版社，2010.

[50] 司谷特・乔弗莱 . 人文主义建筑学 [M]. 北京：中国建筑工业出版社，1989.

[51] 迪耶·萨迪奇 . 权力与建筑 [M]. 重庆：重庆出版社，2007.

[52] 托尼·弗莱 . 设计即政治 [M]. 纽约：纽约 BERG 出版社，2011.

[53] 肯尼斯·弗兰普顿 . 现代建筑：一部批判的历史 [M]. 原山，译 . 北京：中国建筑工业出版社，1988.

[54] 亚历山大·楚尼斯，利亚纳·勒费夫尔 . 批判性地域主义：全球化世界中的建筑及其特性 [M]. 王丙辰，译 . 北京：中国建筑工业出版社，2007.

[55] 沈克宁 . 建筑现象学 [M]. 北京：中国建筑工业出版社，2008.

[56] 限研吾 . 负建筑 [M]. 北京：中国建筑工业出版社，2004.

[57] SOLERI P. Arcology: the city in the image of Man[M]. Cambridge: MIT Press, 1969.

[58] DOXIADIS A. Ecumenoplis: the Inevitable City of the Future[M]. Athens: Athens Publishing Center, 1975.

[59] FORMAN R, GODRON M. Landscape ecology[M]. New York: John Wiley &Sons, 1986.

[60] FATHY H. Natural Energy and Vernacular Architecture: principles and examples with reference to hot arid climates[M]. Chicago: The University of Chicago Press, 1986.

[61] CROSBIE, MICHAEL J. Green architecture: A guide to sustainable design[M].MA: Rockport Publishers, 1994.

[62] HART L. Guiding Principles of Sustainable Design[M]. Denver : National Park Serice, 1994.

[63] RYN S, COWAN S. Ecological Design[M]. Washington D.C: Island Press, 1996.

[64] DANIELS K. The Technology of Ecological Building: basic principles and measures, examples and ideas[M]. Basel: Birkhauser Verlag, 1997.

[65] MCMULLAN R. Environmental Science in Building[M]. New York: Scholium Intl, 1996.

[66] MALLGRAVE H. Modern Architectural Theory: A Historical Survey, 1673–1968[M]. New York: Cambridge University Press, 2005.

[67] PAGANO G, DANIEL G. Architettura Rurale Italiana[M]. Milano: Quaderni Della Triennale, 1936.

[68] LAUREANO P. Traditional Knowledge and the World Databank for Safeguarding Ecosystems[M]. Springer Netherlands, 2008.

[69] LAUREANO P. Italy: Rocks in a Hard Place[M]. Paris: Unesco Courier, 1995.

[70] SABATINO M. Pride in Modesty: Modernist Architecture and the Vernacular Tradition in Italy[M]. Toronto: University of Toronto Press, 2010.

[71] 齐康 . 地方建筑风格的新创造 [J]. 东南大学学报，1996，6：3–10.

[72] 袁镔，邹瑚莹 . 室内生态设计探讨 [J]. 室内设计与装修，1999，5：74–76.

[73] 郑曙旸 . 绿色设计之路 ——室内设计面向未来的唯一选择 [J]. 建筑创作，2002，10：34–40.

[74] 周浩明 . 乡土建筑与室内设计的生态解析 [J]. 室内设计与装修，2002，11：14–16.

[75] 周浩明 . 论绿色装饰装修的设计误区 [J]. 中国住宅设施 . 2006，3：20–22.

[76] 郑曙旸 . 基于可持续发展国家战略的设计批评 [J]. 装饰，2012，1：14–18.

[77] 林波荣，朱颖心，江亿 . 生态建筑室外环境设计中的技术问题 [J]. 风景园林，2004，53：36–37.

[78] 杨冬江 . 中国近现代室内设计风格流变 [D]. 北京：中央美术学院，2006.

[79] 宋晔皓 . 关注地域特点：采用适宜技术进行生态农宅设计 [J]. 中国绿色建筑可持续发展建筑国际研讨会论文集，2001.

[80] 王如松 . 城乡生态建设的三大理论支柱——复合生态、循环经济、生态文化 [C]// 中国科协：生态安全与生态建设——中国科协 2002 年学术年会论文集 . 北京：气象出版社，2002：146–151.

[81] 王朝晖 . 中国当代可持续建筑理论框架与适用技术的探讨 [D]. 北京：清华大学，1999.

[82] 王建国，高源 . 世界乡土居屋和可持续性建筑设计 [J]. 建筑师，2005，3：108–115.

[83] 赵群，周伟，刘加平 . 中国传统民居中的生态建筑经验刍议 [J]. 新建筑，2005，4：9–11.

[84] 徐志山 . 相似性科学浅析 [J]. 科教导刊：中旬刊，2015，8：132–134.

[85] 王如松 . 论复合生态系统与生态示范区 [J]. 科技导报，2000（6）.

[86] 黄欣荣 . 复杂性科学的方法论研究 [D]. 北京：清华大学，2005.

[87] 綦伟琦 . 城市设计与自组织的契合 [D]. 上海：同济大学，2006.

[88] 蔡琴 . 可持续发展的城市边缘区环境景观规划研究 [D]. 北京：清华大学，2007.

[89] 王飞 . 寒地建筑形态自组织适寒设计研究 [D]. 哈尔滨：哈尔滨工业大学，2016.

[90] 刘文英，姜冬梅，陈云峰，等 . 自组织理论与复合生态系统可持续发展 [J]. 生态环境，2005，4：596–600.

[91] 彭纳揆，邹素文 . 论系统的复杂性和复杂系统 [J]. 系统科学学报，2006，1：10–13+91.

[92] 陈湛，张三明 . 中国传统民居中的被动节能技术 [J]. 华中建筑，2008，26（12）：204–209.

[93] 李小荣，译 . 欧洲的农村住宅 [J]. 小城镇建设，1997，5：43.

[94] 刘沛林 . 论中国古代的村落规划思想 [J]. 自然科学史研究，1998，1：82–90.

[95] 金涛，张小林，金飚 . 中国传统聚落营造思想浅析 [J]. 人文地理，2002，5：45–48.

[96] 朱馥艺，刘先觉 . 生态原点——气候建筑 [J]. 新建筑，2000，3：69–71.

[97] 汤国华 . 岭南传统建筑中的“过白”[J]. 华中建筑，1997，4：66–68.

[98] 农丽媚，卢卡・圭里尼 . 谦逊中的骄傲：源于乡土传统的意大利现代建筑与设计 [J]. 华中建筑，2021，39（9）：1–5.

[99] 周浩明，农丽媚 . 北京爨底下传统山地聚落营建技艺的生态适应性探析 [J]. 装饰，2018（10）：120–123.

[100] 李梦沙 . 北京合院式传统民居节能技术探讨 [D]. 北京：北京建筑大学，2014.

[101] 吕然，施曼璐 . 川底下村庭院雨水排水智慧探析 [J]. 设计，2017，14：134–136.

[102] 农丽媚，周浩明，郭继红 . 北京传统合院居住环境实测模拟及其生态评价——以爨底下传统

民居为例 [J]. 华中建筑，2021，39（1）：128–132.
[103] 王冬 . 关于乡土建筑建造技术研究的若干问题 [J]. 华中建筑，2003，4：52–54.
[104] 刘托 . 中国传统建筑营造技艺的整体保护 [J]. 中国文物科学研究，2012，4：54–58.
[105] 沟睿 . 对当代室内设计中传统营造技艺的传承方式 [J]. 剑南文学：经典教苑，2013，3：176.
[106] 林波荣，朱颖心，等 . 传统四合院民居风环境的数值模拟研究 [J]. 建筑学报，2002，5：47–48.
[107] 林波荣，等 . 皖南民居夏季热环境实测分析 [J]. 清华大学学报：自然科学版，2002，8：1071–1074.
[108] 李晓锋，林波荣，朱颖心，等 . 围合式住宅小区微气候的实验研究 [J]. 清华大学学报：自然科学版，2003，12：16.
[109] 张弘，林波荣，叶建东 . 地道风技术在传统四合院生态改造中的应用研究 [J]. 动感：生态城市与绿色建筑，2011，4：106–109.
[110] 刘加平 . 窑居太阳房室内热环境动态分析 [D]. 重庆：重庆建筑大学，1998.
[111] 姚润明 . 室内气候模拟及热舒适研究 [D]. 重庆：重庆建筑大学，1997.
[112] 陈晓扬 . 基于地方建筑的适用技术观研究 [D]. 南京：东南大学，2004.
[113] 赵晓颖 . 地区住宅自然通风设计研究 [D]. 南京：东南大学，2005.
[114] 陈晓扬，仲德昆 . 冷巷的被动降温原理及其启示 [J]. 新建筑，2011，3：88–91.
[115] 陈晓扬，仲德昆 . 被动节能自然通风策略 [J]. 建筑学报，2011，9：34–37.
[116] 陈秋菊，陈晓扬 . 徽州民居自然通风优化设计方法 [J]. 华中建筑，2012，30（11）：56–59.
[117] 林祖锐 . 河北省邢台县英谈村传统民居室内天然采光模拟与研究 [J]. 华中建筑，2013，31（10）：36–40.
[118] 晏高亮 . 中国传统民居室内物理环境模拟研究——以张谷英村为例 [J]. 华中建筑，2011，29（3）：24–27.
[119] 何泉，王文超，刘加平，等 . 基于 Climate Consultant 的拉萨传统民居气候适应性分析 [J]. 建筑科学 .2017，33（4）：94–100.
[120] 师奶宁 . 陕西传统民居围护结构热工性能研究 [J]. 陕西建筑，2011，7：16–18.
[121] 陈敬 . 海口传统骑楼夏季室内热环境测试研究 [J]. 建筑科学，2011，27（4）：42–47.
[122] 胡冗冗，李万鹏，等 . 秦岭山区民居冬季室内热环境测试 [J]. 太阳能学报，2011，32（2）：171–174.
[123] 熊绎 . 琼北传统民居营造技艺及传承研究 [D]. 武汉：华中科技大学，2011.
[124] 王鹏 . 建筑适应气候兼论乡土建筑及其气候策略 [D]. 北京：清华大学，2001.
[125] 李京，杨旭 . 住宅室内人居生态环境质量评价指标体系研究 [J]. 住宅科技，2007，4：59–62.
[126] 熊丹 . 现代环境艺术设计的评价系统研究 [J]. 才智，2012，3：231–232.
[127] 宋立民 . 景观评价——从感性走向科学 [J]. 设计，2016，1：32.
[128] 梁炯，唐国安 . 论中国传统建筑中的生态设计思想 [J]. 规划师，2003，11：62–64.

[129] 王澍，陆文宇 . 循环建造的诗意：建造一个与自然相似的世界 [J]. 时代建筑，2012，2：66–69.

[130] 罗小未 . 当代意大利建筑的发展道路 [J]. 世界建筑，1988，6：8–11.

[131] 郑时龄 . 意大利现代建筑与文化传统 [J]. 世界建筑，1988，6：12–19.

[132] 吕舟 . 从历史与文化的角度看意大利建筑的多样性 [J]. 建筑史论文集，2000，12（1）：134–145+230.

[133] 方晓风 . 完美的穹顶——意大利文艺复兴建筑的创新路径 [J]. 装饰，2011，9：12–15.

[134] 杨鑫，张琦 . 马泰拉石窟聚落的自发性结构分析 [J]. 建筑学报，2011，S1：23–27.

[135] 单军 . 传统乡土的当代解读——以阿尔贝罗贝洛的雏里聚落为例 [J]. 世界建筑，2004，12：80–84.

[136] 付晓晖，徐浪 . 对批判性地域主义理论的回溯性简介 [J]. 室内设计，2010，25（6）：3–8.

[137] 金宗哲 . 室内环境污染探析 [J]. 中国建材，2001，6：60–61.

[138] 林波荣 .《绿色建筑评价标准》——室内环境质量 [J]. 建设科技，2015，4：30–33+37.

[139] 杨心诚，刘猛，Uzzal Hossain. 典型绿色建筑评价体系室内环境指标对比分析 [J]. 土木建筑与环境工程，2013，35（S1）：174–176.

[140] CARDINALE N，ROSPI G，STAZI A. Energy and microclimatic performance of restored hypogeous buildings in south Italy：the "Sassi" district of Matera[J]. Build & Environment，2010，45（1）：94–106.

[141] CARDINALE N，ROSPI G，STEFANIZZI P. Energy and microclimatic performance of Mediterranean vernacular buildings：The Sassi district of Matera and the Trulli district of Alberobello [J]. Building & Environment，2013，59（1）：590–598.

[142] JOKILEHTO J. A History of Architectural Conservation[D]. York：University of York，1986.

[143] GIUSEPPE P. Documenti di architettura rurale[J]. Casabella，1935，95：18–25.

[144] MENINI G. Costruire in cielo. L'architettura di montagna. Storie，visioni，controversie[D]. Milano：Politecnico Milano，2012.

**图书在版编目（CIP）数据**

传统民居建筑环境生态营造的量化实证 =
Quantitative Research on Ecological Wisdom of
Traditional Settlements' Architectural Environment/
农丽媚，周浩明著 .—北京：中国建筑工业出版社，
2023.6
ISBN 978-7-112-28626-3

Ⅰ.①传… Ⅱ.①农… ②周… Ⅲ.①民居—环境生
态学—环境设计—研究 Ⅳ.① TU241.5

中国国家版本馆 CIP 数据核字（2023）第 065542 号

责任编辑：杜　洁　兰丽婷
责任校对：芦欣甜

**传统民居建筑环境生态营造的量化实证**
Quantitative Research on Ecological Wisdom of Traditional Settlements' Architectural Environment
农丽媚　周浩明　著
*
中国建筑工业出版社出版、发行（北京海淀三里河路 9 号）
各地新华书店、建筑书店经销
北京雅盈中佳图文设计公司制版
建工社（河北）印刷有限公司印刷
*
开本：787 毫米 ×1092 毫米　1/16　印张：$13^{1}/_{2}$　字数：245 千字
2023 年 5 月第一版　2023 年 5 月第一次印刷
定价：65.00 元
ISBN 978-7-112-28626-3
（41067）